中国高等院校计算机基础教育课程体系规划教材

丛书主编 谭浩强

Visual C# 程序设计基础

徐安东 主编
叶元卯 谷伟 张娜娜 编著

清华大学出版社
北京

内 容 简 介

C#语言是一种简单、现代、面向对象和平台独立的新型组件编程语言,是微软公司为了能够完全利用.NET平台优势而开发的编程语言。其语法风格源于C/C++,融合了Visual Basic的高效和C/C++的强大,一经推出就受到广大程序员的喜爱,是目前进行.NET开发的首选语言。

C#语言具有简单易学和快速开发等优点,在程序设计基础教学方面,非常适合学生学习,可以作为计算机基础教学"程序设计"课程的教学语言。

本书共11章,内容包括认识Visual C#、简单C#程序设计、C#语言基础、C#程序流程控制、数组、用户界面设计、面向对象程序设计基础、文件操作、GDI+与图形编程、数据库应用、综合应用实例。本书由浅入深,循序渐进,重点突出,结构清晰,叙述清楚。所有例题均在Visual Studio 2008专业版上进行过演练。无论是刚开始接触面向对象编程的新手,还是打算转移到C#的具有C、C++或Java基础的程序员,都可以从本书中吸取到新的知识。

本书是C#语言程序设计的一本入门教材,不仅可作为本科非计算机专业"程序设计基础"课教材,而且可以作为高职高专院校相关专业的程序设计课教材,还可作为高级语言学习者和程序员的参考用书。

本书封面贴有清华大学出版社防伪标签,无标签者不得销售。
版权所有,侵权必究。举报:010-62782989,beiqinquan@tup.tsinghua.edu.cn

图书在版编目(CIP)数据

Visual C# 程序设计基础 / 徐安东主编;叶元卯,谷伟,张娜娜编著. —北京:清华大学出版社,2012.1(2024.8重印)
(中国高等院校计算机基础教育课程体系规划教材)
ISBN 978-7-302-26453-8

Ⅰ. ①V… Ⅱ. ①徐… ②叶… ③谷… ④张… Ⅲ. ①C语言-程序设计-高等学校-教材 Ⅳ. ①TP312

中国版本图书馆CIP数据核字(2011)第165843号

责任编辑:	张 民 赵晓宁
责任校对:	李建庄
责任印制:	曹婉颖

出版发行:	清华大学出版社		
网 址:	https://www.tup.com.cn,https://www.wqxuetang.com		
地 址:	北京清华大学学研大厦A座	邮 编:	100084
社 总 机:	010-83470000	邮 购:	010-62786544
投稿与读者服务:	010-62776969,c-service@tup.tsinghua.edu.cn		
质 量 反 馈:	010-62772015,zhiliang@tup.tsinghua.edu.cn		
印 装 者:	三河市龙大印装有限公司		
经 销:	全国新华书店		
开 本:	185mm×260mm	印 张:18.5	字 数:457千字
版 次:	2012年1月第1版	印 次:	2024年8月第15次印刷
印 数:	26701~27700		
定 价:	39.00元		

产品编号:040112-02

中国高等院校计算机基础教育课程体系规划教材

编审委员会

主　　任：谭浩强

委　　员：(按姓氏笔画为序)

　　　　　王路江　　冯博琴　　曲建民　　刘瑞挺　　杨小平
　　　　　吴文虎　　吴功宜　　李凤霞　　张　森　　汪　蕙
　　　　　高　林　　黄心渊　　龚沛曾　　焦　虹　　詹国华

策划编辑：张　民

序

PREFACE

从20世纪70年代末、80年代初开始,我国的高等院校开始面向各个专业的全体大学生开展计算机教育。特别是面向非计算机专业学生的计算机基础教育,牵涉的专业面广、人数众多,影响深远。高校开展计算机基础教育的状况将直接影响我国各行各业、各个领域中计算机应用的发展水平。这是一项意义重大而且大有可为的工作,应该引起各方面的充分重视。

20多年来,全国高等院校计算机基础教育研究会和全国高校从事计算机基础教育的老师始终不渝地在这片未被开垦的土地上辛勤工作,深入探索,努力开拓,积累了丰富的经验,初步形成了一套行之有效的课程体系和教学理念。20年来高等院校计算机基础教育的发展经历了3个阶段:20世纪80年代是初创阶段,带有扫盲的性质,多数学校只开设一门入门课程;20世纪90年代是规范阶段,在全国范围内形成了按3个层次进行教学的课程体系,教学的广度和深度都有所发展;进入21世纪,开始了深化提高的第3阶段,需要在原有基础上再上一个新台阶。

在计算机基础教育的新阶段,要充分认识到计算机基础教育面临的挑战:

(1)在世界范围内信息技术以空前的速度迅猛发展,新的技术和新的方法层出不穷,要求高等院校计算机基础教育必须跟上信息技术发展的潮流,大力更新教学内容,用信息技术的新成就武装当今的大学生。

(2)我国国民经济现在处于持续快速稳定发展阶段,需要大力发展信息产业,加快经济与社会信息化的进程,这就迫切需要大批既熟悉本领域业务,又能熟练使用计算机,并能将信息技术应用于本领域的新型专门人才。因此需要大力提高高校计算机基础教育的水平,培养出数以百万计的计算机应用人才。

(3)从21世纪初开始,信息技术教育在我国中小学中全面开展,计算机教育的起点从大学下移到中小学。水涨船高,这样也为提高大学的计算机教育水平创造了十分有利的条件。

迎接21世纪的挑战,大力提高我国高等学校计算机基础教育的水平,培养出符合信息时代要求的人才,已成为广大计算机教育工作者的神圣使命和光荣职责。全国高等院校计算机基础教育研究会和清华大学出版社于2002年联合成立了"中国高等院校计算机基础教育改革课题研究组",集中了一批长期在高校计算机基础教育领域从事教学和研究的专家、教授,经过深入调查研究,广泛征求意见,反复讨论修改,提出了高校计算机基础教育改革思路和课程方案,并于2004年7月公布了《中国高等院校计算机基础教育课程体系2004》(简称CFC 2004)。CFC 2004公布后,在全国高校中引起强烈的反响,国内知名专家和从事计算机基础教育工作的广大教师一致认为CFC 2004提出了一个既体现先进又切合实际的思路和解决方案,该研究成果具有开创性、针对性、前瞻性和可操作性,对发展我国高等院校的计算机基础教育具有重要的指导作用。根据近年来计算机基础教育的发展,课题研究组对CFC 2004进行了修订和补充,使之更加完善,于2006年和2008年公布了《中国高等院校计算机基础教育课程体系2006》(简称CFC 2006)和《中国高等院校计算机基础教育课程体系2008》(简称CFC 2008),由清华大学出版社出版。

为了实现课题研究组提出的要求,必须有一批与之配套的教材。教材是实现教育思想和教学要求的重要保证,是教学改革中的一项重要的基本建设。如果没有好的教材,提高教学质量只是一句空话。要写好一本教材是不容易的,不仅需要掌握有关的科学技术知识,而且要熟悉自己工作的对象、研究读者的认识规律、善于组织教材内容、具有较好的文字功底,还需要学习一点教育学和心理学的知识等。一本好的计算机基础教材应当具备以下5个要素:

(1) 定位准确。要十分明确本教材是为哪一部分读者写的,要有的放矢,不要不问对象,提笔就写。

(2) 内容先进。要能反映计算机科学技术的新成果、新趋势。

(3) 取舍合理。要做到"该有的有,不该有的没有",不要包罗万象、贪多求全,不应把教材写成手册。

(4) 体系得当。要针对非计算机专业学生的特点,精心设计教材体系,不仅使教材体现科学性和先进性,还要注意循序渐进、降低台阶、分散难点,使学生易于理解。

(5) 风格鲜明。要用通俗易懂的方法和语言叙述复杂的概念。善于运用形象思维,深入浅出,引人入胜。

为了推动各高校的教学,我们愿意与全国各地区、各学校的专家和老师共同奋斗,编写和出版一批具有中国特色的、符合非计算机专业学生特点的、受广大读者欢迎的优秀教材。为此,我们成立了"中国高等院校计算机基础教育课程体系规划教材"编审委员会,全面指导本套教材的编写工作。

这套教材具有以下几个特点:

(1) 全面体现CFC的思路和课程要求。本套教材的作者多数是课题研究组的成员或参加过课题研讨的专家,对计算机基础教育改革的方向和思路有深切的体会和清醒的认识。因而可以说,本套教材是CFC的具体化。

(2) 教材内容体现了信息技术发展的趋势。由于信息技术发展迅速,教材需要不断更新内容,推陈出新。本套教材力求反映信息技术领域中新的发展、新的应用。

(3) 按照非计算机专业学生的特点构建课程内容和教材体系,强调面向应用,注重培养应用能力,针对多数学生的认知规律,尽量采用通俗易懂的方法说明复杂的概念,使学生易于学习。

(4) 考虑到教学对象不同，本套教材包括了各方面所需要的教材(重点课程和一般课程；必修课和选修课；理论课和实践课)，供不同学校、不同专业的学生选用。

(5) 本套教材的作者都有较高的学术造诣，有丰富的计算机基础教育的经验，在教材中体现了研究会所倡导的思路和风格，因而符合教学实践，便于采用。

本套教材统一规划、分批组织、陆续出版。希望能得到各位专家、老师和读者的指正，我们将根据计算机技术的发展和广大师生的宝贵意见随时修订，使之不断完善。

全国高等院校计算机基础教育研究会荣誉会长
"中国高等院校计算机基础教育课程体系规划教材"编审委员会主任

谭浩强

前言

FOREWORD

近年来计算机基础教学发展迅速，计算机基础课程在高校已确立了公共基础课地位，而作为大学计算机基础教学的核心课程，"程序设计基础"课更是受到普遍重视，大多数专业已作为必修课。

"程序设计基础"是学生从技术的角度学习计算机知识的主要基础课，要求学生理解程序设计语言的基本知识，掌握基本的程序设计过程和技能，初步具备利用程序设计技术求解本专业实际问题的能力。由于不同学校、不同专业对学生程序设计能力的要求不尽相同，所以根据学校、专业的具体情况，选用合适的教学语言，对实现教学要求显得十分必要。

以往相当长的时期内，很多学校选择面向过程的 C/C++语言或 Visual Basic 作为教学语言。C/C++语言是程序设计工作中使用最广泛的语言之一，它包含了程序设计需要理解和使用的基本程序机理和主要机制。掌握这些机制就可以理解程序与程序设计的主要问题，完成程序练习，得到有关的知识积累和能力锻炼。但对初学者来说，C/C++语言程序设计的学习难度相比其他语言大，再加教学时数少，以及在实际应用中使用不方便等，许多学生感觉学而无用。

Visual Basic 是微软公司推出的一个可视化的集成开发环境，具有简单易学、功能强大、软件费用支出低、见效快等特点，同时又包括了面向对象等先进的程序设计方法，为用户提供了开发 Windows 应用程序的最迅速、最简捷的方法。Visual Basic 比较适合初学者学习，它对学习者的要求不高，几乎每个人都可以在一个比较短的时间里学会 Visual Basic 编程，并用 Visual Basic 做出自己的作品，这是许多学校选择 Visual Basic 作为教学语言的主要原因之一。然而，Visual Basic 还存在许多不足，如还不是真正的面向对象的开发工具，数据类型太少且不支持指针，这使得它的表达能力很有限。

Visual C#（C Sharp）是微软公司随同 Visual Studio .NET 一起推出的一种新语言，既提供 Visual Basic 的易用性，又提供 Java 和 C++语言的灵活性及强大功能。C#的语法与 Java 和 C++类似，但在创建图形用户界面及事件驱动型应用程序方面的简易性可与 Visual Basic 相媲美。C#是完全面向对象的语言，它兼容许多其他使用.NET Framework 的语言，融合了 Visual Basic 的高效和 C/C++的强大，一经推出就受到广大程序员的喜爱，是目前进行.NET 开发的首选语言。我们认为，Visual C#语言具有简单易学和快速开发等优点，在程序设计基础教学方面，非常适合学生学习，可以作为计算机基础教学"程序设计"课程的教学语言。

本教材依据教育部高等学校计算机基础课程教学指导委员会编制的《高等学校计算机基础课程教学基本要求》中有关"程序设计基础"课程教学基本要求，按照第一门程序设计课程的规格，为学生学习程序设计而编写。教材立足于学生已熟悉 Windows 操作系统，已学过"大学计算机基础"，但预先没有任何计算机编程知识。

本书是程序设计的入门教材，以 C#语言为载体，介绍程序设计的一般过程和方法，重点是程序设计的基本概念和基本方法，对面向对象程序设计的介绍比较浅显，图形编程和数据库应用也着眼于入门介绍。

通过本课程的学习，要求学生理解程序设计语言的基本知识，掌握基本的程序设计过程和技能、初步具备利用程序设计技术求解本专业实际问题的能力。

本教材共分 11 章，内容如下：

第 1 章　认识 Visual C#。Visual C#的发展和.NET Framework 的基本知识，Visual C# 2008 开发环境和 MSDN 帮助的使用，简单的 Windows 应用程序和控制台应用程序的开发。

第 2 章　简单 C#程序设计。面向对象的基本概念，Windows 应用程序设计的一般过程，Windows 编程的几个常用控件。

第 3 章　C#语言基础。C#编程的基础知识，包括 C#的程序结构、关键字、变量、常量、常用数据类型以及运算符和表达式。

第 4 章　C#程序流程控制。C#程序的流程控制是通过顺序结构、选择结构和循环结构以及转移语句实现的，本章介绍 C#的 if 语句、switch 语句、while 语句、do-while 语句以及 foreach 语句等流程控制语句。

第 5 章　数组。数组是 C#中用得较多的一种引用类型，常用来作为存放有相同类型的多个变量，重点是一维数组的应用。

第 6 章　用户界面设计。介绍用户界面设计过程中常用控件的属性、方法、事件及应用实例。

第 7 章　面向对象程序设计基础。面向对象程序设计的基础，内容包括面向对象的基本概念、类、对象、构造函数和析构函数、方法、字段和属性、继承和多态。

第 8 章　文件操作。介绍数据文件的处理技术，最常用的部分就是以文本方式和二进制方式进行文件和流的操作。

第 9 章　GDI + 与图形编程。C#中如何实现图形的处理技术，特别要求掌握绘制矢量图形的基本工具和基本方法。

第 10 章　数据库应用。数据库的基本概念、ADO.NET 基础和 SQL 语句的使用。

第 11 章　综合应用实例。综合运用各章节的知识，解决实际应用问题，例中的分析设计方法及源代码对读者解决实际问题有一定的参考价值。

本教材由徐安东策划，上海交通大学、华东理工大学、上海建桥学院的教师集体讨论、合作编写，分工完成（其中第 1 章由徐安东执笔，第 2、第 6～第 8 章由叶元卯执笔，第 3～第 5 章由张娜娜执笔，第 9～第 11 章由谷伟执笔），最后由徐安东统稿并定稿。

本书是 C#语言程序设计的一本入门教材，不仅适用于本科非计算机专业"程序设计基础"课教学，而且可以作为高职高专院校相关专业的程序设计课教材，也可作为高级语言学习者和程序员的参考用书，还可供需要学习程序设计的其他读者自学。

由于作者水平有限，书中难免有不足之处，敬请读者指正。

本书的编写参考了国内外相关的资料。在此，谨向书中参考资料列出的作者表示感谢。

编 者

2011 年 9 月

目录

CONTENTS

第1章 认识 Visual C# ... 1

1.1 C#语言 ... 1
- 1.1.1 C#语言的由来 ... 1
- 1.1.2 C#的特点 ... 2
- 1.1.3 关于 Visual C# 2008 ... 3

1.2 .NET Framework 3.5 ... 3
- 1.2.1 什么是 .NET Framework ... 3
- 1.2.2 C#与.NET 的关系 ... 5
- 1.2.3 .NET Framework 3.5 特性 ... 5

1.3 Visual C# 2008 集成开发环境 ... 5
- 1.3.1 启动 Visual Studio 2008 ... 5
- 1.3.2 创建项目 ... 5
- 1.3.3 主窗口 ... 7
- 1.3.4 窗体设计器窗口和代码设计窗口 ... 8
- 1.3.5 解决方案资源管理器窗口 ... 10
- 1.3.6 工具箱窗口 ... 10
- 1.3.7 属性窗口 ... 10
- 1.3.8 其他窗口 ... 11

1.4 使用帮助系统 ... 11
- 1.4.1 动态帮助 ... 11
- 1.4.2 目录 ... 11
- 1.4.3 索引 ... 12
- 1.4.4 搜索 ... 12
- 1.4.5 网络资源 ... 13

1.5 用 C#创建 Windows 应用程序 ... 13
- 1.5.1 设计用户界面 ... 13
- 1.5.2 设置对象的属性 ... 14
- 1.5.3 编写程序代码 ... 14

1.5.4 保存、调试与运行程序 ·· 15
1.6 用 C#创建控制台应用程序 ··· 17
1.6.1 创建项目 ··· 17
1.6.2 编辑 C#源代码 ·· 18
1.6.3 编译并运行程序 ··· 18
小结 ·· 18
习题 1 ··· 19

第 2 章 简单 C#程序设计 ·· 20

2.1 面向对象概念 ··· 20
2.1.1 对象和类 ··· 20
2.1.2 对象的属性、事件和方法 ··· 22
2.2 建立简单的 Windows 应用程序 ··· 24
2.2.1 设计用户界面 ··· 25
2.2.2 设置对象的属性 ··· 25
2.2.3 编写程序代码 ··· 26
2.2.4 调试与运行程序 ··· 27
2.2.5 保存程序和文件组成 ··· 27
2.3 窗体和 Label 控件 ··· 28
2.3.1 通用属性 ··· 28
2.3.2 窗体 ·· 29
2.3.3 Label 标签控件 ·· 33
2.4 TextBox 文本框控件 ·· 35
2.4.1 常用属性 ··· 35
2.4.2 常用事件 ··· 35
2.4.3 常用方法 ··· 36
2.4.4 文本框的应用 ··· 37
2.5 Button 按钮控件 ·· 39
2.5.1 常用属性 ··· 39
2.5.2 常用事件 ··· 40
2.5.3 按钮的应用 ·· 40
2.6 PictureBox 图形框控件 ·· 41
2.6.1 常用属性 ··· 42
2.6.2 常用事件 ··· 42
2.6.3 常用方法 ··· 42
2.6.4 PictureBox 的应用 ·· 42
小结 ·· 43
习题 2 ··· 43

第3章 C#语言基础 ··· 45

3.1 C#程序结构 ··· 45
3.1.1 C#程序的组成要素 ··· 46
3.1.2 C#程序的格式 ··· 47
3.1.3 标识符与用法约定 ··· 47

3.2 变量和常量 ··· 49
3.2.1 变量含义 ··· 49
3.2.2 变量声明 ··· 49
3.2.3 常量 ··· 50
3.2.4 应用实例 ··· 52

3.3 常用数据类型 ··· 53
3.3.1 数值类型 ··· 53
3.3.2 字符和字符串类型 ··· 56
3.3.3 布尔类型和对象类型 ··· 58
3.3.4 枚举类型 ··· 58
3.3.5 引用类型 ··· 59
3.3.6 类型转换 ··· 60

3.4 C#语言的运算符和表达式 ··· 61
3.4.1 运算符与表达式类型 ··· 62
3.4.2 运算符的优先级与结合性 ··· 67

小结 ··· 68
习题3 ··· 68

第4章 C#程序流程控制 ··· 71

4.1 顺序结构 ··· 71
4.1.1 赋值语句 ··· 71
4.1.2 输入语句 ··· 72
4.1.3 输出语句 ··· 72
4.1.4 复合语句 ··· 73
4.1.5 应用实例 ··· 73

4.2 选择结构 ··· 75
4.2.1 if 条件语句 ··· 75
4.2.2 switch 语句 ··· 79
4.2.3 应用实例 ··· 81

4.3 循环结构 ··· 83
4.3.1 for 循环语句 ··· 83
4.3.2 while、do…while 语句 ··· 84
4.3.3 循环嵌套 ··· 87

		4.3.4 应用实例 ········· 89
	小结 ········· 92	
	习题 4 ········· 93	

第 5 章 数组 ········· 96

  5.1 数组的概念 ········· 96

  5.2 数组声明与初始化 ········· 97

    5.2.1 数组声明 ········· 97

    5.2.2 数组的初始化 ········· 97

    5.2.3 数组元素的访问 ········· 100

    5.2.4 应用实例 ········· 101

  5.3 数组的基本操作与排序 ········· 103

    5.3.1 数组对象的赋值 ········· 103

    5.3.2 数组对象的输出 ········· 104

    5.3.3 求数组中的最大(小)元素值 ········· 106

    5.3.4 数组排序 ········· 107

  5.4 多维数组 ········· 111

    5.4.1 二维数组 ········· 111

    5.4.2 多维数组 ········· 112

    5.4.3 应用实例 ········· 113

  小结 ········· 117

  习题 5 ········· 117

第 6 章 用户界面设计 ········· 119

  6.1 常用控件 ········· 119

    6.1.1 单选按钮 ········· 119

    6.1.2 复选框 ········· 120

    6.1.3 框架 ········· 120

    6.1.4 应用实例 ········· 122

  6.2 列表框和组合框 ········· 124

    6.2.1 列表框 ········· 124

    6.2.2 组合框 ········· 125

    6.2.3 应用实例 ········· 127

  6.3 用户交互界面 ········· 129

    6.3.1 滚动条和进度条 ········· 129

    6.3.2 定时器 ········· 131

    6.3.3 菜单设计 ········· 132

    6.3.4 鼠标事件 ········· 136

    6.3.5 对话框设计 ········· 137

6.3.6 应用实例 ··· 144

小结 ··· 150

习题6 ··· 150

第7章 面向对象程序设计基础 ·· 155

7.1 面向对象的基本概念 ·· 155

    7.1.1 什么是面向对象编程 ·· 155

    7.1.2 面向对象编程的特点 ·· 155

7.2 类 ·· 157

    7.2.1 类的概念 ··· 157

    7.2.2 类的声明 ··· 157

    7.2.3 类的成员 ··· 158

    7.2.4 类成员访问修饰符 ·· 158

7.3 对象 ·· 158

    7.3.1 对象的定义、实例化及访问 ···································· 159

    7.3.2 类与对象的关系 ·· 160

7.4 构造函数和析构函数 ·· 160

    7.4.1 构造函数 ··· 161

    7.4.2 析构函数 ··· 162

7.5 方法 ·· 163

    7.5.1 方法的声明 ··· 163

    7.5.2 方法的参数 ··· 163

    7.5.3 静态和非静态方法 ·· 168

    7.5.4 方法的重载 ··· 170

7.6 字段和属性 ·· 170

    7.6.1 字段概念及用途 ·· 170

    7.6.2 字段的声明 ··· 170

    7.6.3 属性的概念及用途 ·· 172

    7.6.4 属性的声明及使用 ·· 172

7.7 继承和多态 ·· 174

    7.7.1 继承 ··· 174

    7.7.2 多态 ··· 177

小结 ··· 181

习题7 ··· 182

第8章 文件操作 ·· 186

8.1 文件系统概述 ··· 186

8.2 驱动器、目录和文件 ·· 187

    8.2.1 与IO操作相关的枚举 ······································· 187

       8.2.2　驱动器 ·· 189
       8.2.3　目录 ·· 192
       8.2.4　文件 ·· 194
　8.3　文件流和数据流 ·· 198
       8.3.1　抽象类 Stream ·· 199
       8.3.2　文件流 FileStream ·· 200
       8.3.3　流的文本读写器 ·· 202
       8.3.4　流的二进制读写器 ·· 205
       8.3.5　常用的其他流对象 ·· 206
　8.4　应用实例 ·· 206
　小结 ·· 209
　习题 8 ·· 209

第 9 章　GDI+ 与图形编程 ·· 212

　9.1　GDI+ 绘图基本知识 ·· 212
       9.1.1　GDI+ 绘图命名空间 ··· 212
       9.1.2　坐标系统 ·· 212
       9.1.3　Graphics 类 ·· 213
　9.2　绘图工具类 ·· 214
       9.2.1　Pen 类 ·· 214
       9.2.2　常用图形的绘制方法 ·· 216
       9.2.3　Brush 类 ··· 218
　9.3　绘制相关图形 ·· 219
       9.3.1　绘制曲线 ·· 219
       9.3.2　绘制统计图 ·· 223
　小结 ·· 225
　习题 9 ·· 225

第 10 章　数据库应用 ·· 227

　10.1　数据库基本概念 ·· 227
        10.1.1　数据库系统简介 ·· 227
        10.1.2　结构化查询语句 SQL ··· 228
　10.2　ADO.NET 基础 ··· 229
        10.2.1　ADO.NET 简介 ··· 229
        10.2.2　ADO.NET 对象模型 ··· 230
        10.2.3　ADO.NET 数据访问步骤 ··· 232
        10.2.4　ADO.NET 命名空间 ··· 233
　10.3　使用 ADO.NET 访问数据库 ·· 233
        10.3.1　连接 Microsoft Access 数据库 ····································· 233

    10.3.2 连接 Microsoft Access 数据库实例 ································ 234
    10.3.3 读取和操作数据 ·· 236
  10.4 数据源控件和数据绑定控件 ·· 240
    10.4.1 数据源控件 ·· 240
    10.4.2 数据绑定控件 ·· 243
  小结 ··· 244
  习题 10 ··· 245

第 11 章 综合应用实例 ·· 246

  11.1 飘动动画窗体 ·· 246
    11.1.1 实例运行及技术要点 ·· 246
    11.1.2 实现过程 ·· 247
  11.2 总在最前的登录窗体 ·· 251
    11.2.1 实例运行及技术要点 ·· 251
    11.2.2 实现过程 ·· 252
  11.3 飞舞的雪花 ·· 254
    11.3.1 实例运行及技术要点 ·· 254
    11.3.2 实现过程 ·· 254
  11.4 动态打开、显示和缩放图像 ·· 255
    11.4.1 实例运行及技术要点 ·· 255
    11.4.2 实现过程 ·· 257
  11.5 在图像上动态加载文字 ·· 260
    11.5.1 实例运行及技术要点 ·· 260
    11.5.2 实现过程 ·· 261
  11.6 校园歌手评分 ·· 263
    11.6.1 实例运行及技术要点 ·· 263
    11.6.2 实现过程 ·· 264
  11.7 多文档 MDI 窗体 ·· 265
    11.7.1 实例运行及技术要点 ·· 265
    11.7.2 实现过程 ·· 266
  小结 ··· 272
  习题 11 ··· 273

参考文献 ·· 274

第1章

认识 Visual C#

C#是微软公司开发的一种面向对象的编程语言,是微软.NET 开发环境的重要组成部分。而 Microsoft Visual C# 2008 是微软公司开发的 C#编程集成开发环境,是为生成在.NET Framework 上运行的多种应用程序而设计的。C#简单、功能强大、类型安全,而且是面向对象的。

C#的语法风格源于 C/C++,融合了 Visual Basic 的高效和 C/C++ 的强大,一经推出就受到广大程序员的喜爱。本章介绍 Visual C#和.NET Framework 的基本知识、Visual C# 2008 开发环境和 MSDN 帮助的使用、简单应用程序的开发步骤。

1.1 C#语言

C#语言是从 C 和 C++语言演化而来的,是一种简单、现代、面向对象且类型安全的编程语言。C#具备了 C++固有的强大能力,同时也吸收了 Java 和 Delphi 等语言的特点和精华,是目前进行.NET 开发的首选语言。

1.1.1 C#语言的由来

一段时期以前,C 和 C++一直是商业软件开发领域中最具有生命力的语言,它们为程序员提供了丰富的功能、高度的灵活性和强大的底层控制力。但是,利用 C 和 C++语言开发 Windows 应用程序比较复杂,如与 Visual Basic 等语言相比,同等级别的 C 和 C++完成一个 Windows 程序的开发往往需要消耗更多的时间。由于 C 和 C++语言的复杂性,不管是经验丰富的程序员还是初涉编程的自学者都在试图寻找一种新的语言,希望能在功能和效率之间找到一个更为理想的平衡点。

针对这一问题,微软公司于 2000 年 6 月正式发布了 C#。C#是一种最新的、面向对象的编程语言。C#使得程序员可以在 Microsoft 开发的最新的.NET 平台上快速地编写 Windows 应用程序,而且 Microsoft.NET 提供了一系列的工具和服务应用在应用程序的开发中。

1.1.2　C#的特点

C#面向对象的卓越设计使其成为构建各类组件的理想选择。使用这些组件可以方便地在 XML 网络服务中心随意转化,从而使它们可以通过 Internet 在任何操作系统中用任何语言在其上进行调用。通常情况下,C#具有以下几个方面的优点。

C#是专门为.NET 应用而开发的语言,与.NET 框架完美结合,C#具有以下突出的特点。

1. 简洁易用的语法

C#继承了 C 和 C++的优点,同时具有简单易学和快速开发等优点。C#摒弃了 C 和 C++中一些比较复杂而且不常用的语法元素,如多父类继承。C#取消了指针,不允许直接对内存进行操作,让代码运行在安全的环境中。

2. 彻底的面向对象设计

C#具有面向对象语言所拥有的一切特性(封装、继承和多态)。

3. 与 Web 应用紧密地结合

C#支持绝大多数的 Web 标准,如 HTML、XML、SOAP 等。

4. 完整的安全性与错误处理

语言的安全性与错误处理能力是衡量一种语言是否优秀的重要依据。C#的先进设计思想可以消除软件开发中的许多常见错误(如语法错误),并提供了包括类型安全在内的完整的安全性能。

5. 兼容性

C#遵循.NET 的公共语言规范(Common Language Specification,CLS),能够保证与其他语言开发的组件兼容。

6. 灵活的版本处理技术

C#在语言本身内置了版本控制功能,通过版本控制,使用 C#的开发人员能够更加轻易地开发和维护各种商业软件。

7. 自动的资源回收机制

C#与.NET 的完美集成使得 C#完全拥有.NET 的自动资源回收机制。在早期的 Windows 版本中,程序使用完资源后应该及时释放,否则会导致系统资源不足而运行变慢。编写 C#程序不需要及时释放资源,因此,程序员可以把更多的精力放在编写程序的逻辑结构上。

8. 完善的错误和异常触发机制

C#提供了完善的错误和异常触发机制,使程序在交付应用时能够更加健壮。

1.1.3 关于 Visual C# 2008

Visual C# 2008 是微软公司推出的集成开发环境(Integrated Development Environment,IDE)Visual Studio.NET(简称 VS)的重要成员之一。Visual Studio.NET 集成了 Visual Basic、C++、C#、J#等,它的体系结构如图 1-1 所示。

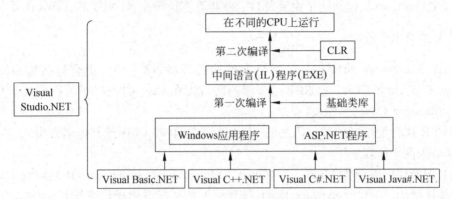

图 1-1 Visual Studio.NET 体系结构

Visual C# 2008 于 2008 年 2 月正式推出,是 Visual C# 2005 的升级版,同时 C#语言版本也由 C# 2.0 升级到 C# 3.0。Visual C# 2008 极大地增强了 Web 的设计功能,支持基于网络的应用开发,可用于开发 ASP.NET 程序;进一步适应了电子商务时代发展规律的需要,可广泛应用于 B/S 结构和多层结构。

1.2 .NET Framework 3.5

C#语言是建立在 Microsoft 的.NET Framework 之上,专门为与.NET Framework 一起使用而设计的。.NET Framework 是一个功能非常丰富的平台,可开发、部署和执行分布式应用程序。C#与.NET Framework 的紧密结合使得程序开发更轻松、更高效。掌握.NET Framework 的基本知识,将会有助于读者更快、更好地学习 C#,有利于高效地利用 C#开发应用程序。

1.2.1 什么是.NET Framework

Microsoft .NET Framework 3.5 是生成、运行下一代应用程序和 XML Web Services 的内部 Windows 组件,简化了高度分布式 Internet 环境中的应用程序开发。

.NET Framework 旨在实现下列目标:

(1) 提供一个面向对象的、一致的编程环境,无论对象代码是在本地存储和执行,还是在本地执行但在 Internet 上分布,或者是在远程执行的。

(2) 提供一个将软件部署和版本控制冲突最小化的代码执行环境。

(3) 提供一个可提高代码(包括由未知的或不完全受信任的第三方创建的代码)执行安全性的代码执行环境。

（4）提供一个可消除脚本环境或解释环境的性能问题的代码执行环境，使开发人员的经验在面对类型大不相同的应用程序（如基于 Windows 的应用程序和基于 Web 的应用程序）时保持一致。

（5）按照工业标准生成所有通信，以确保基于 .NET Framework 的代码可与任何其他代码集成。

.NET Framework 包括两个主要部件：公共语言运行库和 .NET Framework 类库。

1. 公共语言运行库

.NET Framework 的核心是其运行库的执行环境，称为公共语言运行库（Common Language Run Time，CLR）或 .NET 运行库。通常将在 CLR 的控制下运行的代码称为托管代码（Managed Code）。

在 CLR 执行编写好的源代码之前，需要编译它们（在 C#中或其他语言中）。在 .NET 中，编译分为两个阶段：

（1）把源代码编译为 Microsoft 中间语言（Intermediate Language，IL）程序。

在编译使用 .NET Framework 库的代码时，不是立即创建操作系统特定的本机代码，而是把代码编译为 Microsoft 中间语言程序，它不专用于任何一种操作系统，也不专用于 C#。其他 .NET 语言，如 Visual Basic .NET 也可以在第一阶段编译为这种语言程序。

Microsoft 中间语言与 Java 字节代码共享一种理念：它们都是低级语言，语法很简单（使用数字代码，而不是文本代码），可以非常快速地转换为内部机器码。对于代码来说，这种精心设计的通用语法有很重要的优点：平台无关性、提高性能和语言的互操作性。

（2）CLR 把 IL 编译为平台专用的代码。

第二阶段的编译是在中间语言程序开始运行时进行的。当开始运行中间语言程序时，在公共语言运行库的支持下，中间语言程序被编译成由本地 CPU 指令组成的程序。显然，任何一个中间语言程序在 CLR 的支持下可以在不同的 CPU 中运行。

这个两阶段的编译过程非常重要，因为 Microsoft 中间语言（托管代码）是提供 .NET 的许多优点的关键。

2. .NET Framework 类库

.NET Framework 类库是一个综合性的面向对象的可重用类型集合，可以使用它开发多种应用程序，这些应用程序包括传统的命令行或图形用户界面（GUI）应用程序，以及基于 ASP.NET 的最新应用程序（如 Web 窗体和 XML Web Services）。

.NET Framework 类库是一个与公共语言运行库紧密集成的可重用的类型集合。该类库是面向对象的，具有非常直观和易用的优点，使得 .NET Framework 类型易于使用，而且还减少了学习 .NET Framework 新功能所需要的时间。

第 3 方组件可与 .NET Framework 中的类实现无缝集成，.NET Framework 类型能够完成一系列常见的编程任务，包括字符串管理、数据收集、数据库连接以及文件访问等。

.NET Framework 类库还包括支持多种专用开发方案的类型，用户可使用 .NET Framework 开发各种类型的应用程序和服务：控制台应用程序、Windows 窗体应用程序、ASP.NET 应用程序、XML Web Services、Windows 服务等。

1.2.2 C#与.NET的关系

C#是一种编程语言,用于生成面向.NET 环境的代码,但不是.NET 的一部分。.NET 所支持的一些特性,C#并不支持;而 C#支持的一些特性,.NET 也可能不支持(如运算符重载)。由于 C#是和.NET 一起使用的,所以如果读者想更高效地利用 C#开发应用程序,掌握.NET Framework 的相关知识就非常重要。在许多情况下,C#的特定语言功能取决于.NET 的功能或依赖于.NET 基类。

1.2.3 .NET Framework 3.5 特性

.NET Framework 3.5 在.NET Framework 1.1、.NET Framework 2.0、.NET Framework 3.0 的基础上对许多功能进行了改进,增加了很多新特性,如 LINQ,对 AJAX、WCF、WPF 和 WF 的支持,以及在.NET Compact Framework、ASP.NET、CLR、密码、网络、Windows 窗体添加了很多新特性和做了改进。这些新特性包括智能感知、多定向支持、Web 设计器和 CSS 支持、ASP.NET Ajax 和 JavaScript 支持、语言改进和 LINQ、LINQ to SQL 中的数据访问改进和其他改进等。

1.3 Visual C# 2008 集成开发环境

Microsoft Visual Studio.NET 是微软公司为适应 Internet 高速发展的需要而隆重推出的新的开发平台,是目前最流行的 Windows 平台应用程序开发环境,可以用来创建 Windows 平台下的 Windows 应用程序和网络应用程序,也可以用来创建网络服务、智能设备应用程序和 Office 插件。Microsoft Visual Studio.NET 主要经历了 Visual Studio.NET 2002、Visual Studio.NET 2003、Visual Studio.NET 2005、Visual Studio.NET 2008 等几个版本,目前最新版本是 Visual Studio.NET 2010,本书使用 Visual Studio.NET 2008 专业版。

Visual Studio.NET 2008 开发环境支持 Visual Studio 语言 Visual Basic、C++、C#、J#,即这 4 种语言使用相同的集成开发环境。集成开发环境是一组软件工具,集应用程序的设计、编辑、调试、运行等多种功能于一体,为应用程序的开发带来了极大的便利。

1.3.1 启动 Visual Studio 2008

依次执行"开始"→"所有程序"→Microsoft Visual Studio 2008→Microsoft Visual Studio 2008 命令,出现如图 1-2 所示的界面。

1.3.2 创建项目

开发一个 Visual C# 2008 应用程序的第一步便是创建一个新的项目。项目包含应用程序的所有原始资料,如源代码文件、资源文件(如图标)、对程序所依赖的外部文件的引用,以及配置数据(如编译器设置)。

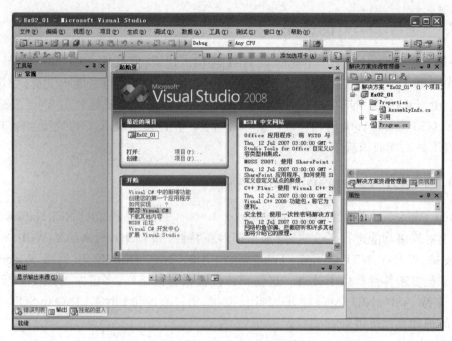

图 1-2 Visual Studio 2008 界面

创建新项目的方法有多种：

图 1-3 "最近的项目"窗口

（1）可以通过执行"文件"→"新建"命令，然后单击"项目"来创建新项目。

（2）在"起始"页面上的"最近的项目"板块中单击与【创建：】同行的【项目(P)…】，如图 1-3 所示。

创建新项目时首先出现的是如图 1-4 所示的对话框，接着在该对话框中逐个确定有关信息。

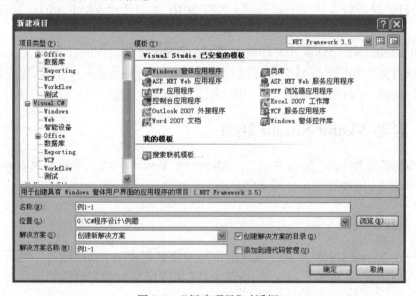

图 1-4 "新建项目"对话框

（1）确定项目类型。在【项目类型(P)：】选项组中选择 Visual C#。

（2）选择模板。在【Visual Studio 已安装的模板】选项组中保留默认的选择【Windows 窗体应用程序】。

（3）输入项目名称。在【名称(N)：】后的文本框中输入项目名称，这里不妨输入"例1-1"（稍后将使用该项目开发一个简单的 Windows 窗体应用程序）。

（4）确定存放位置。在【位置(L)：】后的文本框中输入（或通过"浏览"按钮选择）存放位置，这里选择"G:\C#程序设计\例题"（以后的例题都可存放在此文件夹中）。

（5）选择【创建解决方案的目录(D)】项，这时【创建解决方案名称(M)：】后的文本框中显示名称"例1-1"。

（6）单击"确定"按钮，则例1-1项目创建成功，系统进入 Visual C#集成开发环境，如图1-5所示。这时系统跳转到【Form1.cs［设计］】视图，显示名为 Form1 的 Windows 窗体。

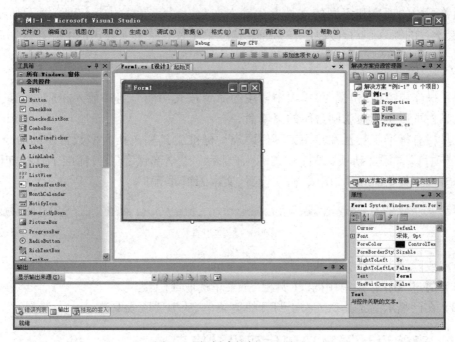

图1-5 新创建的例1-1项目

Visual C#集成开发环境由许多窗口组成，按照窗口布局可分为两类：位置相对固定的主窗口、窗体设计和代码窗口；浮动的、可隐藏的、可停靠的窗口，如工具箱、属性、解决方案资源管理器、输出等窗口。下面介绍最常用的一些窗口。

1.3.3 主窗口

主窗口包括标题栏、菜单栏、工具栏。

1. 标题栏

在图1-5中，标题栏中的标题为"例1-1-Microsoft Visual Studio"。其中，"例1-1"为

项目名,Microsoft Visual Studio 为开发环境。

Visual C#有 3 种工作模式:

(1) 设计模式:用于应用程序的开发,进行用户界面的设计和代码的编写。

(2) 运行模式:运行应用程序,标题栏显示"正在运行"字样,如"例 1-1(正在运行)",这时不可编辑代码,也不能编辑界面。

(3) 中断:应用程序运行暂时中断,用于调试程序,标题栏显示"正在调试"字样。

2. 菜单栏

Visual C#主窗口的菜单栏包含了丰富的菜单,包含程序开发、调试和保存过程中的各种命令。它们是调用相关命令的基本方式,通过它们可以实现大部分的操作功能。Visual C# 2008 的菜单栏中有 12 个下拉菜单:文件(F)、编辑(E)、视图(V)、项目(P)、生成(B)、调试(D)、数据(A)、格式(O)、工具(T)、测试(S)、窗口(W)和帮助(H)。这些菜单随着不同的项目和不同的文件发生动态变化。对于菜单的功能和位置不必死记硬背,随着学习的深入和对开发环境的熟悉,这些菜单及其菜单项会熟记于心。

3. 工具栏

为了操作更方便、快捷,菜单项中常用的命令按其功能分组并放入相应的工具栏中。通过工具栏可以迅速地访问常用的菜单命令。

工具栏有标准工具栏和专用工具栏两类。标准工具栏包括大多数常用的命令按钮,如"新建项目"、"添加新项"、"打开文件"、"保存"、"全部保存"等,标准工具栏如图 1-6 所示。专用工具栏有布局、调试、格式设置、文本编辑器等。

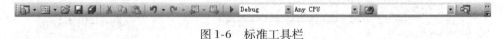

图 1-6 标准工具栏

显示或隐藏工具栏有两种方法:

(1) 通过"视图"菜单中的"工具栏"子菜单选取或隐藏。

(2) 在已显示的工具栏处右击打开快捷菜单,从中选取或取消。

1.3.4 窗体设计器窗口和代码设计窗口

完成一个应用程序开发的大部分工作是在窗体设计器窗口和代码设计窗口中进行的。

1. 窗体设计器窗口

窗体是用户界面各元素中的最大容器,用于容纳其他控件(如标签、文本框、按钮等)。Windows 窗体设计器窗口用于设计 Windows 应用程序的用户界面,是一个放置其他控件的容器,一般称为"窗体"(Form),如图 1-7 所示。

图 1-7 窗体设计器

在设计应用程序时,用户在窗体上建立应用程序的界面。运行时,窗体就是用户看到的正在运行的窗口,用户通过窗体上的控件交互可得到程序的运行结果。

一个 Windows 应用程序可以拥有多个窗体,通过"项目"菜单中的"添加 Windows 窗体"命令可增加新的窗体。一个应用程序中的每个窗体必须具有不同的名字,默认状态下窗体的名称分别为 Form1,Form2,Form3,……。用户可以通过属性窗口修改相应的 Name 属性,以便标识各个窗体的功能和作用,如用 FrmMain 和 FrmLogin 分别给应用程序的主窗体和登录窗体命名。

窗体设计器窗口的上方有一排选项卡,通过单击选项卡,可以在窗体、起始页、代码窗口以及其他功能区之间切换。

2. 代码设计器窗口

代码设计器窗口(简称代码窗口)是用于代码设计的窗口。各种事件过程、过程和类等源代码的编写和修改在此窗口进行,如图 1-8 所示。

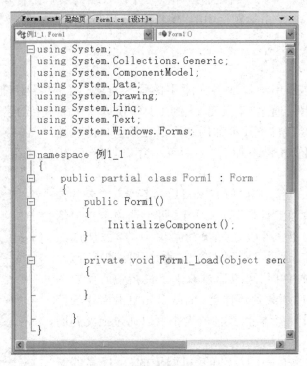

图 1-8 代码窗口

打开代码窗口的方法如下:
(1) 执行"项目"菜单中的"代码"子菜单。
(2) 双击窗体或控件。
(3) 右击窗体或窗体中的控件,在弹出的快捷菜单中选择"查看代码"命令。
(4) 在"解决方案资源管理器"窗口的工具栏中单击"查看代码"按钮。

与窗体设计器窗口类似,代码窗口上方也有一排选项卡,通过单击标签,可以在不同的功能区之间切换。

1.3.5 解决方案资源管理器窗口

解决方案资源管理器窗口的功能是显示一个应用程序中的所有项目及其文件的有组织的树形结构图,并提供对项目和文件相关命令的快捷访问方式,其中主要的文件有:解决方案文件(扩展名为sln)、项目文件(扩展名为csproj)、代码文件(扩展名为cs)等。

解决方案资源管理器窗口的顶部有几个快捷按钮,如"属性"、"显示所有文件"、"查看代码"、"视图设计器"等。

解决方案资源管理器窗口可以通过"视图"菜单中的"工具栏"子菜单打开,该窗口是一种浮动的、可隐藏的、可停靠的窗口。通过该窗口的标题栏右方的3个按钮,可改变窗口的属性,如图1-9所示。例如,使用"▯"按钮可实现窗口的"自动隐藏",窗口收缩;而当鼠标指针移动并在收缩的窗口上停留片刻时,就可以看到一个被展开的窗口,单击标题栏中的"▯"按钮,则窗口不再隐藏。

图1-9 解决方案资源管理器窗口的标题栏

1.3.6 工具箱窗口

如前所述,窗体是用户界面各元素中的最大容器,用于容纳其他控件。Visual C# 2008提供了很多控件,通过"工具箱"中的工具按钮可以在窗体上创建控件。其中常用的控件放置在"工具箱"窗口中,不常用的可以在该窗口的快捷菜单中的"选择项"命令添加。"工具箱"窗口如图1-10所示。

默认情况下,工具箱中有"所有Windows窗体"、"公共控件"、"容器"、"菜单和工具栏"等选项卡,每个选项卡中包括创建相应控件的按钮。可以通过快捷菜单中的"添加选项卡"命令添加选项卡,通过"删除选项卡"命令删除选项卡。

当窗体上需要控件时,可以通过双击工具箱中所需要的控件按钮直接将控件加载到窗体上,也可以先单击需要的控件,再将其拖曳到设计窗体上,控件的大小可以通过拖曳四周边界来调整。

"工具箱"窗口也是一种浮动的、可隐藏的、可停靠的窗口,用户可以自定义工具箱的布局,如"显示"和"隐藏"工具箱、移动工具箱的位置等。

图1-10 工具箱

1.3.7 属性窗口

每个对象都由一组属性描述其外部特征,如颜色、字体、大小等。当进行应用程序设计时,属性窗口用于显示和设置所选定的窗体、控件、解决方案、项目、代码文件等对象的各种属性,如外观、名称等。

属性窗口可以通过"视图"菜单中的"工具栏"子菜单打开,该窗口是一种浮动的、可隐藏的、可停靠的窗口。属性窗口主要用于设置对象的各种属性,如外观、名称等。

在设计器窗口中选中一个对象(窗体或控件)后,该对象的属性就会显示在相应的属性窗口中。例如,当选中窗体 Form1 后,对象 Form1 的所有可读写属性就会在属性窗口中显示,如图 1-11 所示。属性窗口中,借助右侧的滚动条可以看到对象的所有属性,并对其修改以达到预想的效果。需要说明的是,修改对象的属性也可以使用代码完成。

属性窗口由对象和名称空间列表框、属性显示排列方式、属性列表框、属性含义说明等组成。属性窗口除用于显示和修改对象的属性外,通过单击"⚡"按钮还可显示对象的事件。

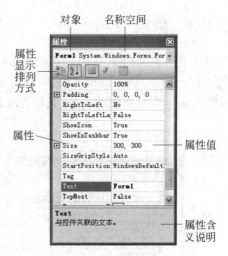

图 1-11　属性窗口

1.3.8　其他窗口

Visual C# 2008 集成开发环境中除上述常用窗口外,还有其他一些窗口,包括输出、对象浏览器、错误列表等,需要时可以通过"视图"菜单中的相关菜单项打开。

1.4　使用帮助系统

学会使用帮助系统是学习 Visual C#的重要组成部分。Visual Studio .NET 的一大特色就是包括了一个广泛的帮助工具,提供了丰富的、人性化的帮助方式和帮助信息。帮助工具包括用于 Visual Studio IDE、.NET Framework、C#、J#、C++等的参考资料。可以查看任何 C#语句、类、属性、方法,还可以从中获取许多编程的例子。

Visual Studio .NET 的联机帮助是基于 MSDN Library 的,使用前需要安装 Visual Studio 2008 MSDN(为简单起见,这里假定已经完成安装)。对于程序设计的初学者,可以通过以下方法从大量的信息中筛选所需的帮助信息。

1.4.1　动态帮助

动态帮助跟踪用户的动作并自动地显示一系列相关的帮助主题。可以在"帮助"菜单中执行"动态帮助"命令,就可打开"动态帮助"窗口。在应用程序开发过程中,"动态帮助"窗口会根据用户操作而不断改变,显示出相关的帮助信息。

1.4.2　目录

在"帮助"菜单中选择"目录"子命令,进入帮助主窗口,其左侧显示"目录"面板,如图 1-12 所示。在"目录"面板中,可以快速地对 MSDN 的结构有一个大致的了解,起到导航的作用。对于 MSDN 文档库较熟悉的用户可以从目录入手,查找感兴趣的内容阅读。

1.4.3 索引

对不熟悉文档库的用户可以使用 MSDN 提供的索引功能。在"帮助"菜单中选择"索引"子命令,进入帮助主窗口,其左侧显示"索引"面板,如图 1-13 所示。在"查找"文本框中输入需要查询的内容后,按 Enter 键,MSDN 将自动转到最匹配的技术文档。

图 1-12　目录面板　　　　　　　　图 1-13　索引面板

1.4.4 搜索

MSDN 还为使用者提供了一种强大的搜索功能,可以提供对本地、MSDN Online、Codezone 社区等许多文档库的详细搜索。在"帮助"菜单中选择"搜索"子命令,进入搜索窗口,如图 1-14 所示。在"搜索"文本框中输入需要的搜索内容后,按 Enter 键,搜索结

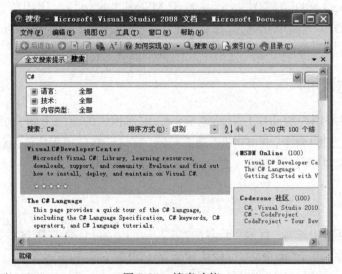

图 1-14　搜索功能

果以概要的方式显示在主界面中,可以根据需要选择不同的文档阅读。

1.4.5 网络资源

可以通过访问 MSDN 网站(http://www.microsoft.com/china/msdn),获得最新、最及时的相关帮助信息。

1.5 用 C#创建 Windows 应用程序

Windows 应用程序即窗体应用程序,指基于 Windows Forms 的项目。Windows 应用程序允许以图形方式进行人机交互,操作 Windows 应用程序类似于使用 Windows 操作系统。使用 Visual C# 2008 可以开发出优秀的 Windows 应用程序。下面通过一个简单的实例说明建立完整的 C#应用程序的步骤。

建立一个 C#应用程序包括以下步骤:
(1) 设计用户界面。
(2) 设置对象的属性。
(3) 编写程序代码。
(4) 保存、调试与运行程序。

【例 1-1】 在文本框中输出文字"欢迎进入 Visual C# 2008 编程世界!"。

1.5.1 设计用户界面

1. 创建项目

为达到题目要求,首先必须创建项目。前面的 1.3.2 节已创建了项目例 1-1,在此切换到该项目的开发界面,如图 1-5 所示。若该项目已关闭,则在起始页的"最近的项目"板块中单击例 1-1 图标,即打开。

2. 设计用户界面

(1) 调整窗体大小并添加文本框。

调整窗体至合适大小(长宽比约为 2∶1),然后展开工具箱中的"公共控件"选项卡,双击 TextBox 工具按钮,为窗体添加一个文本框控件,如图 1-15 所示。

(2) 拖曳文本框,并调整文本框的长度,调整后的窗体,如图 1-16 所示。

(3) 使用与添加文本框控件同样的方法,为窗体添加两个 Button 控件(命令按钮),并调整其大小和位置,如图 1-17 所示。

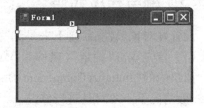

图 1-15 调整大小并添加文本框后的窗体

图1-16 调整大小并添加文本框后的窗体

图1-17 添加命令按钮控件后的窗体

1.5.2 设置对象的属性

控件添加后,接着对窗体及窗体上的各控件进行属性设置,窗体、文本框、命令按钮的属性设置如表1-1所示。

表1-1 对象属性设置

对象类型	对象名称	属性	设置结果
窗体	Form1	Text	欢迎
文本框	TextBox1	Name	txtShowResult
		ReadOnly	True
命令按钮	Button1	Name	btnOK
		Text	确定
	Button2	Name	btnClose
		Text	关闭

需要说明,文本框的 ReadOnly 属性用于控制文本框是否只读(即是否接受用户的输入),本程序中的文本框只用于显示文本,所以应当将其设置为 True。设置对象属性后的用户界面如图1-18所示。可以看到,文本框呈灰色,表明该文本框是只读的,在程序运行过程是不允许改变其中文本内容的。

图1-18 设置属性后的用户界面

1.5.3 编写程序代码

设置好对象属性后,接下来是编写程序代码。
(1)首先双击"确定"(名称为 btnOK 的)按钮,打开代码窗口,如图1-19所示。
窗口中的"InitializeComponent();"语句用于初始化窗体控件或组件,由系统自动生成,一般情况下不要对其进行修改。
然后在 btnOK 按钮的 btnOK_Click 事件过程中(光标所在的位置)输入代码:

```
txtShowResult.Text = "欢迎进入 Visual C# 2008 编程世界!";
```

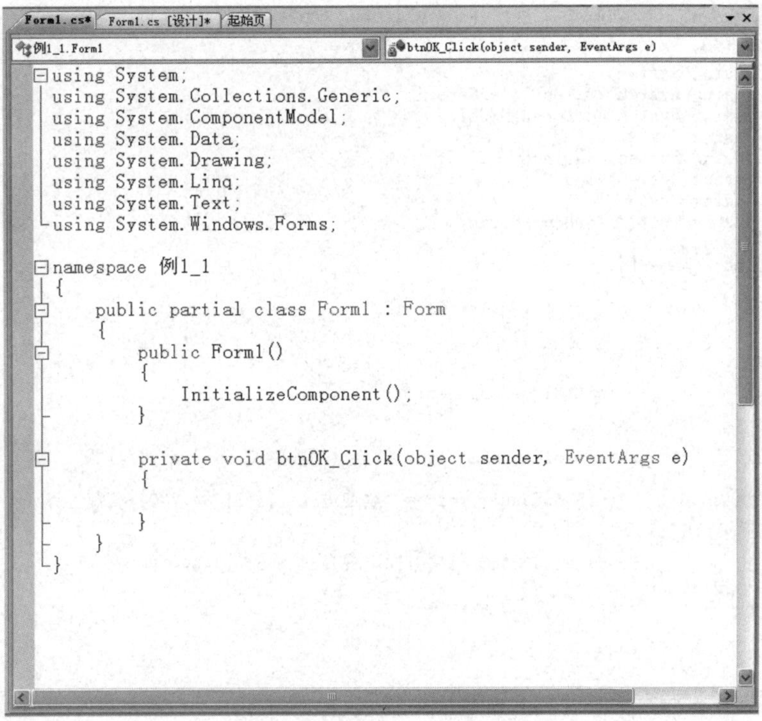

```
Form1.cs* Form1.cs [设计]* 起始页
例1_1.Form1                          btnOK_Click(object sender, EventArgs e)
  using System;
  using System.Collections.Generic;
  using System.ComponentModel;
  using System.Data;
  using System.Drawing;
  using System.Linq;
  using System.Text;
  using System.Windows.Forms;

  namespace 例1_1
  {
      public partial class Form1 : Form
      {
          public Form1()
          {
              InitializeComponent();
          }

          private void btnOK_Click(object sender, EventArgs e)
          {
          }
      }
  }
```

图 1-19　双击后的代码窗口

该代码的含义是,在文本框控件 txtShowResult 中显示"欢迎进入 Visual C# 2008 编程世界!"字样。

(2) 单击"解决方案资源管理器"窗口的"视图设计器"按钮,返回用户界面设计窗口,再双击"关闭"(名称为 btnClose)按钮,在打开的代码窗口的 btnClose_Click 过程事件中输入代码:

```
Application.Exit();
```

该代码的含义是,关闭窗体,并结束应用程序的运行。

输入代码后的代码窗口如图 1-20 所示。至此,程序的代码输入完成。

1.5.4　保存、调试与运行程序

1. 保存文件

在窗体和代码设计好后,应当及时保存文件,以防止调试和运行程序时发生死机等意外而造成数据丢失。保存文件的方法如下:

(1) 选择"文件"→"保存"或"全部保存"命令。

(2) 单击工具栏中的"保存"或"全部保存"按钮。

除使用上述方法保存有关文件外,在进行程序编译时系统会自动保存所有的项目文件,编译成功后不需要再使用菜单命令来保存文件。

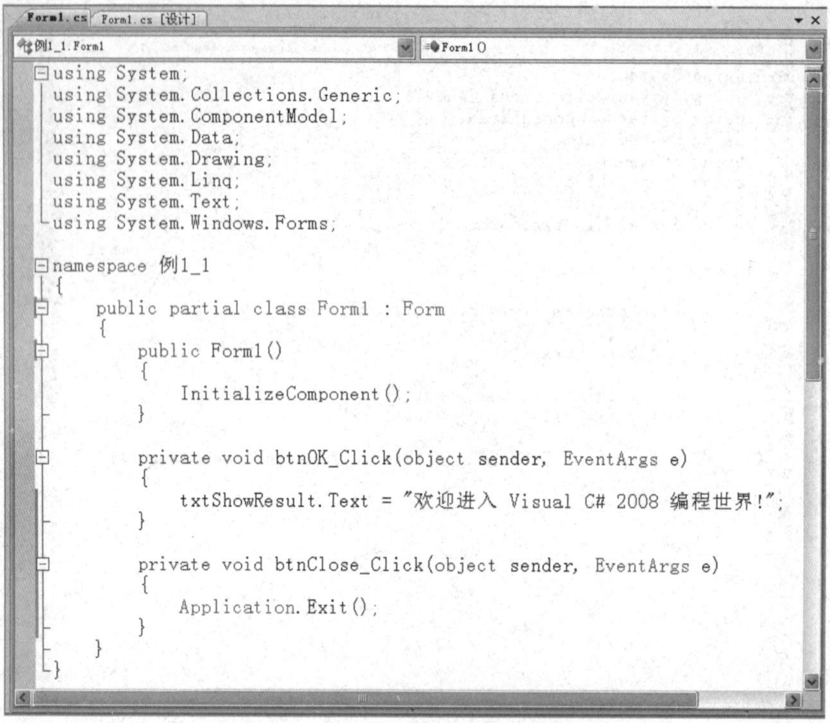
Form1.cs Form1.cs [设计]
例1_1.Form1
Form1()
using System;
using System.Collections.Generic;
using System.ComponentModel;
using System.Data;
using System.Drawing;
using System.Linq;
using System.Text;
using System.Windows.Forms;
namespace 例1_1
{
public partial class Form1 : Form
{
public Form1()
{
InitializeComponent();
}
private void btnOK_Click(object sender, EventArgs e)
{
txtShowResult.Text = "欢迎进入 Visual C# 2008 编程世界!";
}
private void btnClose_Click(object sender, EventArgs e)
{
Application.Exit();
}
}
}

图 1-20　编写好代码后的代码窗口

2. 调试和运行程序

调试和运行程序的方法如下：

(1) 选择“调试”→“启动调试”命令。

(2) 直接按键盘上的 F5 键。

(3) 单击工具栏中的“ ▶ ”按钮。

启动调试后，程序显示如图 1-21 所示的运行界面。

在运行窗口上单击“确定”按钮，窗口的文本框中显示“欢迎进入 Visual C# 2008 编程世界！”字样，如图 1-22 所示。

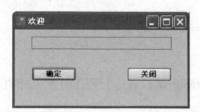

欢迎
确定
关闭

图 1-21　例 1-1 的运行界面

欢迎
欢迎进入 Visual C# 2008 编程世界!
确定
关闭

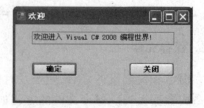

图 1-22　例 1-1 的运行窗口

最后，单击“关闭”按钮，运行窗口关闭，应用程序运行结束。

需要说明，如果程序不能正常运行，编译器会给出相应的提示。根据提示对程序进行修改，直到程序能正常运行为止。

3. 退出开发环境

选择"文件"→"退出"命令,退出开发环境。如果系统提示是否保存,应当对该项目文件再次存盘。

1.6 用 C#创建控制台应用程序

C#经常用于创建 Windows 应用程序,除此之外,还可用来创建其他类型的应用程序,本节举例说明使用 C#创建控制台应用程序的基本步骤。

【例 1-2】 在控制台窗口中输出"Welcome to C#!"字样。

使用 C#创建控制台应用程序的基本步骤如下:

(1) 创建项目。
(2) 编辑 C#源代码。
(3) 编译并运行程序。

1.6.1 创建项目

创建项目的步骤如下:

(1) 执行"文件"→"新建"→"项目"命令,弹出"新建项目"对话框,如图 1-4 所示。

(2) 选择"项目类型"为 Visual C#,选择模板为"控制台应用程序",在"名称"文本框中输入"例 1-2",在文本框中输入(或通过浏览按钮选择)存放路径"G:\C#程序设计\例题",选择"创建新解决方案"选项。

(3) 单击"确定"按钮,进入 C#编辑状态,如图 1-23 所示。

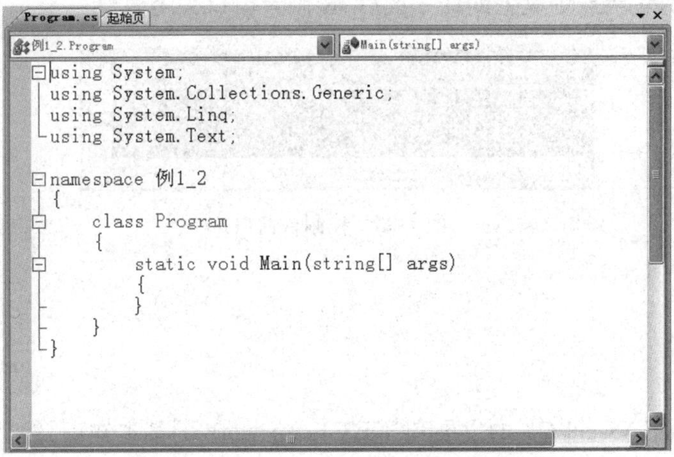

图 1-23 C#编辑状态

1.6.2 编辑 C#源代码

源代码的编辑在代码窗口进行,步骤如下:

(1) 在代码编辑器的 Main 方法所在行的下一行的"{"后按 Enter 键,在新的一行中输入代码"Console.WriteLine("Welcome to C#!");"。

(2) 保存文件,单击工具栏上的"保存"按钮或执行"文件"→"保存 Program.cs"命令。

1.6.3 编译并运行程序

编译并运行程序的方法3种:
- 命令行方式。
- 菜单方式(编译并运行同步完成)。
- 菜单方式(编译和运行分步完成)。

下面介绍第3种方式,操作步骤如下:

(1) 执行"生成"→"生成 例1-2"命令,系统开始编译项目。输出窗口中将显示当前编译的信息,同时输出编译和链接的结果,如图1-24 所示。

图 1-24　输出窗口

(2) 编译成功后,执行"调试"→"开始执行(不调试)"命令。程序执行后,控制台窗口如图1-25 所示。当按键盘上的任一键后,控制台窗口关闭。

图 1-25　控制台窗口

小结

本章首先介绍 Visual C# 的发展和.NET Framework 的基本知识,然后介绍 Visual C# 2008 开发环境和 MSDN 帮助的使用,最后举例说明简单的 Windows 应用程序和控制台应用程序的开发。通过本章的学习,初学者可以对 Visual C# 2008 有一个初步的认识,并对应用程序的开发步骤有所了解。

习题 1

1. 选择题

（1）Visual C# 2008 工具箱的作用是_____。
　　A. 编写程序代码
　　B. 显示指定对象的属性
　　C. 显示和管理所有文件和项目设置，以及对应用程序所需的外部库的引用
　　D. 提供常用的数据控件、组件、Windows 窗体控件等

（2）若想修改窗体标题栏中的名称，应当设置窗体的_____属性。
　　A. Text　　　　B. Name　　　　C. Enabled　　　　D. Visible

（3）Windows 窗体设计器的作用是_____。
　　A. 编写程序代码　　　　　　　　B. 设计用户界面
　　C. 提供 Windows 窗体控件　　　　D. 显示指定对象的属性

（4）解决方案资源管理器窗口的功能是_____。
　　A. 编写程序代码
　　B. 显示指定对象的属性
　　C. 提供常用的数据控件、组件、Windows 窗体控件等
　　D. 显示一个应用程序中所有的属性以及组成该应用程序的所有文件

（5）C#源程序文件的扩展名是_____。
　　A. vb　　　　B. c　　　　C. cpp　　　　D. cs

（6）按_____键可以运行 C#程序。
　　A. F9　　　　B. Ctrl + F5　　　　C. F10　　　　D. F11

（7）项目文件的扩展名是_____。
　　A. sln　　　　B. proj　　　　C. csproj　　　　D. cs

2. 填充题

（1）新建一个 Windows 应用程序后，出现的默认窗体名称为_____。

（2）Visual C# 2008 给用户提供了很多控件，常用的被放置在"工具箱"中，不常用的可以通过快捷菜单中的_____命令添加。

（3）在 Visual C# 2008 中，F5 功能键的作用是_____。

3. 编程题

使用 Visual C# 2008 设计一个 Windows 应用程序，使用标签控件输出"我的第一个 Visual C# 2008 Windows 应用程序！"，项目名称为 exp1-1，程序运行界面如图 1-26 所示。

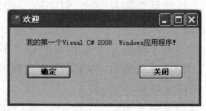

图 1-26　exp1-1 的程序界面

第 2 章 简单 C#程序设计

本章首先介绍面向对象程序设计的概念,然后举例说明 Windows 应用程序设计的一般过程,最后介绍几个常用控件。通过本章的学习,读者可以对 C#程序设计有一个初步的了解。

2.1 面向对象概念

C#语言是一种现代、面向对象的语言。面向对象程序设计方法提出了一个全新的概念——类,它的主要思想是将数据(数据成员)及处理这些数据的相应方法(函数成员)封装到类中,类的实例则称为对象,这就是常说的封装性。本节从使用的角度阐述面向对象的有关概念,详细内容将会在第 7 章介绍。

2.1.1 对象和类

1. 对象

1) 什么是对象

在客观世界中,"对象"原意指"物体"的意思,是现实世界事物的抽象表示。例如,一个人、一只动物、一台计算机、一部手机,甚至是一场比赛、一次演唱会等都是对象。对象之中,还可以包含其他对象,如一辆汽车包含了发动机、车轮、方向盘、离合器和刹车装置等多个零部件,这些零部件也都是对象。

2) 对象的特征

对象尽管如此复杂,但它们一般都有某些相似性,称为对象的特征。归纳起来有以下几点:

(1) 都具有一个标识自己以区别其他对象的名字。

(2) 都具有自身的属性及其属性值。如计算机的 CPU 主频、内存大小、硬盘容量等显示计算机的数据特征。

(3) 都具有行为(操作)。行为用来描述该对象的功能、操作和可完成的任务。对象执行的操作是行为的表现形式。例如,计算机具有运行程序、处理数据、存储数据、控制打印等行为。

又如,一个人是一个对象,他(她)有自己的名字、身高、体重、学历等特征;他(她)有一系列技能,如懂维修电器、会程序设计,他(她)通过这些技能与社会其他人进行交往。

3) 对象的描述

例如,有一个人名叫李明、身高 1.75m,体重 75kg,专科毕业,懂电器维修,会程序设计。

可以这样描述这个对象的特征:

对象名:李明
对象的属性:
    学历:专科
    身高:1.75m
    体重:75kg
对象的行为:
    维修电器
    程序设计

4) 面向对象程序设计中的"对象"

面向对象程序设计中的对象是客观世界中对象的模型化。根据以上对对象特征的描述可知,对象是有着特殊数据(属性)与操作(行为)的实体,对象的操作(行为)称为方法。程序中的对象是模型化了的客观世界的对象,它是代码和数据的封装体,用数据表示属性,用代码(过程或函数)表示方法。一个程序对象的属性用变量来表示;而对象的方法用对象中的代码来实现。

因此,程序中的对象是数据和操作(方法)的一个封装体,是程序运行时的基本实体。可用公式表示:对象 = 数据 + 方法(作用于这些数据上的操作)。

2. 类

类是在现实生活中常用的词语,如人类、鸟类和花类等都表达了一个类的概念。在客观世界中对象是大量存在的。为了便于理解和管理,通常采用归类法从一个个具体对象中抽取共同特征,以形成一般概念。

1) 什么是"类"

"类"是一组具有相同属性和行为客观对象的抽象。它将这一组对象的公共特征集中,说明该组对象的能力和性质或共同特征。例如,人类这个词语就涵盖了所有人的共同之处,是人的所有共同之处的抽象概括。

2) 类与对象的关系

类是对象的模型。对象是类的具体化,是类的实例。

例如,学生是一个类,郑达是一个学生,则郑达是学生类中的一个具体的对象,即实例。同一个类中可具有许许多多的对象,对象(实例)之间除了所含的行为(方法)相同,属性的定义相同,各对象的属性值可以不同。

3) 面向对象程序设计中的"类"

在面向对象程序中,类(class)是具有相同操作功能(方法)和相同数据格式(属性)的对象的集合,即一组对象的抽象。它规定了该组对象的共同特征。只是这组对象不是现实世界中的具体事物,而是我们在程序中使用的一种程序单元。

类形成了一个具有特定功能的模块和一种代码共享的手段。它为程序员提供了一种可以方便建立所需要的任何类型和方便使用这些类型的工具。

类至少包含了以下两个方面的描述:

(1) 本类所有实例的属性定义或结构的定义。

(2) 本类所有实例的操作(或行为)的定义。

C#.NET 可视化编程中创建的各种控件、窗体都是由.NET Framework 内建的控件类、窗体类来创建的对象,用户可直接通过这些类创建相应的对象,这是面向对象程序设计的优点。

例如,在 C#.NET 中,通过把两个文本框拖到窗体中实例化为两个文本框对象,每个文本框对象都有自己的属性和方法,如图 2-1 所示。

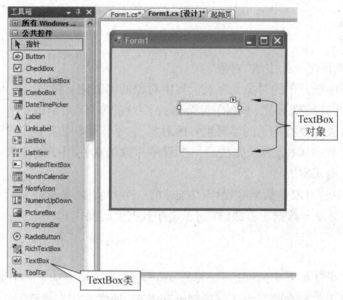

图 2-1 对象和类

在 C#.NET 的应用程序中,对象为程序员提供了现成的代码,提高了编程的效率。例如,在图 2-1 中 TextBox 文本框对象本身具有对文本输入、编辑、删除的功能,用户可以不必再编写相应的程序。

2.1.2 对象的属性、事件和方法

C#.NET 的窗体和控件是具有自己的属性、方法和事件的对象。可以把属性看作一个对象的性质,把方法看作对象的动作,把事件看做对象的响应,它们构成了对象的三要素。

1. 属性

对象中的数据就保存在属性中,C#.NET 中的各种控件都有其不同的属性,它们是用来描述和反映控件对象特征的参数,用户可查阅帮助系统来了解不同对象的属性。

属性的设置有两种方法:
(1) 通过属性窗口直接设置对象的属性。
(2) 在程序代码中通过赋值实现,其格式为:

对象.属性 = 属性值

例如,给一个对象名为 label1 的标签控件的 Text 属性设置为"C#程序设计",其在程序代码中的书写形式如下:

label1.Text = "C#程序设计"

大部分属性既可在设计阶段设置也可在程序运行阶段设置,这种属性称为可读写属性。也有一些属性只能在设计阶段通过属性窗口设置,在程序运行阶段不可改变,称为只读属性。

2. 事件、事件过程和事件驱动

1) 事件

事件是发生在对象上的事情,C#.NET 系统为每一个对象预先定义了一系列的事件。如单击(Click)、双击(DoubleClick)、文本改变(TextChanged)、获取焦点(Enter)、失去焦点(Leave)等。

2) 事件过程

当对象发生了事件后,应用程序就可能需要处理这个事件,而其处理的步骤就是事件过程。它是针对某一对象的过程,并与该对象的一个事件相联系。C#.NET 的编程工作主要就是为对象编写事件过程中的程序代码。事件过程的形式如下:

```
private void 对象名_事件(对象引用,事件信息)
{
    事件过程代码
}
```

事件过程中各项的含义如下:
(1) 对象名:对象的 Name 属性,对于初学者来说一般用控件的默认名称。
(2) 事件:C#.NET 预先定义好的赋予该对象的事件,并能被该对象识别。
(3) 对象引用,事件信息:事件过程通常带有参数,前者指向引发事件的对象,后者是事件相关的信息。

【例 2-1】 当用户单击名为 button1 的命令按钮事件发生后,所编制的事件过程将按钮的字体颜色改成红色。

```
private void button1_Click(object sender, EventArgs e)
{
    button1.ForeColor = Color.Red;
}
```

注意:当用户对一个对象发出一个动作时,可能会同时在该对象上发生多个事件。如用户在对象上单击,会同时产生 Click、MouseDown、MouseUp 三个事件,只需对感兴趣的事件编程即可。

3）事件驱动程序

在 C#.NET 中,程序的执行是先等待某个事件的发生,然后再执行处理此事件的过程,即事件驱动程序设计方式。C#.NET 驱动程序的执行步骤如下:

(1) 启动应用程序,装载和显示窗体。

注意:若用户需要在窗体装载计算机内存时执行某些操作和数据处理功能,应将程序写在窗体的 Form_Load 事件中。

(2) 窗体或控件等待事件的发生。

(3) 事件发生时,执行对应的事件过程。

(4) 重复执行(2)和(3)步。

3. 方法

一般来说,方法是要执行的动作,是 C#.NET 提供的一种特殊的函数。在 C#.NET 中,已将一些通用的函数编好并封装起来,作为方法供用户调用,这给用户的编程带来了很大方便。因为方法是面向对象的,所以调用时一定要用对象。对象方法的调用格式为:

对象.方法([参数列表])

例如:

```
textbox1.Focus();
```

此语句使 textbox1 控件获得焦点,就是在文本框有闪烁的输入光标,表示在该文本框中可输入信息。C#.NET 提供了大量的方法,将在以后控件对象的使用中介绍。

2.2 建立简单的 Windows 应用程序

如 1.5 节所述,用 C#创建 Windows 应用程序的主要步骤如下:

(1) 设计用户界面。

(2) 设置对象的属性。

(3) 编写程序代码。

(4) 保存、调试与运行程序。

下面再举一个实例说明建立 Windows 应用程序创建过程。

【例 2-2】 编写一个人民币与美元兑换的程序。程序要求如下:在"人民币"或"美元"文本框中输入要兑换的款项额度,在"兑换比率"文本框中输入人民币兑换成美元的兑换比率,单击"¥→$"或"$→¥"按钮,进行相应的货币兑换,并在文本框中显示结果;单击"清屏"按钮,清除文本框内容;单击"退出"按钮,停止程序运行。运行界面如图 2-2 所示。

下面几节将按照上述步骤建立这个简单的应用程序。

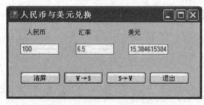

图 2-2 例 2-2 运行界面

2.2.1 设计用户界面

在 C#.NET 中要利用计算机解决一个实际问题,首先要考虑该程序的用户界面,如有哪些控件、对控件进行操作发生了哪些事件、控件间关系等。用户界面的作用主要是向用户提供输入数据的界面以及用于显示程序运行后的结果。选择所需的控件对象,可以进行合理的界面布局。一个应用程序就是一个项目,通过选择"文件"→"新建项目"命令来建立一个项目(工程),然后在窗体上进行用户界面的设计。

例 2-2 中共涉及 10 个控件对象:3 个 Label(标签)、3 个 TextBox(文本框)、4 个 Button(命令按钮)。标签用来显示信息,不能用于输入;文本框用来输入数据,也可用于数据显示;命令按钮用来执行有关操作;窗体是上述控件对象的载体,在新建项目时自动创建。建立的用户界面如图 2-3 所示。

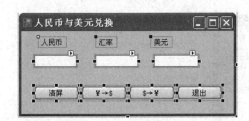

图 2-3 例 2-2 设计界面

图 2-4 属性设置窗口

2.2.2 设置对象的属性

对象建立好后,就要为其设置属性值。属性是对象特征的表示,各类对象中都有默认属性值,设置对象的属性是为了使对象符合应用程序的需要。

(1) 单击待设置属性的对象(可以是窗体或控件),会出现一个属性窗口。

(2) 在该窗口中选择要修改的属性,在属性值栏中输入或选择所需的属性值,如图 2-4 所示。

本例中各控件对象的有关属性设置如表 2-1 所示,设置后的用户界面参见图 2-2。

表 2-1 对象属性设置

控件名(Name)	文本(Text)	控件名(Name)	文本(Text)
Form1	人民币与美元兑换	textBox3	空白
label1	人民币	button1	清屏
label2	汇率	button2	¥ → $
label3	美元	button3	$ → ¥
textBox1	空白	button4	退出
textBox2	空白		

注意:

① 要建立多个相同性质的控件,可通过复制的方式,然后对属性进行不同设置。

② 若窗体上各控件的字号等属性要设置成相同的值,不必逐个设置,只要在建立控件前,将窗体的字号等属性设置好,以后建立的控件都会将该属性值作为默认值。

③ 属性表中 Text(文本)若"空白"则表示无内容;"¥→$"等特殊字符可通过软键盘输入,方法如下:在智能 ABC 输入方式下,在软键盘图标上右击,选择"特殊符号"选项,就可选择所需的→符号;¥和$字符则利用"单位符号"选项获得。

2.2.3 编写程序代码

建立了用户界面并为每个对象设置相关属性后,就要考虑用什么事件激活对象所需的操作了。这就涉及对象事件的选择和事件处理函数代码的编写了。事件的选择在属性窗口中进行,而事件过程代码的编写总是在代码窗口中进行的。

属性窗口中顶部的对象下拉列表框列出了该窗体的所有对象(包括窗体),单击事件按钮则在属性窗口中分类列出了与顶部选中对象相关的所有事件,如图 2-5 所示。

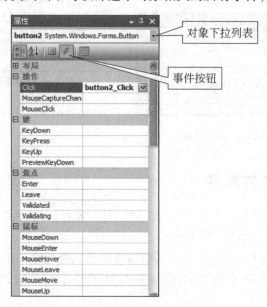

图 2-5 属性窗口的事件选择

现以"¥→$"button2 命令按钮为例,说明事件过程代码的编写。在属性窗口中 Click 事件右侧的下拉列表框双击打开代码窗口,或在设计窗口中双击"¥→$"命令按钮,打开代码窗口,显示该事件代码的模板,在该模板的过程体加入代码:

```
private void button2_Click(object sender, EventArgs e)
{
    textBox3.Text = Convert.ToString(Convert.ToDouble(textBox1.Text)/
    Convert.ToDouble(textBox2.Text));
}
```

采用同样的步骤对例 2-2 中 4 个按钮编程,如图 2-6 所示。

```
        private void button1_Click(object sender, EventArgs e)
        {
            textBox1.Text = "";
            textBox2.Text = "";
            textBox3.Text = "";
        }

        private void button2_Click(object sender, EventArgs e)
        {
            textBox3.Text = Convert.ToString(Convert.ToDouble(textBox1.Text) / Convert.ToDouble(textBox2.Text));
        }

        private void button3_Click(object sender, EventArgs e)
        {
            textBox1.Text = Convert.ToString(Convert.ToDouble(textBox3.Text) * Convert.ToDouble(textBox2.Text));
        }

        private void button4_Click(object sender, EventArgs e)
        {
            Application.Exit();
        }
```

图 2-6　代码窗口和输入的程序代码

2.2.4　调试与运行程序

一个完整的应用程序设计完成后,可以利用工具栏的启动按钮 ▶ 或按 F5 键运行。

C#.NET 程序通常会先编译,检查是否存在语法错误。当存在语法错误时,则显示错误提示信息,提示用户进行修改;若不存在语法错误,则执行程序,用户可以在窗体的文本框中输入数据,单击命令按钮执行相应的事件过程。

在 C#.NET 中,生成的可执行程序有两个版本:调试版本(Debug)和发布版本(Release)。调试版本的可执行程序包含有调试所需要的信息,生成的可执行程序比发布版本大。选择"生成"→"配置管理器"命令,可在"活动解决方案配置"下拉列表中选择生成的可执行程序版本。不管哪种版本,系统在生成过程中自动创建了 obj 文件夹,其中有两个子文件夹:Debug、Release,分别用来存放生成的可执行文件。

对于初学者,程序运行时出现错误是很正常的,关键在于学会发现错误并改正错误。编译系统是一个绝对严格的检验师,不会放过任何细小的错误。调试程序要有耐心和毅力,失败是成功之母,成功需要经验和教训的积累。

注意:调试与运行程序和下面所述的保存文件可以交替进行。1.5 节中采用的是先保存文件、再调试程序,为叙述方便,这里是先调试与运行程序、再保存文件。

2.2.5　保存程序和文件组成

至此,已经完成了一个简单 C#.NET 应用程序的建立过程。在这个过程中,C#.NET 在指定的文件夹(如 D:\ch2)下生成了解决方案文件和项目文件夹 P2_2,并为该项目生成多个文件和子文件夹。这些文件虽然可以通过 Visual Studio.NET 管理,但了解项目背后的文件及其作用还是非常必要的。

现以例 2-2 简述 P2_2 项目的主要文件及其作用,如图 2-7 所示,下面分别进行说明:

(1) 例 2-2.sln:解决方案文件,存储定义一组项目关联、配置等信息。

(2) 例 2-2.suo:解决方案用户选项文件,存储一组项目中集成开发环境选项自定义信息。

(3) P2_2.csproj:项目文件,存储一个项目的相关信息,如窗体、类引用等。

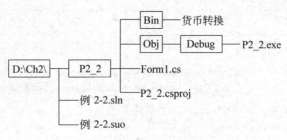

图 2-7　简单应用程序的文件组成

(4) Form1.cs：窗体文件，存储窗体中所使用的所有控件对象和有关的属性、对象相应的事件处理函数、程序代码。一个窗体存储于一个 cs 文件。

(5) P2_2.exe：可执行文件，经编译后生成的可执行文件，存于 Obj\Debug 和 Bin 文件夹下。

(6) Bin 文件夹(主目录)：启动该可执行文件的默认路径，一般可存放启动该程序的素材，如图片、数据库文件等。

(7) Debug 文件夹：存放程序调试时生成的可执行文件及其他信息。

2.3　窗体和 Label 控件

为了便于后面编程，本章主要简单介绍窗体及其最基本控件的使用，在第 6 章中会有更详细的介绍。

2.3.1　通用属性

每个控件的外观是由一系列属性来决定的。例如控件的大小、颜色、位置、名称等。不同控件有不同的属性，也有相同的属性。通用属性表示大部分控件具有的属性，在.NET Framework 中，大部分控件(如 Label、Button、TextBox 等)都是 Control 类的派生类。Control 类中定义了这些派生类控件通用的一组属性和方法，这些属性是：

(1) Name：控件的名称，区别控件类不同对象的唯一标志，如建立一个 Button 控件类对象，可用语句 Button button1 = new Button( )，那么 Name 属性的值为 button1。

(2) Text：用于在窗体上显示对象的文本，TextBox 控件的 Text 还可以获取输入信息，其他控件用 Text 属性设置其显示的文本。

(3) Location：表示控件对象在窗体中的位置。本属性是一个结构，结构中有两个变量，x 和 y，分别代表控件对象左上角顶点的 x 和 y 坐标，该坐标系以窗体左上角为原点，x 轴向左为正方向，y 轴向下为正方向，以像素为单位。修改 Location，可以移动控件的位置，例如，button1.Location = new Point(100,200) 语句移动按钮 button1 到新位置。

(4) Left 和 Top：属性值等效于控件的 Location 属性的 X 和 Y。修改 Left 和 Top，可以移动控件的位置，例如：button1.Left = 100 语句水平移动按钮 button1。

(5) Size：本属性是一个结构，结构中有两个变量，Width 和 Height 分别代表控件对象的宽和高，例如可用语句 button1.Size = new Size(150,100) 修改控件对象 button1 的宽和高。

(6) ForeColor：用来设置对象的前景颜色，即正文和作图时的颜色。其值是一个十六进制常数，用户可以在调色板中直接选择所需要的颜色。

(7) BackColor：控件背景颜色。

(8) Font：属性值是 Font 类的对象，一般通过 Font 属性对话框设置。若在程序代码中需要改变文本的外观，则应通过 new 创建 Font 对象来改变字体，例如：

```
label1.Font = new System.Drawing.Font("Arial",10);
```

(9) Enabled：布尔变量，为 True 表示控件可以使用，为 False 表示不可用，控件变为灰色。

(10) Visible：布尔变量，为 True 控件正常显示，为 False 控件不可见。

(11) Cursor：鼠标移到控件上方时，鼠标显示的形状。默认值为 Default，表示使用默认鼠标形状，即为箭头形状。用户可以用下面语句定义自己的指针图标：

```
button1.Cursor = new System.Windows.Forms.Cursor("图标文件名");
```

(12) TabIndex：决定了当用户按 Tab 键时，焦点在各个控件转移的顺序。焦点是接收鼠标或键盘输入的能力。当对象具有焦点时，可接收用户的输入。在 Windows 环境下，可同时运行多个应用程序，有多个窗口，但焦点只能有一个。焦点能由用户或应用程序设置。当在窗体上有多个控件时，对于大部分控件，C#.NET 会给它分配一个 Tab 键顺序，所谓 Tab 键顺序，就是按 Tab 键时，焦点在各个控件上移动的顺序。一般，其顺序与控件建立的顺序相同，若要改变此顺序，可以设置控件的 TabIndex 属性，TabIndex 属性决定了它在 Tab 中的位置。按默认值规定，第一个建立的控件的 TabIndex 属性值为 0，第 2 个为 1，以此类推。在设计时用属性窗口或在运行时用代码可改变控件的 TabIndex 属性。运行时，不可见或无效的控件以及不能接收焦点的控件（如 GroupBox、Lable1 等控件），仍保持在 Tab 键顺序中，但切换时要跳过这些控件。

2.3.2 窗体

Windows 窗体用于在 .NET Framework 中创建 Microsoft Windows 应用程序。此框架提供一个有条理的、面向对象的、可扩展的类集，使用户可以开发功能丰富的 Windows 应用程序。另外，Windows 窗体可作为多层分布式解决方案中的本地用户界面。

C#中的 Windows 下的窗口如图 2-8 所示，包含控制菜单框、标题栏、最大化按钮、最小化按钮、关闭按钮及边框等。

图 2-8　C#中的窗体

各类控件对象必须建立在窗体上。运行程序时，每个窗体对应一个窗口；在存储结构上，一个窗体对应一个窗体模块。

1. 窗体的属性

窗体属性决定了窗体的外观和操作。可以用两种方法来设置窗体属性。一是通过属性窗口设置；二是在窗体事件过程中通过程序代码设置。大部分属性既可以通过属性窗口设置，也可以通过程序代码设置，而有些属性只能用其中一种方法设置。在属性窗口内，通过选择图标▦或↓₂↑，属性可以"按分类顺序"排列或"按字母顺序"排列。

窗体的常用属性如下。

（1）AllowDrop：获取或设置一个值，通过该值可判定窗体是否可以接受用户拖放到它上面的数据。

（2）AutoScaleMode：获取或设置一个值，该值指示窗体是否调整其大小以适合该窗体上使用的字体高度，以及是否缩放其控件。

（3）IsMDIContainer：获取或设置一个值，该值指示窗体是否为多文档界面（Multiple Document Interface，MDI）子窗体的容器。

（4）ControlBox：获取或设置一个值，该值指示在该窗体的标题栏中是否显示控制菜单框。

（5）MaximizeBox：用来获取或设置一个值，该值指示是否在窗体的标题栏中显示最大化按钮。

（6）MinimizeBox：用来获取或设置一个值，该值指示是否在窗体的标题栏中显示最小化按钮。

（7）Icon：获取或设置窗体的图标。

（8）TopMost：表示窗体是否总是位于其他窗体之上。

（9）Opacity：表示窗体的透明度，取值在 0～1 之间；默认值 1 表示不透明，0 表示完全透明（窗体不可见）。

（10）AcceptButton：表示当窗体获得焦点时，按 Enter 键所触发的按钮。

（11）CancelButton：表示当窗体获得焦点时，按 Esc 键所触发的按钮。

（12）KeyPreview：获取或设置一个值，该值指示在将键盘事件传递到具有焦点的控件前，窗体是否将接收此键盘事件。

（13）BackGroundImage：获取或设置在窗体中显示的背景图像。在属性窗口中，可以单击该属性右边的省略号，打开一个加载图片对话框，用户选择一个图形文件装入。

（14）StartPosition：获取或设置运行时窗体的起始位置。

（15）FormBorderStyle：设置窗体边框类型，以决定窗体的标题栏状态和可缩放性。属性值可以通过枚举类型 FormBorderStyle 获取，它的取值和意义如表 2-2 所示。

（16）WindowState：获取或设置窗体的窗口状态。在 C#.NET 中，WindowsState 属性是枚举类型，分别如下：

Normal：默认大小的窗口，有窗口边界。

Minimized：最小化的窗口，以图标方式运行。

Maximized：最大化的窗口，无边框，充满整个屏幕。

表 2-2　FormBorderStyle 的属性及意义

属　　性	意　　义
FormBorderStyle. None	无边框
FormBorderStyle. FixedSingle	固定的单行边框
FormBorderStyle. Fixed3D	固定的三维样式边框
FormBorderStyle. FixedDialog	固定的对话框样式的粗边框
FormBorderStyle. Sizable	可调整大小的边框
FormBorderStyle. FixedToolWindow	不可调整大小的工具窗口边框
FormBorderStyle. SizableToolWindow	可调整大小的工具窗口边框

2. 窗体的事件

窗体事件即响应窗体行为的动作，窗体事件有许多，这里只简单介绍最常用的几个窗体事件。

（1）Load：在窗体被装入工作区时自动触发的事件，Load 事件过程通常给符号常量、属性变量和一般变量赋初值。

（2）Click：程序运行后单击窗体时触发的事件。一旦触发了 Click 事件，便调用了相应的事件过程。

（3）Move：从内存中清除一个窗体时触发的事件。

（4）Closed：关闭窗体时发生。

（5）LocationChanged：改变窗体位置时发生。

（6）SizeChanged：改变窗体大小时发生。

C#应用程序的工作方式是事件驱动，应用程序是一个面向对象的过程。设计者编写的程序并非告诉系统从始至终执行的步骤，而是响应系统或用户的事件。一个对象是否响应某个具体事件，响应这个事件后做什么，是由对象的事件过程决定的。可以通过对事件进行编码实现事件的响应。

3. 窗体的方法

窗体作为对象，同样能执行方法。窗体可以使用的方法如下。

（1）Close：关闭窗体。

（2）Refresh：用于清除窗体或图形框中由图形方法在运行时生成的图形或文字。

（3）CreatGraphics：创建 Graphics 对象。

（4）Activate：激活窗体并给予它焦点。

（5）ResetBackColor：将 BackColor 属性重置为其默认值。

（6）ResetText：将 Text 属性重置为其默认值。

（7）ShowDialog：将窗体显示为模式对话框。

（8）Show：显示非模式窗体。

（9）Hide：隐藏窗体，但不破坏窗体，也不释放资源，可用方法 Show 重新打开。

注意：一个程序中可能需要显示一个或多个窗体，显示方式可以分为模式和非模式两种。模式显示是指程序中只有当前窗体能与用户交互，在关闭窗体之前无法切换到其他窗体；而非模式显示的窗体可以被切换到后台。Form 类的 ShowDialog 和 Show 方法分别用来显示模式和非模式窗体。

【例 2-3】 编写 5 个事件过程，程序运行界面如图 2-9 所示。

(a) Load 事件运行效果

(b) KeyPress 事件运行效果

(c) SizeChanged 事件运行效果

(d) LocationChanged 事件运行效果

图 2-9　例 2-3 运行界面

程序的功能如下：

(1) 在窗体装入时，在窗体的标题栏显示"装入窗体"，并以 ecust-1.jpg 作为背景平铺窗体，窗体边框为 Sizeable，如图 2-9(a)所示。

(2) 当有按键按下时，标题栏显示对应文字，并以非模式显示新窗体 Form2，如图 2-9(b)所示。

(3) 当双击窗体时，标题栏显示对应文字，并以模式显示新窗体 Form2，并隐藏 Form1 窗体，当 Form2 关闭后重新显示 Form1 窗体。

(4) 当改变窗体大小时，标题栏显示当前窗体的大小，如图 2-9(c)所示。

(5) 当移动窗体时，标题栏显示当前窗体的位置，如图 2-9(d)所示。

程序代码如下：

```csharp
private void Form1_Load(object sender, EventArgs e)
{
    this.FormBorderStyle = FormBorderStyle.Sizable;
    this.Text = "装入窗体";
    this.BackgroundImage = Image.FromFile("ecust-1.jpg");
}

private void Form1_KeyPress(object sender, KeyPressEventArgs e)
{
```

```
    this.Text = "接收按键";
    this.Visible = false;
    Form2 frm = new Form2();
    frm.Show();
    this.Visible = true;
}

private void Form1_DoubleClick(object sender, EventArgs e)
{
    this.Text = "双击窗体";
    Form2 frm = new Form2();
    this.Visible = false;
    frm.ShowDialog();
    this.Visible = true;
}

private void Form1_SizeChanged(object sender, EventArgs e)
{
    this.Text = "窗体尺寸: " + this.Size.ToString();
}

private void Form1_LocationChanged(object sender, EventArgs e)
{
    this.Text = "窗体位置: " + this.Location.ToString();
}
```

注意:

① 窗体的图片应和应用程序放在同一个文件夹 ch2\P2_3\bin\Debug\下,避免使用绝对路径,以提高程序通用性。

② 按任意键,把 Form1 窗体隐藏,以非模式显示打开新窗体 Form2,再显示 Form1 窗体,可同时看到 Form1 和 Form2 显示;双击窗体,把 Form1 窗体隐藏,以模式显示打开新窗体 Form2,再显示 Form1 窗体,在 Form2 显示时 this.Visible = true;语句无法运行,只能看到 Form2 窗体,只有当 Form2 关闭后 Form1 窗体才重新可见。读者可比较两次事件的处理过程以体会模式显示和非模式显示的差异。

2.3.3 Label 标签控件

Label 控件又称为标签控件。在 C#的 Windows 应用程序设计中,标签通常用于输出文本信息,但输出的信息不能编辑,所以常用来输出标题、显示处理结果和标识窗体上的对象。标签一般不用于触发事件。

在工具箱中 Label 控件的图示为 **A** Label 。

1. 标签控件中常用的属性

(1) AutoSize:该属性设置控件是否能自动调整大小以显示所有的内容,有 True 和 False 两种设置值。如果属性值被设置成 True,则标签控件的大小随文本改变而变化;如果设置属性值为 False(默认),则标签大小不随文本的改变而变化。若希望在程序运行时改变标签大小,则应设置为 True。

(2) BorderStyle:该属性用于设置文本框的边框特效,有 3 个值:None、FixedSingle 和 Fixed3D。分别表示文本框的边框风格为无风格、单边风格和 3D 风格。通常,都是设置为 3D 风格,这样使用户界面更加美观。

(3) TextAlign:设置显示的文本的对齐方式。属性值是枚举类型,提供标签控件上文本的 9 种对齐方式,分别为:BottomCenter、BottomLeft、BottomRight、MiddleCenter、MiddleLeft、MiddleCenter、MiddleRight、TopCenter、TopLeft、TopRight,如图 2-10 所示。

(4) Image、ImageAlign:设置控件的背景图案和图案对齐方式。Image 可以通过属性框在属性值处打开"打开"对话框,选择所需要图片,也可以通过代码设置图案:

标签名.Image = Image.FromFile("图片名")

ImageAlign 属性与 TextAlign 类似,区别是该属性为图片对齐方式。

2. 事件

常见的标签事件有单击(Click)、双击(DoubleClick)和文本改变(TextChanged)等。由于标签的功能主要是用来显示一些文字的(有时也用来显示图形),所以标签也很少对事件进行响应。

3. 设置标签属性

设置标签属性的步骤如下。
(1) 引入一个标签控件。
(2) 设置 AutoSize 属性值为 true。
(3) 设置 BorderStyle 属性值为 None,即以无边框的形式显示标签。
(4) 设置 Text 属性为"输入你的名字"。
(5) 设置 BackColor 属性值为 ControlLightLight,即以该颜色作为显示的背景。

现在运行应用程序,可以看到属性设置的结果,如图 2-11 所示。可以看到带有"输入你的名字"文本的标签,标签框没有边框。标签框的大小和文本的大小要相适应。

图 2-10　TextAlign 属性设置

图 2-11　使用标签后的界面

2.4 TextBox 文本框控件

TextBox 控件又称为文本框控件。在 C#的 Windows 应用程序设计中,文本框可以输入信息并可以显示、编辑、修改文本内容。

在工具箱中文本框控件的图示为 。

2.4.1 常用属性

文本框控件的常用属性如下:

(1) Text:该属性是文本框最重要的属性,因为要显示的文本就包含在 Text 属性中。

(2) MaxLength:该属性用来设置文本框允许输入字符的最大长度,默认值为 32767。

(3) MultiLine:该属性用来设置文本框中的文本是否可以输入多行并以多行显示。

(4) HideSelection:该属性用来决定当焦点离开文本框后,选中的文本是否还以选中的方式显示。

(5) ReadOnly:该属性用来获取或设置一个值,该值指示文本框中的文本是否为只读。

(6) PasswordChar:该属性是一个字符串类型,允许设置一个字符,运行程序时,将输入到 Text 的内容全部显示为该属性值,从而起到保密作用,通常用来输入密码。例如,当设置为 * 时,在文本框中输入的内容均以 * 显示。

(7) ScrollBars:该属性用来设置滚动条模式。当 MultiLine 设置为 True 时,ScrollBars 属性才有效。该属性是枚举型,有以下枚举值。

- None:无滚动条。
- Horizontal:加水平滚动条。
- Vertical:加垂直滚动条。
- Both:同时加水平和垂直滚动条。

(8) SelectionLength:该属性用来获取或设置文本框中选定的字符数。

(9) SelectionStart:该属性用来获取或设置文本框中选定的文本起始点。

(10) SelectedText:该属性用来获取或设置一个字符串,该字符串指示控件中当前选定的文本。

(11) Lines:该属性是一个数组属性,用来获取或设置文本框控件中的文本行。

(12) Modified:该属性用来获取或设置一个值,该值指示自创建文本框控件或上次设置该控件的内容后,用户是否修改了该控件的内容。

(13) TextLength:该属性用来获取控件中文本的长度。

(14) WordWrap:该属性用来指示多行文本框控件在输入的字符超过一行宽度时是否自动换行到下一行的开始。

2.4.2 常用事件

文本框控件的常用事件如下:

(1) Enter：该事件在文本框接收焦点时发生。

(2) Leave：该事件在文本框失去焦点时发生。

(3) TextChanged：该事件在 Text 属性值更改时发生。

(4) KeyPress：按下并且释放键盘上的一个键时，引发焦点所在控件的 KeyPress 事件，所按键的值存放在参数 e.KeyChar 中。

2.4.3 常用方法

文本框控件的常用方法如下：

(1) AppendText：该方法的作用是把一个字符串添加到文件框中文本的后面，调用的一般格式如下：

文本框对象.AppendText(str)

(2) Clear：该方法从文本框控件中清除所有文本。调用的一般格式如下：

文本框对象.Clear()

(3) Focus：该方法的作用是为文本框设置焦点。如果焦点设置成功，值为 True，否则为 False。调用的一般格式如下：

文本框对象.Focus()

(4) Copy：该方法将文本框中的当前选定内容复制到剪贴板上。调用的一般格式如下：

文本框对象.Copy()

(5) Cut：该方法将文本框中的当前选定内容移动到剪贴板上。调用的一般格式如下：

文本框对象.Cut()

(6) Paste：该方法是用剪贴板的内容替换文本框中的当前选定内容。调用的一般格式如下：

文本框对象.Paste()

(7) Undo：该方法的作用是撤销文本框中的上一个编辑操作。调用的一般格式如下：

文本框对象.Undo()

(8) ClearUndo：该方法是从该文本框的撤销缓冲区中清除关于最近操作的信息，根据应用程序的状态，可以使用此方法防止重复执行撤销操作。调用的一般格式如下：

文本框对象.ClearUndo()

(9) Select：该方法是用来在文本框中设置选定文本。调用的一般格式如下：

文本框对象.Select(start,length)

（10）SelectAll：该方法用来选定文本框中的所有文本。调用的一般格式如下：

文本框对象.SelectAll()

2.4.4 文本框的应用

【例2-4】 制作登录界面。

在信息系统软件中，经常会涉及用户登录界面。本例要求用户输入用户名（字母）和密码（数字），都必须大于5位。当用户名为abcde，密码为12345时，提示用户正确；否则提示用户重新输入。当用户按Enter键时触发登录按钮，当按Esc键时触发取消按钮。

分析：当文本框输入数据后，用户可通过按Tab键表示输入结束，可以通过Leave事件判断。根据题目要求，建立控件和属性设置如表2-3所示。

表2-3 属性设置

控 件 名 称	属 性 名 称	属 性 值
Form1	Text	用户登录
	AcceptButton	btLogin
	CancelButton	btCancel
label1	Text	用户名：
tbUser	Name	tbUser
label2	Text	密码：
tbPass	PasswordChar	*
tbLogin	Text	登录
tbCancel	Text	取消
lblMsg	ForeColor	Red

程序代码如下：

```
private void tbUser_Leave(object sender, EventArgs e)
{
    if (tbUser.Text.Length<5)
    {
        lblMsg.Text = "用户名不能小于5位！";
        tbUser.Text = "";
        tbUser.Focus();
    }
}

private void tbPass_Leave(object sender, EventArgs e)
{
    if (tbPass.Text.Length<5)
    {
```

```csharp
            lblMsg.Text = "密码不能小于 5 位!";
            tbPass.Text = "";
            tbPass.Focus();
        }
    }

    private void tbUser_KeyPress(object sender, KeyPressEventArgs e)
    {
        if (e.KeyChar < 65 ||(e.KeyChar > 90 && e.KeyChar < 97)
                    || e.KeyChar > 122)
        {
            lblMsg.Text = "用户名只能为大小写字母";
            tbUser.Text = "";
            tbUser.Focus();
        }
    }

    private void tbPass_KeyPress(object sender, KeyPressEventArgs e)
    {
        if (e.KeyChar < 49 || e.KeyChar > 57)
        {
            lblMsg.Text = "密码只能为数字";
            tbPass.Text = "";
            tbPass.Focus();
        }
    }

    private void tbLogin_Click(object sender, EventArgs e)
    {
        if (tbPass.Text.Length < 5)
        {
            lblMsg.Text = "密码不能小于 5 位!";
            tbPass.Text = "";
            tbPass.Focus();
        }
        else
        {
            if (tbUser.Text.Equals("abcde") &&
                tbPass.Text.Equals("12345"))
                lblMsg.Text = "登录成功!";
            else
                lblMsg.Text = "用户名或密码错误!";
        }

    }
```

```
private void tbCancel_Click(object sender, EventArgs e)
{
    tbUser.Text = "";
    tbPass.Text = "";
    tbUser.Focus();
}
```

程序运行后,可以发现,当输入的数据非法时,焦点永远离不开该文本框,直到输入合法位置。运行结果如图 2-12 所示。

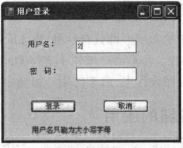

(a) 登录成功　　　　　　　　　(b) 登录失败

图 2-12　例 2-4 运行结果

2.5　Button 按钮控件

Button 控件又称为按钮控件,允许用户通过单击来执行各种操作。当 Button 控件被单击时,它先是被按下,然后被释放。每当用户单击 Button 控件时,即调用其 Click 事件执行各种操作。Button 控件的使用方法非常简单,只需从工具箱窗口中选择命令按钮添加到窗体中,并调整其在窗体的位置和大小。命令按钮是比较常用的控件,在应用程序中,开始、中断或结束一个过程是通常要选择命令按钮的。

在工具箱中 Button 控件的图示为 Button。

2.5.1　常用属性

在设计项目界面时,常使用 Button 控件的属性设置按钮的外观特征。Button 控件的常用属性如下。

(1) Enabled:指示控件是否可以对用户交互作出响应。如果控件可以对用户交互做出响应,则为 True;否则为 False。默认为 True。

(2) Name:控件的名称。

(3) Text:该属性设置显示在命令按钮上的文本,可以通过在字母前加符号 & 设置热键,如用 &Exit 作为标题,E 将被作为热键,按 Alt + E 键将选中 Exit 按钮。

(4) Visible:指示是否显示该控件。如果显示该控件,则为 True;否则为 False。默认为 True。

（5）FlatStyle：按钮控件的平面样式外观。有 Flat,Stankard,Popup 和 System 四个属性。当用户选择了 Standard 属性值时，按钮以标准的形式显示；如果选择了 Popup，按钮将以突出的方式显示；当选择 Flat，则以平面的形式显示；当选择 System，则以系统按钮中的形式显示。

（6）BackgroundImage：在控件中显示的背景图像。它可以在设计的时候指定图形，也可以在程序运行的时候调用图形，调用的方式和窗体的背景图形的调用是一样的。

2.5.2 常用事件

命令按钮的常用事件只有一种，即 Click 事件。当单击一个对象时，所触发的事件称之为 Click 事件。注意命令按钮不支持 DoubleClick 事件，系统会认为是两次单击事件。

在应用程序设计中，通常使用一组命令按钮和其他对象构成工程界面。

2.5.3 按钮的应用

【例 2-5】 建立一个类似记事本的应用程序，程序运行的效果如图 2-13 所示。
该程序主要提供两类操作：
（1）剪切、复制和粘贴等编辑操作。
（2）字体、大小的格式设置。
分析：
（1）根据题目的要求，建立控件和属性设置如表 2-4 所示。
（2）建立一个文本框输入文本，文本框应该有滚动条，为了便于调试，程序运行时文本框有初始值。
（3）利用文本框的 SelectedText 属性实现"剪切、复制和粘贴"的编辑操作。
（4）"格式"设置利用 Font 类实现。

图 2-13　例 2-5 运行界面

表 2-4　属性设置

控件名称	属性名称	属性值
Button1	Image	cut. bmp
Button2	Image	copy. bmp
Button3	Image	paste. bmp
Button4	Text	格式
Button5	Text	结束
TextBox1	Text	建立一个…
	Multiline	True
	ScrollBars	Both

程序代码如下：

```csharp
private string stext = "";

private void Button1_Click(object sender, EventArgs e)
{
    stext = TextBox1.SelectedText;
    TextBox1.SelectedText = "";
}

private void Button2_Click(object sender, EventArgs e)
{
    stext = TextBox1.SelectedText;
}

private void Button3_Click(object sender, EventArgs e)
{
    TextBox1.SelectedText = stext;
}

private void Button4_Click(object sender, EventArgs e)
{
    TextBox1.Font = new Font("隶书", 16);
}

private void Button5_Click(object sender, EventArgs e)
{
    Application.Exit();
}
```

注意：

① 由于文本框本身具有编辑功能，所以不必编写任何程序代码，就可以用 Ctrl + X 键、Ctrl + C 键和 Ctrl + V 键进行剪切、复制和粘贴正文。但是，为了解释命令按钮及其属性的使用，也通过编程实现。

② stext 变量要在多个事件中共享，所以必须在类中定义一个成员变量，该变量可作用于所有方法；在方法内声明的变量为方法级变量，仅对该方法有效。

2.6 PictureBox 图形框控件

PictureBox 控件常用于图形设计和图像处理程序，又称为图形框，该控件可显示和处理的图像文件格式有位图文件（bmp）、图标文件（ico）、GIF 文件（gif）和 JPG 文件（jpg）。

在工具箱中 PictureBox 控件的图示为 PictureBox 。

2.6.1 常用属性

图形框控件的常用属性有：

（1）Image：指定要显示的图像，一般为 Bitmap 类对象。

（2）BackgroundImage：获取或设置在控件中显示的背景图像。

（3）ErrorImage：加载图片失败时显示的图片。

（4）ClientSize：改变控件显示区域大小。

（5）SizeMode：指定如何显示图像，枚举类型，有以下值：

① Normal：默认值，Image 置于 PictureBox 的左上角，凡是因过大而不适合 PictureBox 的任何图像部分都将被剪裁掉。

② AutoSize：使控件调整大小，以便总是适合图像的大小。

③ StretchImage：使图像拉伸或收缩，以便适合 PictureBox 控件大小。

④ CenterImage：将图像放在图形框中间，四周多余部分不显示。

⑤ Zoom：可以使图像被拉伸或收缩以适应 PictureBox；但是仍然保持原始纵横比。

2.6.2 常用事件

图形框控件的常用事件有：

（1）Click：单击图形框时发生的事件。

（2）SizeModeChanged：当 SizeMode 修改时发生。

2.6.3 常用方法

图形框控件的常用方法有：

（1）CreateGraphics：建立 Graphics 对象。

（2）Invalidate：要求控件对参数指定区域重画，如无参数，为整个区域。

（3）Update：方法 Invalidate 并不能使控件立即重画指定区域，只有使用 Update 方法才能立即重画指定区域。

2.6.4 PictureBox 的应用

【例 2-6】 滚动图像。用 PictureBox 显示任何大小的图像。

当 PictureBox 内部放置大图片时，由于 PictureBox 自身没有滚动条，看不到大图片，只能看到图片的部分区域。

分析：

使用容器控件 Panel，Panel 自带滚动条，可以用 Panel 给 PictureBox 加上滚动条，设置 Panel 属性

图 2-14 例 2-6 运行界面

AutoScroll 为 true，设置 PictureBox 属性 SizeMode 为 AutoSize，这样就可以用滚动条来看 PictureBox 中的大图片。

小结

本章内容包括 3 个部分：介绍面向对象的基本概念，让读者了解类和对象的基本概念，并举例说明对象的属性、事件和方法；以一个基本的 C# Windows 程序实例介绍 C#简单程序设计的基本流程；详细介绍面向 Windows 编程的几个常用控件 Label、TextBox、Button、PictureBox 的属性、事件和方法，让读者快速地熟悉简单 C#程序设计流程和方法，并通过案例演练了本章控件的实际使用。

习题 2

1. 选择题

（1）在 C#.NET 中，在窗体上显示控件的文本，用_____属性设置。
　　A. Text　　　　B. Name　　　　C. Caption　　　　D. Image

（2）不论何种控件，共同具有的是_____属性。
　　A. Text　　　　B. Name　　　　C. ForeColor　　　D. Caption

（3）对于窗体，可改变窗体边框性质的属性是_____。
　　A. MaxButton　　　　　　　　B. FormBorderStyle
　　C. Name　　　　　　　　　　D. Left

（4）要使按钮控件不可操作，要对_____属性进行设置。
　　A. Locked　　　B. Visible　　　C. Enabled　　　　D. ReadOnly

（5）当运行程序时，系统自动执行窗体的_____事件过程。
　　A. Load　　　　　　　　　　　B. Click
　　C. LocationChanged　　　　　　D. SizeChanged

（6）要使文本框控件能够显示多行而且能够自动换行，应设置它的_____属性。
　　A. MaxLength 和 Multline　　　　B. Multline 和 WordWrap
　　C. PassWordChar 和 Multline　　　D. MaxLength 和 WordWrap

（7）为了使图像拉伸或收缩，以便适合 PictureBox 控件大小，应把 SizeMode 属性设置为_____。
　　A. AutoSize　　B. Normal　　　C. StretchImage　　D. Zoom

（8）当 TextBox 的 Scrollbars 属性设置为 Horizontal 值，运行时却没有水平滚动效果，原因是_____。
　　A. 文本框没有内容
　　B. 文本框的 MultiLine 属性设置为 False
　　C. 文本框的 MultiLine 属性设置为 True

D. 文本框的 Locked 属性设置为 True

（9）要使 Label 控件显示时不覆盖窗体的背景图案，要对_____属性进行设置。

A. BackColor　　　　　　　　B. BorderStyle

C. ForeColor　　　　　　　　D. BackStyle

（10）要使当前 Form1 窗体的栏显示"欢迎使用 C#"，以下_____语句是正确的。

A. Form1．Text = " 欢迎使用 C#"；

B. this．Text = " 欢迎使用 C#"；

C. Form1．Name = " 欢迎使用 C#"；

D. this．Name = " 欢迎使用 C#"；

2．填充题

（1）在文本框中，通过_____属性能获取或设置文本框中选定的文本起始点。

（2）要对文本框中已有的内容进行编辑，按下键盘上的按键，就是不起作用，原因是设置了_____属性值为 True。

（3）在窗体中已建立多个控件如 TextBox1、Label1、Button1，若要使程序一运行时焦点就定位在 Button1 控件上，应对 Button1 控件设置_____属性的值为_____。

（4）若要在文本框中输入密码，常指定其_____属性。

（5）在刚建立项目时，使窗体上的所有控件具有相同的字体格式，应对 Form 窗体的_____属性进行设置。

3．编程题

（1）使用 Visual C# 2008 设计一个 Windows 应用程序，要求在窗体中显示"信息登录"和"请输入你的姓名"，文本框中最多只能输入 4 个字符，项目名称为 exp2-1，程序运行界面如图 2-15 所示。

（2）使用 Visual C# 2008 设计一个 Windows 应用程序，要求在窗体中加入一个文本框和两个按钮控件，当在文本框中输入"C#程序设计"并单击"显示"按钮后在窗体标题显示文本框中文字；如果单击"清除"按钮则清除文本框的内容和窗体标题，项目名称为 exp2-2，程序运行界面如图 2-16 所示。

图 2-15　exp2-1 的程序界面

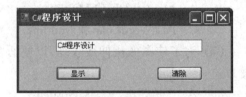

图 2-16　exp2-2 的程序界面

第 3 章 C#语言基础

C#语言是一种现代、面向对象的语言,简化了 C++ 语言在类、命名空间、方法重载和异常处理等方面的操作,摒弃了 C++ 的复杂性,更易使用,更少出错。本章主要介绍 C# 的程序结构、变量、常量、常用数据类型以及 C# 的运算符和表达式。

3.1 C#程序结构

C#中程序结构的关键概念为程序、命名空间、类型、成员和程序集。每一个 C# 程序可以由一个或多个类组成,所有的程序都必须封装在某个类中。C# 程序包括一个或多个源文件。程序中声明类型,类型包含成员并能够被组织到命名空间中。类和接口是类型的例子。字段、方法、属性和事件则是成员的例子。

当 C#程序被编译时,它们被物理地打包到程序集中。程序集的文件扩展名一般为 exe 或 dll,这取决于它们是实现为应用程序(application),还是类库(library)。

下面是一个简单的 C#语言应用程序示例。

```
using System;
class HelloWorld
{
    public static int Main()
    {
        Console.WriteLine("Hello World");
    }
}
```

每一个应用程序都有一个入口点,表明该程序从什么位置开始执行。为了让系统能够找到程序的入口点,入口方法名规定为 Main。Main 方法声明为 public static,除非有特殊理由,一般不要更改 Main 方法的声明。类中的每一个方法都有一个返回值,对于无返回值的方法,必须声明返回值为 void。此外,Main 方法的返回值只能是 void 或 int。

Main 的首字母大写,而且后面的括号不能省略。

3.1.1　C#程序的组成要素

C#程序的组成要素有关键字、命名空间、类和方法、语句、大括号等。

1. 关键字

在 C#代码中常常使用关键字，关键字也叫保留字，是有特定意义的字符串。关键字在 Visual Studio.NET 环境的代码视图中默认以蓝色显示，所以在编辑器中用户可以通过颜色识别该标识符是否是关键字。例如，代码中的 using、namespace、class、static、void 等，均为 C#的关键字。

2. 命名空间

为了便于用户开发应用程序，使用系统提供的资源，Visual Studio.NET 通过命名空间把类库划分为不同的组，将功能相近的类划分到相同的命名空间。命名空间的组织也是分层的，这类似于用磁盘的目录结构来组织文件。有了命名空间，用户就可以方便地组织应用程序中需要使用的各个类。

命名空间有两种，一种是系统命名空间，另一种是用户自定义命名空间，本书只涉及前者。

系统命名空间使用 using 关键字导入，System 是 Visual Studio.NET 中的最基本的命名空间，在创建项目时，Visual Studio.NET 平台都会自动生成导入该命名空间，并且放在程序代码的起始处。命名空间 System 是.NET 基础类库的根命名空间，根据功能分成若干个子命名空间，如 System.Collections.Generic、System.ComponentModel、System.Drawing、System.Windows.Forms 等。

3. 类和方法

C#中，必须用类组织程序的变量与方法。如前所述，C#要求每个程序必须且只能有一个 Main 方法。Main 方法必须放在某一个类中。Main 方法是应用程序的入口。

4. 语句

语句就是 C#应用程序中执行操作的指令，一条语句就是执行一个动作的命令。C#中的语句必须用分号";"结尾。例如：

```
Console.WriteLine("Hello World!");
```

5. 大括号

在 C#中，大括号"{"和"}"是一种范围标志，是组织代码的一种方式，用于标识应用程序中逻辑上有紧密联系的一段代码的开始与结束。大括号可以嵌套，以表示应用程序中的不同层次。

3.1.2　C#程序的格式

C#程序的编码格式需要考虑以下几个方面。

1. 缩进与空格

缩进用于表示代码的结构层次,这在程序中不是必须的,但是缩进可以清晰地表示程序的结构层次,在程序设计中应该使用统一的缩进格式书写代码。

空格有两种作用,一种是语法要求,必须遵守,另一种是避免语句拥挤。例如:

```
int ia = 3;
```

2. 字母大小写

C#中的字母可以大小写混合,但是必须注意的是,C#把同一字母的大小写当作两个不同的字符对待,如,大写A与小写a对C#来说,是两个不同的字符。

3. 注释

C#中的注释基本有三种,一是单行注释;二是多行注释;三是文档注释。单行注释以双斜线"//"开始,不能换行。多行注释以"/*"开始,以"*/"结束,可以换行。文档注释以"///"开始,可以为代码创建文档。

3.1.3　标识符与用法约定

1. 标识符

标识符是给变量、用户定义的类型(例如类和结构)和这些类型的成员指定的名称,以识别程序中的不同元素(如变量名、类名等)。

标识符的命名规则如下:
- 标识符只能使用数字、字母、下划线。
- 标识符开头第一个字符必须是字母或下划线。
- 不能把C#关键字用作标识符。
- C#标识符区分大小写。

如果需要把某一保留字用作标识符(如访问一个用另一种语言编写的类),可以在标识符的前面加上前缀@符号。

2. 关键字

C#中有76个关键字:

abstract	as	base	bool	break	byte
case	catch	char	checked	class	const
continue	decimal	default	delegate	do	double
else	enum	event	explicit	extern	false

finally	fixed	float	for	foreach	goto
if	implicit in	int	interface	internal	is
lock	long	namespace	new	null	object
operator	out	override	params	private	protected
public	readonly	ref	return	sbyte	sealed
short	sizeof	stackalloc	static	string	struct
switch	this	throw	true	try	typeof
uint	ulong	unchecked	unsafe	ushort	using
virtual	void	while			

3．用法约定

只是约定，并非强制，有助于不同开发人员相互理解语句，有助于程序的维护。现在说明几个重要的约定。

（1）命名变量时通常使用前缀（如加前缀 s 的变量 sName 表示一个字符串类型变量）。

（2）变量名应当体现变量的功能而不是变量的类型。

（3）处理控件时，大多数情况下使用类似 ConfirmationDialog、ChooseEmployeeListBox 这样能说明变量类型的名称。

（4）第一个字母大写，如 EmployeeSalary、ConfirmationDialog，命名空间、类以及基类中的成员等的名称都应遵循该规则。不要使用下划线，如 employee_salary。常量也应遵循该规则，如

```
Const int MaximumLength;
```

（5）使用 camel 大小写形式，如 employeeSalary、confirmationDialog。通常用于以下三种情况下：

① 类型中所有私有成员字段名称。

② 传递给方法的参数。

③ 用于区分同名的两个对象，比较常见的是属性封装一个字段。

（6）风格应保持一致，一个方法叫 ShowConfirmationDialog；另一个不要叫 ShowDialogWarning，应叫 ShowWarningDialog。

【例 3-1】 简单程序举例，程序的运行结果如图 3-1 所示。

```
using System;
public sealed class P3_1
{
    public static void Main()
    {
        int result;
        result = 9 * 6;
        int thirteen;
```

```
        thirteen=13;
        Console.WriteLine(result/thirteen);
        Console.WriteLine(result % thirteen);
    }
}
```

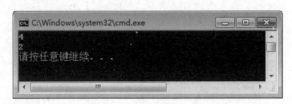

图 3-1　程序运行结果

3.2　变量和常量

3.2.1　变量含义

变量指在程序运行过程中其值可以不断变化的量。变量通常用来保存程序运行过程中的输入数据并计算获得的中间结果和最终结果。

每个变量都具有一个类型,确定哪些值可以存储在该变量中。C#是一种安全类型语言,它的编译器保证存储在变量中的值总是具有合适的类型。

变量的命名规则必须符合标识符的命名规则,并且变量名要有意义(人性化),以便阅读,例如学生成绩的命名可以为 studentGrade。

3.2.2　变量声明

变量必须先声明后使用,声明一个变量需要告知内存是什么数据类型的变量,就好像在生活中,一个盒子(数据类型)名字叫做小方(变量的名字)装的是(＝)蛋糕(临时数据);再如一个杯子(数据类型)名字叫做小贝(变量的名字)装的是(＝)牛奶(临时数据)。

1. 变量声明

C#变量声明的语法如下:

＜访问修饰符＞数据类型 变量名;

其中,＜访问修饰符＞是可选项,访问修饰符可以是 public、private、protected、internal 或 protected internal 等。

例如:

```
int number;                //声明一个整型变量
bool open;                 //声明一个布尔型变量
decimal bankBlance;        //声明一个十进制变量
```

可以一次声明多个变量,如果一次声明多个变量,变量名之间用逗号分隔,格式如下:

<访问修饰符>数据类型 变量名1<,变量名2>,…<,变量名n>;

例如:

sbyte a, b;   //声明两个有符号字节型变量
double x, y, z;   //声明三个双精度实型变量

2. 变量赋值

C#规定,变量必须赋值后才能引用。为变量赋值需使用赋值号"=",例如:

int number;
number = 32;   //为变量赋值32

也可以使用变量为变量赋值,例如:

bool close;
close = open;   //为变量赋值true(假设open为已声明的bool型变量,其值为true)

可以为几个变量一同赋值。例如:

int a, b, c;
a = b = c = 32;

可以在声明变量的同时为变量赋值,相当于将声明语句与赋值语句合二为一。例如:

int age = 12;
string name = "我学C#";
bool flag = true;

当给变量赋值时,临时数据根据相应的数据类型合理的存放,如杯子是不能用来装石头,同时要考虑到这样一种情况,现在往杯子里装了牛奶,当牛奶喝完了,还可以用杯子装可乐,临时数据改变了,但是数据类型没有改变,因为都是液体,这种情况习惯叫做修改了变量杯子的值,或重新给杯子赋了一个值。

3.2.3 常量

常量又叫常数,是在程序运行过程中其值不改变的量。C#常量使用关键字const修饰符进行声明常量。常量在使用的过程中,不能对其进行赋值的改变,否则系统会自动报错,可以使用枚举类型为整数内置类型(如int、uint、long等)定义命名常量。

1. 直接常量

常量必须在声明时初始化,语法格式为:

<访问修饰符> const 数据类型 常量名 = 常量值

例如:

```
class Calendar1
{
    public const int months = 12;
}
```

在此示例中,常量 months 始终为 12,不可更改,即使是该类自身也不能更改它。实际上,当编译器遇到 C#源代码(如 months)中的常量修饰符时,将直接把文本值替换到它生成的中间语言代码中。

2. 符号常量

符号常量使用 const 关键字声明,格式为:

const 类型名称 常量名 = 常量表达式;

常量声明中,"常量表达式"的意义在于该表达式不能包含变量及函数等值会发生变化的内容。常量表达式中可以包含其他已定义常量。

由于符号常量代表的是一个不变的值,所以符号常量不能出现在赋值号的左边。

如果在程序中非常频繁地使用某一常量,可以将其声明为符号常量。例如:

const double PI = 3.14159

说明:

(1) 可以同时声明多个相同类型的常量,例如:

```
class Calendar2
{
    const int months = 12, weeks = 52, days = 365;
}
```

(2) 如果不会造成循环引用,用于初始化一个常量的表达式可以引用另一个常量。例如:

```
class Calendar3
{
    const int months = 12;
    const int weeks = 52;
    const int days = 365;
    const double daysPerWeek = (double)days / (double)weeks;
    const double daysPerMonth = (double)days / (double)months;
}
```

(3) 常量可标记为 public、private、protected、internal 或 protected internal。这些访问修饰符定义类的用户访问该常量的方式。

(4) 未包含在定义常量的类中的表达式必须使用类名、一个句点和常量名来访问该常量。例如：

```
int birthstones = Calendar.months;
```

（5）如果在程序中强制修改常量的值，就会发生错误。
（6）常量通常用于：
① 程序中一旦设定就不允许被修改的值（如圆周率）。
② 程序中被经常引用的值。

3.2.4　应用实例

【例3-2】 设计一个Windows窗体应用程序，输入速度和时间，计算行使路程，程序运行结果如图3-2所示。

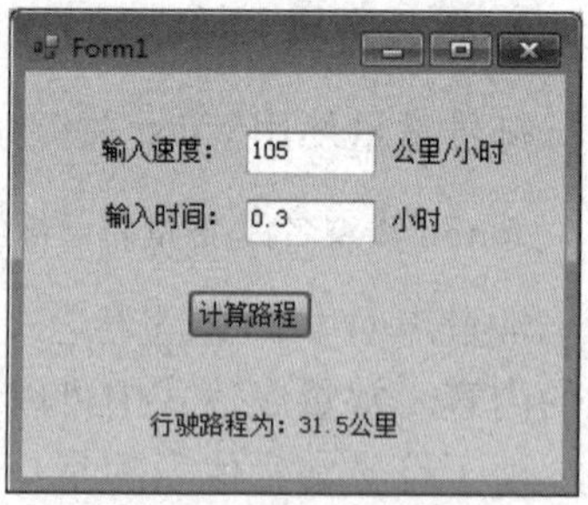

```
using System;
using System.Collections.Generic;
using System.ComponentModel;
using System.Data;
using System.Drawing;
using System.Linq;
using System.Text;
using System.Windows.Forms;

namespace P3_2
{
    public partial class Form1 : Form
    {
        public Form1()
        {
            InitializeComponent();
        }
        private void button1_Click(object sender, EventArgs e)
        {
            double velocity;
            velocity = double.Parse(textBox1.Text);
            double time;
            time = double.Parse(textBox2.Text);
            double distance;
            distance = velocity * time;
            label3.Text = "行驶路程为：" +distance +"公里 \n";
        }
    }
}
```

图3-2　计算路程

3.3 常用数据类型

C#语言的数据类型按内置和自定义划分,有内置类型和构造类型,如图3-3所示。内置类型是C#提供、无法再分解的一种具体类型。每种内置类型都有其对应的公共语言运行库类型(或称为.NET数据类型)。构造类型是在内置类型基础上构造出来的类型。

C#的数据类型可以分为两大类:值类型和引用类型。值类型直接存储值,而引用类型存储的是对值的引用。值类型包括简单值类型和复合型类型。简单值类型可以再细分为整数类型、字符类型、实数类型和布尔类型;而复合类型则是简单类型的复合,包括结构(struct)类型和枚举(enum)类型。引用类型包括类(class)、接口(interface)、委托(delegate)和数组(array)。

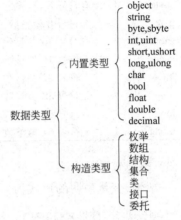

图3-3 按内置和自定义划分的类型

3.3.1 数值类型

数据是人们记录概念和事物的符号表示,如记录人的姓名用汉字表示,记录人的年龄用十进制数字表示等,由此得到的姓名、年龄叫做数据。根据数据的性质不同,可以把数据分为不同的类型。在日常使用中,数据主要被分为数值和非数值两大类,数值又细分为整数和实数两类。

1. 整数类型

整数类型包括有符号整数与无符号整数。有符号整数可以带正负号,无符号整数不需带正负号,默认为正数。C#共有8种整数类型,可以选择最恰当的一种数据类型来存放数据,避免浪费资源。

1)整型常量

整型常量即整数,整型常量有3种形式:

十进制形式,即通常意义上的整数,如12、123、48910等。

八进制形式,输入八进制整型常量,需要在数字前面加0,如0123、036等。

十六进制形式,输入十六进制整型常量,需要在数字前面加0x或0X,如0x123、0X48910等。

2)整型变量

整数类型的变量的值为整数。数学上的整数可以从负无穷大到正无穷大,但是由于计算机的存储单元是有限的,所以计算机语言提供的整数类型的值总是在一定的范围之内。整型变量可分为以下几类:有符号整数包括sbyte(符号字节型)、short(短整型)、int(整型)、long(长整型);无符号整数包括byte(字节型)、ushort(无符号短整型)、uint(无符号整型)、ulong(无符号长整型)。

表 3-1 所示为各种整数类型。

表 3-1 整数类型

类型	解释	取值范围
sbyte	有符号 8 位整数	-128 ~ 127
byte	无符号 8 位整数	0 ~ 255
short	有符号 16 位整数	-32 768 ~ 32 767
ushort	无符号 16 位整数	0 ~ 65 535
int	有符号 32 位整数	-2 147 483 648 ~ 2 147 483 647
uint	无符号 32 位整数	0 ~ 4 294 967 295
long	有符号 64 位整数	-9 223 372 036 854 775 808 ~ 9 223 372 036 854 775 807
ulong	无符号 64 位整数	0 ~ 18 446 744 073 709 551 615

3) 整型变量的声明

一般地,变量声明的形式为

类型说明符 变量名标识符 1,变量名标识符 2,…;

而对整型变量而言,类型说明符可以是 int、long、unit 等。例如:

```
int a,b,c;           //a,b,c 为整型变量
long x,y;            //x,y 为长整型变量
unit p,q;            //p,q 为无符号整型变量
```

类似地,还可以定义 unit、ulong 型的变量。

定义一个变量,意味着在内存中给这个变量分配相应大小的存储空间,同时确定这个变量值的存储方式和可以进行的操作。

2. 实数类型

数学中的实数由整数和小数组成。实数在 C#中采用 3 种数据类型来表示:float(单精度浮点型)、double(双精度浮点型)、decimal(十进制型)。它们的差别在于取值范围和精度不同。计算机对实数的运算速度大大低于对整数的运算。在对精度要求不是很高的浮点数计算通常采用 float 型,而采用 double 型获得的结果将更为精确,但 double 型会占用更多的内存单元,且会增加内存的负担。

表 3-2 所示为对每种实数类型的总结。

表 3-2 整数类型

类型	解释	取值范围
float	32 位单精度实数	$1.5 \times 10E-45 \sim 3.4 \times 10E38$
double	64 位双精度实数	$5.0 \times 10E-324 \sim 1.7 \times 10E308$
decimal	128 位十进度实数	$1.0 \times 10E-28 \sim 7.9 \times 10E28$

1) 实型常量

实型常量又称实数或浮点数,即带小数的数值,实型常量有两种表示形式:

小数形式,即人们通常的书写形式,如0.123,12.3,.123等。

指数形式,也叫科学记数,由底数加大写的 E 或小写的 e 加指数组成,如123e5 或123E5 都表示 123×10^5。

注意:小数形式表示的实型常量必须要有小数点。

2) 实型变量

在程序运行过程中可以改变其值的实型量被称为实型变量。IEEE 754 标准规定了两种基本浮点格式:单精度(float),双精度(double)两种类型。

3) 实型变量的声明

对实型变量而言,变量声明格式

类型说明符　变量名标识符1,变量名标识符2,…;

中的类型说明符可以是 float、double、decimal。

一个实型常量可以赋给一个 float 型、double 型或 decimal 变量。根据变量的类型截取实型常量中相应的有效位数字。

【例3-3】 特殊数值的计算。

```
using System;
using System.Collections.Generic;
using System.Linq;
using System.Text;

namespace P3_3
{
    class RealNumber
    {
        public static void Main()
        {
            float f = System.Single.PositiveInfinity;
            SpecialRealValue(f);
            f = System.Single.NegativeInfinity;
            SpecialRealValue(f);
            f = System.Single.NaN;
            SpecialRealValue(f);
        }
        public static void SpecialRealValue( float f1)
        {
            float f2 = -1 * f1;
            double d1 = 1/f1;
            double d2 = -1/d1;
            Console.WriteLine(" -1 * {0} = {1}",f1,f2);
            Console.WriteLine("1/{0} = {1}",f1,d1);
            Console.WriteLine(" -1/{0} = {1}", d1,d2);
        }
    }
}
```

输出结果如图 3-3 所示。

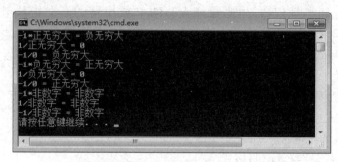

图 3-3　程序运行结果

3.3.2　字符和字符串类型

1. 字符类型

字符类型为由一个字符组成的字符常量或字符变量。

（1）字符常量声明格式：

```
const 字符常量 = '字符';
```

字符常量表示单个的 Unicode 字符集中的一个字符，通常包括数字、各种字母、标点、符号和汉字等。

字符常量用一对英文单引号界定，如，'A'、'a'、'+'、'汉'等。

在 C#中，有些字符不能直接放在单引号中作为字符常量，这时需要使用转义符来表示这些字符常量，转义符由反斜杠"\"加字符组成，如'\n'。

（2）字符变量声明格式：

```
char 字符变量;
```

字符类型是一个有序类型，字符的大小顺序按其 ASCII 代码的大小而定，函数 succ、pred、ord 适用于字符类型。

① Unicode 字符集。

Unicode 是一种重要的通用字符编码标准，是继 ASCII 字符变码后的一种新字符编码，如 UTF-16 允许用 16 位字符组合为一百万或更多的字符。

C#支持 Unicode 字符集。对字符型变量的赋值方法如下：

```
char x = 'a'
char y = '1'
```

在所有变量中，斜杠"\"用来引导各种转义符，如：

```
char x = '\''                    //令 x 为单引号字符
char y = '\\'                    //令 y 为斜杠字符
```

C#常用转义符对照如表 3-3 所示。

表 3-3　常用的转义字符

转义符	字 符 名	字符的 Unicode 值	转义符	字 符 名	字符的 Unicode 值
\'	单引号	0x0027	\f	换页	0x000c
\"	双引号	0x0022	\n	新行	0x000A
\\	反斜杠	0x005c	\r	回车	0x000D
\0	空字符	0x0000	\t	水平制表符	0x0009
\a	警告(产生蜂鸣)	0x0007	\v	垂直制表符	0x000B
\b	退格	0x0008			

例如：

```
string columns = "Column 1 \tColumn 2 \tColumn 3";
string rows = "Row 1 \r \nRow 2 \r \nRow 3";
```

② char(字符型)。

char(字符型)：数据范围是 0～65 535 之间的 Unicode 字符集中的单个字符,占用 2 字节。

char(字符型)表示无符号 16 位整数,它的可能值集与 Unicode 字符集相对应。

2. 字符串类型

string(字符串型)：指任意长度的 Unicode 字符序列,占用字节根据字符多少而定。

string(字符串型)表示包括数字与空格在内的若干个字符序列,允许只包含一个字符的字符串,甚至可以是不包含字符的空字符串。string 是 System. String 的别名,用 string 关键字声明的变量可以存储 Unicode 字符的字符串,并具有字符串的连接运算。

1) 字符串常量

字符串常量是由一对双引号界定的字符序列,如" teacher and student. "。

需要注意的是,即使由双引号界定的一个字符,也是字符串常量,不能当做字符常量看待。例如,'A'与" A",前者是字符常量；后者是字符串常量。

2) 字符串变量

(1) 字符串变量声明的格式：

```
string 字符串变量;
```

例如：

```
string str3;
```

(2) 变量声明的同时,还可以对变量初始化,例如：

```
string str1 = "C#语言";
string str2 = "程序设计";
```

(3) 合并字符串只需在需要合并的子字符串间使用连接运算符"＋",例如：

```
string myString = "欢迎使用" + "C#!";
string greeting = "Hello, World!";
str3 = str1 + str2;                    //str3 的值为"C#语言程序设计"
```

3.3.3 布尔类型和对象类型

1. 布尔类型

bool(布尔型):表示布尔逻辑量。bool(布尔型)数据范围是"true"(真)和"false"(假)。bool(布尔型)占用一个字节。bool(布尔型)的值"true"(真)和"false"是关键字。

布尔常量即布尔值本身,布尔值 true(真)和 false(假)是 C#的两个关键字。

布尔(bool)类型变量表示布尔逻辑量,取值只能是 true 或 false,对应于.NET 库中的 System.boolean 结构,占 4 字节,32 位存储空间。bool 类型和其他类型(如整数类型)之间不存在任何对应关系。

【例 3-4】 bool 类型举例,程序运行结果如图 3-4 所示。

```
using System;
namespace P3_4
{
    class Program
    {
        static void Main(string[] args)
        {
            bool b1 = true;
            Console.WriteLine(b1);
            bool b2 = false;
            Console.WriteLine(b2);
        }
    }
}
```

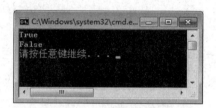

图 3-4 程序运行结果

2. 对象类型

object(对象型):可以表示任何类型的值,其占用字节视具体表示的数据类型而定,任何一个 object 变量可以赋予任何类型的值。object(对象型)是所有其他类型的最终基类。C#中的每种类型都是直接或间接从 object 类型派生的。例如:

```
int x1 = 123;
double x2 = 34.56;
object y1,y2;                    //声明 y1,y2 是 object 类型的变量
```

3.3.4 枚举类型

枚举(enum)是值类型的一种特殊形式,它从 System.Enum 继承而来,并为基础类型的值提供替代名称。枚举类型有名称、基础类型和一组字段。基础类型必须是一个除 char 类型外的内置的有符号(或无符号)整数类型(如 Byte、Int32 或 UInt64)。

enum 关键字用于声明枚举类型,基本格式如下:

`[修饰符] enum 枚举类型名 [ : 基类型 ] { 由逗号分隔的枚举数标识符 } [ ; ]`

枚举元素的默认基础类型为 int。默认情况下，第一个枚举数的值为 0，后面每个枚举数的值依次递增 1。例如：

```
enum Days {Sun,Mon,Tue,Wed,Thu,Fri,sat};                    //Sun 为 0,Mon 为 1,Tue 为 2,…
enum Days {Mon =1,Tue,Wed,Thu,Fri,Sat,Sun};                 //第一个成员值从 1 开始
enum MonthNames {January =31,February =28,March =31,April =30};   //指定值
```

在定义枚举类型时，可以选择基类型，但可以使用的基类型仅限于 long、int、short 和 byte。例如：

```
enum MonthNames: byte { January =31, February =28, March =31, April =30 };
```

注意：下列写法是错误的。

```
enum num:byte{x1 =255,x2};
```

这里因为 x1 =255, x2 应该是 256，而 byte 型的范围是 0 ~255。

3.3.5　引用类型

引用类型包括类（class）、接口（interface）、委托（delegate）和数组（array）。

1. 类

类是一组具有相同数据结构和相同操作的对象集合。创建类的实例必须使用关键字 new 来进行声明。

类是引用类型，每个变量只存储对目标存储数据的引用，每创建一个变量，就增加一个指向目标数据的指针。

2. 接口

应用程序之间要相互调用，就必须事先达成一个协议，被调用的一方在协议中对自己所能提供的服务进行描述。在 C#中，这个协议就是接口。接口定义中对方法的声明，既不包括访问限制修饰符，也不包括方法的执行代码。

注意：如果某个类继承了一个接口，那么它就要实现该接口所定义的服务，也就是实现接口中的方法。

3. 委托

委托是一个类，定义了方法的类型，使得可以将方法当作另一个方法的参数进行传递，这种将方法动态地赋给参数的做法，可以避免在程序中大量使用 if…else（switch）语句，同时使得程序具有更好的可扩展性。

4. 数组

数组是包含若干相同类型元素的一组变量。这些变量都可以通过索引进行访问。数

组中的变量称为数组的元素。数组能够容纳元素的数量称为数组的长度。数组的维数即数组的秩。数组中的每个元素都具有唯一的索引与其相对应。数组的索引从零开始。

通过 new 运算符创建数组并将数组元素初始化为它们的默认值。数组可以分为一维、多维和交错数组。

数组是一种很重要的数据结构,本书第 5 章将详细介绍。

3.3.6 类型转换

数据类型的转换有隐式转换与显式转换两种。

1. 隐式转换

隐式转换是系统默认的,自动执行的数据类型转换。隐式转换的基本原则是允许数值范围小的类型向数值范围大的类型转换,允许无符号整数类型向有符号整数类型转换。遵守"由低级(字节数和精度)类型向高级类型转换,结果为高级类型"的原则。例如:

```
string a,b;
a = 10 + "12";           //系统将整型数据 10 隐式转化为字符串"10",结果 a 的内容为 1012
double x = 3.1415;
int y = 21;
double z = x + y;        //系统将整型数据 y 隐式转化为实型 21.0 后再与 x 运算,
                         //结果 z 的内容为 24.1415
```

2. 显式转换

显式转换也叫强制转换,是在代码中明确指示将某一类型的数据转换为另一种类型。显式转换的一般格式为:

(数据类型名称) 数据

例如:

```
int x = 600;   short z = (short)x;
```

(1) 由于数据类型的差异,显式转换可能丢失部分数据。例如,下面的示例代码演示了如何将 x 进行显示类型转换:

```
class Test
{
    static void Main()
    {
        double x = 1234.7;
        int a;
        a = (int)x;    //cast double to int
        System.Console.WriteLine(a);
    }
}
```

输出结果：

```
1234
```

（2）也可以用 Convert 关键字进行数据类型强制转换。例如：

```
Double MyDouble = 42.72;
int MyInt = Convert.ToInt32(MyDouble);
```

MyInt 的值为 43。

3. 使用方法进行数据类型的转换

（1）Parse 方法。

Parse 方法可以将特定格式的字符串转换为数值。Parse 方法的使用格式为：

数值类型名称.Parse(字符串型表达式)

例如：

```
string s = "123.321";
int x;
double y;
x = int.Parse("456");           //将字符串"456"转化为整数 456
y = double.Parse(s);            //将字符串"123.321"转化为实数 123.321
```

（2）ToString 方法。

ToString 方法可将基本数据类型的变量值转换为字符串类型。ToString 方法的使用格式为：

变量名称.ToString()

例如：

```
int year = 1999;
string msg = "Eve was born in " + year.ToString();
System.Console.WriteLine(msg);     //输出"Eve was born in 1999"
```

3.4　C#语言的运算符和表达式

C#语言的运算符范围非常广泛，有简单的，也有复杂的，其中一些可能只在数学应用程序中使用。简单的操作包括所有的基本数学操作，例如"＋"运算符是把两个操作数加在一起，运算符大致分为 3 类：

（1）一元运算符，包括前缀运算符和后缀运算符，用于处理一个操作数。

（2）二元运算符，使用时在操作数中间插入运算符，用于处理两个操作数。

（3）三元运算符，使用时在操作数中间插入运算符，用于处理三个操作数。

大多数运算符都是二元运算符，只有几个一元运算符和一个三元运算符，即条件运算符。操作数通常是变量或常量，由操作数和运算符组合起来就可创建表达式。C#语言运算符的详细分类及运算符从高到低的优先级顺序如表3-4所示。

表 3-4 C#语言运算符

类 别	运 算 符
初级运算符	(x) x.y f(x) a[x] x++ x-- new typeof sizeof checked unchecked
一元运算符	+ - ! ~ ++x -x (T)x
乘除运算符	* / %
加减运算符	+ -
移位运算符	<< >>
关系运算符	< > <= >= is as
等式运算符	== !=
逻辑与运算符	&
逻辑异或运算符	^
逻辑或运算符	|
条件与运算符	&&
条件或运算符	||
条件运算符	?:
赋值运算符	= *= /= %= += -= <<= >>= &= ^= |=

3.4.1 运算符与表达式类型

1. 算术运算符与算术表达式

算术运算符有一元运算符与二元运算符。
(1) 一元运算符：-（取负）、+（取正）、++（增量）、--（减量）。
(2) 二元运算符：+（加）、-（减）、*（乘）、/（除）、%（求余）。

由算术运算符与操作数构成的表达式叫算术表达式。"-"（取负）与"+"（取正）只能放在操作数的左边。"++"（增量）与"--"（减量）运算符只能用于变量。基本算术运算符及其功能如表3-5所示。

表 3-5 基本算术运算符及其功能

运算符	名 称	例 子	运算功能	结合方向	优 先 级
+	加法运算	x+y	求x与y的和	从左到右	低
-	减法运算	x-y	求x与y的差	从左到右	↓
*	乘法运算	x*y	求x与y的积	从左到右	
/	除法运算	x/y	求x与y的商	从左到右	
%	求余运算	x%y	求x与y的余数	从左到右	
++	加1运算	++x;x++	x自增1	从右到左	↓
--	减1运算	--x;x--	x自减1	从右到左	高

二元运算符的意义与数学意义相同,其中%(求余)运算符是以除法的余数作为运算结果,求余运算也叫求模。例如:

```
int x=6,y=2,z;
z=x%y;                    //x 除以 y 后的余数,结果不是 3(商),而是 0(余数)
```

要注意数据类型。例如:

```
int a,b=39;
a=b/2;                    //a 的值为 18
```

1) 加法和减法运算符
- 参与运算的操作数都是数字时,加法运算同一般的数学运算是一致的。
- 参与运算的操作数都是字符串时,相加的结果是两字符串连接在一起。
- 参与运算的操作数分别是数字和字符串时,得到的结果是将数字转变为字符串,然后将两个字符串连接在一起。
- 参与运算的操作数分别是数字和字符时,则运算的结果是将字符常量对应的 Unicode 编码数值同数字进行加法运算得到。

2) 自增和自减运算符

自增运算符将操作数的值自动加 1。
自减运算符将操作数的值自动减 1。
含有自增和自减运算符表达式的两种应用形式如下:
- ++(或 −−)在前,如 y= ++(或 −−)x,表示先将 x 值做 ++(或 −−)运算,然后再赋值给 y。
- ++(或 −−)在后,如 y=x ++(或 −−),表示先将 x 值赋值给 y,然后再将 x 值做 ++(或 −−)运算。

【例 3-5】 自增自减简单举例,程序运行结果如图 3-5 所示。

```
using System;
namespace P3_5
{
    class Program
    {
        static void Main(string[] args)
        {
            double x;
            x=2.5;
            Console.WriteLine(++x);          //将变量 x 加 1 之后输出
            x=2.5;
            Console.WriteLine(x ++);         //将变量 x 先输出再加 1
            Console.WriteLine(x);
        }
    }
}
```

图 3-5 程序运行结果

3）乘法和除法运算符

一般来说，所有的数值类型都可以参与乘法和除法运算，但在进行乘法运算时，需要考虑其运算结果是否超越了数据类型所能够容纳的最大值。

【例3-6】 乘法运算时的溢出现象，结果如图3-6所示。

```
using System;
namespace P3_6
{
    class Program
    {
        static void Main(string[] args)
        {
            short a =12345;
            short b =17890;
            char ch = 'a';
            //short c = a * b;              //若此语句，运算结果会溢出，程序无法通过编译
            Console.WriteLine(a * b);
            Console.WriteLine(a * ch);
        }
    }
}
```

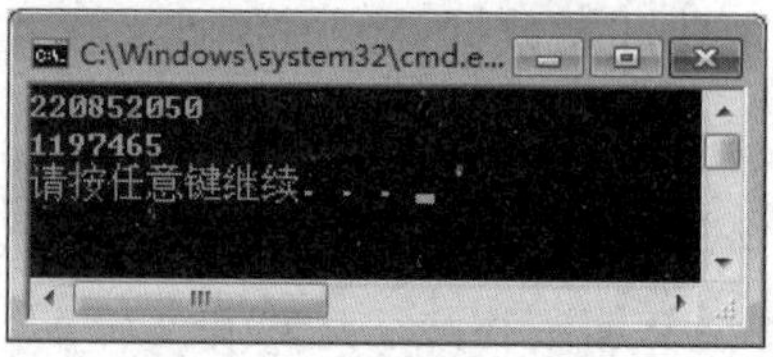

图3-6 程序运行结果

4）求余运算符

求余运算需遵循以下规则：
- 对于被除数和除数都是正数（包括正整数和正实数），将被除数和除数做除法运算，取所得余数即可。
- 对于负数或负浮点数的求余运算，如果除数和被除数分别是正（负）数和负（正）数，求余运算结果值为带符号的两数相除后所得余数，其中符号取决于被除数；如果除数和被除数都是负数，则求余运算等价于其绝对值的求余运算。

例如：

5%2,结果为1
-5%2,结果为-1
5.0%2.2,结果为0.6
-5.2%2.0,结果为-1.2

2. 字符串运算符与字符串表达式

字符串运算符只有一个，即"+"运算符，表示将两个字符串连接起来。例如：

string connec = "abcd" + "ef";   //connec的值为"abcdef"

"+"运算符还可以将字符型数据与字符串型数据或多个字符型数据连接在一起，例如：

string connec = "abcd" + 'e' + 'f';   //connec的值为"abcdef"

字符串对象不可变,因此一旦创建就不能更改。对字符串进行操作的方法实际会返回新的字符串对象。

3. 关系运算符与关系表达式

关系运算符的作用是比较两操作数的大小,如表 3-6 所示。

表 3-6 关系运算符

运 算 符	用 途	运 算 符	用 途
==	检查是否相等	<	小于
!=	检查是否不相等	>=	大于或等于
>	大于	<=	小于或等于

关系运算符都是二元运算符,左右操作数都是表达式,返回布尔类型的值 true 或 false。设左操作数为 a,右操作数为 b,则 a<b 构成一个关系表达式,a 的值若小于 b,则 a<b 关系表达式的值为 true;否则为 false。

4. 逻辑运算符与逻辑表达式

在 C#中,最常用的逻辑运算符是!(非)、&& 与、||(或),如表 3-7 所示。

表 3-7 逻辑运算符

运 算 符	用 途	运 算 符	用 途	运 算 符	用 途
&&	条件与	||	条件或	!	条件非

1) && 运算

"&&"运算符表示逻辑"与",用于判断是否同时满足两个或两个以上的条件。其操作数可以是布尔类型变量或关系表达式。在一个"&&"操作中,只要有一个操作数是假"false",则结果都为假。例如:

```
a>b && a>c                    //判断 a 是否大于 b 且大于 c
```

2) || 运算

"||"运算符表示逻辑"或",用来判断是否满足两个或两个以上的条件之一,其操作数可以是布尔类型变量或关系表达式。在一个"||"操作中,只要有一个操作数是真 true,则结果都为真。

3) ! 运算

"!"运算符是表示逻辑"非",是一个一元运算符,其操作数可以是布尔类型变量或关系表达式。如果操作数为非零,则其逻辑"非"为 false,否则为 true。

例如:

```
(x>=100) && (x<=200)
bool b1 = !true;              //b1 的值为 false
bool b2 = 5>3&&1>2;           //b2 的值为 false
bool b3 = 5>3||1>2;           //b3 的值为 true
```

5. 条件运算符与条件表达式

条件运算符是 C#中唯一的三元运算符,条件运算符由符号"?"与":"组成,通过操作三个操作数完成运算,其一般格式为:

布尔类型表达式？表达式1：表达式2

条件运算符的功能为,如果关系表达式的值是 true,则条件运算表达式得到的值为表达式1的值;否则为表达式2的值。例如:

```
x>0?x:-x           //判断表达式 x>0 的值,如果是 true 结果为 x,如果是 false 结果为 -x
```

6. 赋值运算符与赋值表达式

赋值就是给一个变量赋一个新值。在赋值表达式中,赋值运算符左边的操作数叫左操作数,赋值运算符右边的操作数叫右操作数。左操作数必须是一个变量。

1) 简单赋值运算符

"="运算符被称为简单赋值运算符。赋值表达式的格式:

变量＝表达式

在一个简单赋值中,如果赋值运算符两边的操作数类型不一致,那就先要进行类型转换。若使其自动发生类型转换需符合下面条件:
- 两个类型是兼容的。
- 目的类型比源类型的取值范围大。

C#中可以对变量进行连续赋值,这时赋值运算符是右关联的,意味着从右向左运算符被分组。例如,a=b=c 的表达式等价于 a=(b=c)。

2) 复合赋值运算符

C#提供了特殊的复合赋值运算符,如" * ="、"/="、"%="、" +="、" -="等,简化了某些赋值语句的代码。例如:

```
x +=5              //等价于 x = x +5
x% =3              //等价于 x = x% 3
x * = y +1         //等价于 x = x * (y +1)
```

复合赋值表达式是以 x op = y 形式的运算处理的:先将二元运算符重载决策应用于运算 x op y。然后,如果选定的运算符的返回类型可"隐式"转换为 x 的类型,则运算按 x = x op y 计算,但 x 只计算一次(术语"只计算一次"表示,在 x op y 的计算中,任何 x 的要素表达式的计算结果都临时保存起来,然后在执行对 x 的赋值时重用这些结果)。否则,如果选定运算符是预定义的运算符,选定运算符的返回类型可"显式"转换为 x 的类型,并且 y 可"隐式"转换为 x 的类型,则运算按 x =(T)(x op y) 计算(其中 T 是 x 的类型),但 x 只计算一次。否则,复合赋值无效,且发生编译时错误。

利用复合赋值可以提取子字符串,并连接字符串,例如:

```
string s1 = "A string is more ";
string s2 = "than the sum of its chars.";
```

```
s1 += s2;
System.Console.WriteLine(s1);
```

3.4.2 运算符的优先级与结合性

当表达式中包含多个运算符时,运算符的优先级控制各运算的计算顺序,如 x + y * z,按 x + (y * z)计算。

当一个操作数出现在两个相同优先级的运算符时,这些运算符的运算顺序取决于其结合性,结合性指运算符在表达式中从左到右或从右到左右的运算顺序。

1. 运算符的优先级

运算符的优先级规则如下:

(1) 一元运算符的优先级高于二元和三元运算符。

(2) 不同种类运算符的优先级有高低之分,算术运算符的优先级高于关系运算符,关系运算符的优先级高于逻辑运算符,逻辑运算符的优先级高于条件运算符,条件运算符的优先级高于赋值运算符。

(3) 有些同类运算符优先级也有高低之分,在算术运算符中,乘、除、求余的优先级高于加、减;在关系运算符中,小于、大于、小于等于、大于等于的优先级高于相等与不等;逻辑运算符的优先级按从高到低排列为非、与、或。

(4) 可以使用圆括号明确运算顺序。例如:

```
string s = x > y?"greater than":x == y?"equal to":"less than";
string s = x > y?"greater than":(x == y?"equal to":"less than");
```

括号还可以改变表达式的运算顺序,例如:

```
b * c + d
b * (c + d)
```

现将运算符的优先级进行总结如表3-8所示。

表3-8 运算符优先级

优先级	名 称	运 算 符
高 ↓ 低	括号	( )
	自加自减	++ , --
	乘、除、取余	* , / , %
	加减	+ , -
	小于、小于等于,大于,大于等于	< , <= , > , >=
	等于,不等于	== , !=
	逻辑与	&&
	逻辑或	||
	赋值和复合赋值运算符	= , += , -= , *= , /= , %=

2. 结合性

在多个同级运算符中,赋值运算符与条件运算符是由右向左结合的,除赋值运算符以外的二元运算符是由左向右结合的。例如,x + y + z 是按(x + y) + z 的顺序运算的,而 x = y = z 是按 x = (y = z)的顺序运算(赋值)的。

另外,在写表达式的时候,如果无法确定运算符的有效顺序,则尽量采用括号保证运算顺序。

小结

本章介绍了 C#编程的基础知识,包括 C#的关键字、运算符和表达式、语句、常量、变量以及常用的数据类型。通过本章内容的学习,读者应对 C#有一个基本的认识,了解 C#的程序结构,并可以编写简单的 C#程序。

习题 3

1. 选择题

(1) C#程序的主方法是_____。
  A. main( ) B. Main( ) C. class( ) D. namespace( )

(2) 可用作 C#程序用户标识符的一组标识符是_____。
  A. void define +WORD B. a3_b3 _123 YN
  C. for −abc Case D. 2a DO sizeof

(3) C#的数据类型有_____。
  A. 值类型和调用类型 B. 值类型和引用类型
  C. 引用类型和关系类型 D. 关系类型和调用类型

(4) 在 C#中,下列常量定义正确的是_____。
  A. const double PI 3.1415926; B. const double e = 2.7
  C. define double PI 3.1415926 D. define double e = 2.7

(5) C#中每个 int 类型的变量占用_____字节的内存。
  A. 1 B. 2 C. 4 D. 8

(6) 下面赋值正确的是_____。
  A. char ch = "a"; B. string str = 'good';
  C. float fNum = 1.5; D. double dNum = 1.34;

(7) 下面正确的字符常量是_____。
  A. "c" B. '\\' C. '\"' D. '\K'

(8) C#中,新建一字符串变量 str,并将字符串"Tom's Living Room"保存到串中,则应该使用_____语句。
  A. string str = "Tom\'s Living Room";

B. string str = "Tom\\'s Living Room";

C. string str("Tom's Living Room");

D. string str("Tom"s Living Room");

(9) 为了将字符串 str = "123,456" 转换成整数 123456，应该使用以下_____语句。

A. int Num = int.Parse(str);

B. int Num = str.Parse(int);

C. int Num = (int)str;

D. int Num = int.Parse(str,System.Globalization.NumberStyles.AllowThousands);

(10) 关于 C#程序的书写，下列不正确的说法是_____。

A. 区分大小写

B. 一行可以写多条语句

C. 一条语句可写成多行

D. 一个类中只能有一个 Main()方法，因此多个类中可以有多个 Main()方法

(11) 设有以下 C#代码：

```
static void Main(string[] args)
{
    Console.WriteLine("运行结果：{0}",Console.ReadLine());
    Console.ReadLine();
}
```

则代码运行结果为_____。

A. 在控制台窗口显示"运行结果："

B. 在控制台窗口显示"运行结果：{0}"

C. 在控制台窗口显示"运行结果：Console.ReadLine"

D. 如果用户在控制台输入"A"，那么程序将在控制台显示"运行结果：A"

(12) 能正确表示逻辑关系"a>=10 或 a<=0"的 C#语言表达式是_____。

A. a>=10 or a<=0   B. a>=10|a<=0

C. a>=10&&a<=0   D. a>=10||a<=0

2. 填充题

(1) 设 float f = -123.567F;

　　int i = (int)f;

则 i 的值是_____。

(2) 以下程序的输出结果是_____。

```
using system;
class Example1
{
    public Static void main()
    {
        int a=5,b=4,c=6,d;
```

```
        Console.Writeline("{0}",d=a>b?(a>c?a:c):b);
    }
}
```

3. 问答题

试比较两者之间的区别：

（1）Console.Write()；与 Console.WriteLine()；

（2）Console.Read()；与 Console.ReadLine()；

（3）i++ 与 ++i

4. 编程题

（1）编写程序，从键盘输入一个整数，并输出该数。

（2）从键盘上输入两个整数，对这两个数分别进行求和、差、积、商和取余的运算，并显示相应的结果。

（3）编写一个控制台应用程序，输入一个小写字母，要求输出它的大写字母。

第 4 章 C#程序流程控制

高级语言程序的基本组成单位是语句,C#中的每条语句以";"结尾。语句按其功能可以分为两类:

(1) 操作运算语句,用于描述计算机执行的操作和运算,如第 3 章已使用的声明语句、表达式语句等。

(2) 流程控制语句,用于控制操作运算语句执行的顺序,如选择语句、循环语句、转移语句等。程序的流程控制是算法实现的逻辑路径,是程序设计的核心。

虽然 C#是完全面向对象的语言,但在局部的语句块内,仍然要使用结构化程序设计的方法,用控制结构来控制程序的执行流程。本章介绍 C#语言中的基本控制结构,包括顺序结构、选择结构和循环结构,每一种基本结构可以包含一条或若干条语句。掌握 C#控制语句,可以更好地控制程序流程,提高程序的灵活性。

4.1 顺序结构

有些简单的程序是按程序语句的先后顺序依次执行的,这种结构称为顺序结构。顺序结构是程序设计中最简单、最常用的基本控制结构,其包含的语句按照书写的顺序执行,且每条语句都将被执行。用于顺序结构的语句有 4 种:赋值语句、输入语句、输出语句、复合语句。

4.1.1 赋值语句

1. 赋值语句

赋值语句是最简单的语句,由一个赋值运算符构成的赋值语句。赋值语句的格式为:

变量 = 表达式;

格式中的" = "称为"赋值号"。赋值语句的功能是把计算赋值号右边的"表达式"的值,并赋给赋值号左边的"变量"。例如:

```
int age = 30;
```

注意：对于任何一个变量必须首先赋值,然后才能引用;否则,未赋初值的变量将不能参与运算。另外,赋值号两边的类型必须相同,或符合隐式类型转换规则。

2. 复合赋值语句与连续赋值语句

1) 复合赋值语句

复合赋值语句是使用 +=、-=、*=、/= 等运算符构成的赋值语句,这种语句首先需要完成特定的运算,然后再进行赋值运算操作。例如:

```
int x = 5;
x += 6;
string s = "abcd";
s += "efjh";
```

2) 连续赋值语句

连续赋值语句是在一条语句中使用多个赋值运算符进行赋值的语句,这种语句可以一次为多个变量赋予相同的值。例如:

```
int x,y,z;
x = y = z = 6;
string s1,s2,s3;
s1 = s2 = s3 = "efjh";
```

4.1.2 输入语句

通过计算机的外设把数据送到计算机内存的过程称为输入。C#语言的输入语句常用的有两种形式:

Console.Read();

Console.ReadLine();

输入可以是整型或字符串等,但布尔型不可以直接读入。例如:

```
string strInput = Console.ReadLine();
            //strInput 为字符串变量,ReadLine 之后,将赋予变量对应的值。
```

运行时如键盘输入:20,则结果为

```
strInput = 20;
```

Read 语句和 ReadLine 语句不同之处在于输入数据到各变量之后,ReadLine 自动换行,从下一行开始再输入数据。一个 Read 语句执行完后,数据行中多余的未读数据可以被下一个输入语句读入;而一个 ReadLine 执行完后,数据行中多余未读数据就没有用了。

4.1.3 输出语句

输出是将内存中的数据送到外设的过程。C#语言的输出语句有两种形式:

```
Console.Write(输出项);
Console.WriteLine(输出项);
```

其中,"输出项"可以是常量、变量、表达式或字符串。如果是变量、表达式,则将其计算结果输出;如果是常量或字符串,则直接输出其值。

Write 和 WriteLine 的区别在于:Write 语句是输出项输出后,不换行,光标停留在最后一项后;WriteLine 语句按项输出后,自动换行,光标则停留在下一行的开始位置。

WriteLine 语句允许不含有输出项,即"WriteLine( );",表示换行。

```
Console.Write("abcd");                          //输出 abcd
Console.WriteLine("abcd");                      //输出 abcd 并换行
```

C#中还可以实现格式化输出,例如:

```
Console.WriteLine("{0}; {1}; {2}",10,20,30);    //输出"10;20;30"并换行
Console.WriteLine("{0}{1},{2}","这两个数是: ",10,20);
                                                //输出"这两个数是:10,20"并换行
```

4.1.4 复合语句

复合语句是由若干语句组成的序列,语句之间用分号";"隔开,并且以{ }括起来,作为一条语句。复合语句的一般形式:

```
{
语句1;
    语句2;
...
    语句n;
}
```

例如:

```
{
    int x=10;
    int y=100;
    int buffer=x;
    x=y;
    y=buffer;
}
```

实现两个变量值的交换。

4.1.5 应用实例

【例4-1】 编写一个控制台应用程序,输入圆的半径值,求圆的周长和面积,结果如

图 4-1 所示。

```csharp
using System;
using System.Collections.Generic;
using System.Text;
namespace P4_1
{
    class Program
    {
        static void Main(string[] args)
        {
            const double PI = 3.141;
            double R, L, S;
            Console.Write("请输入圆的半径值：");
            R = double.Parse(Console.ReadLine());
            L = 2 * PI * R;
            S = PI * R * R;
            Console.WriteLine("圆的周长为：{0}", L);
            Console.WriteLine("圆的面积为：{0}", S);
            Console.ReadLine();
        }
    }
}
```

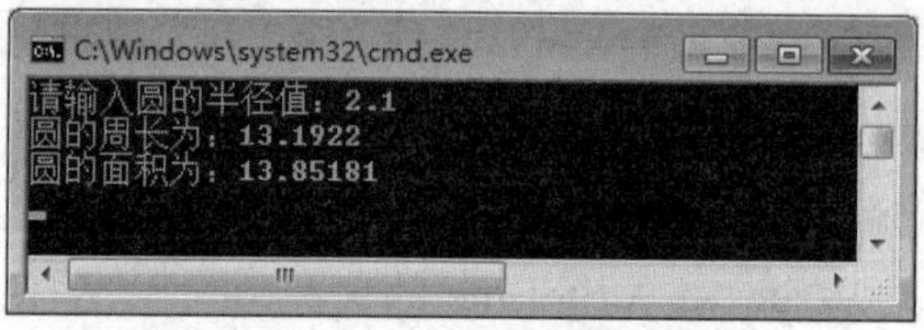

图 4-1 例 4-1 程序运行结果

说明：程序中使用了 Parse 方法将输入数据转换为双精度型。Parse 方法的用法参见 3.3.6 节。

【例 4-2】 使用标签与文本框实现输入与输出。输入两个数，并实现两数的算术运算：和、差、积、商，结果如图 4-2 所示。

```csharp
using System;
using System.Collections.Generic;
using System.ComponentModel;
using System.Data;
using System.Drawing;
using System.Linq;
using System.Text;
using System.Windows.Forms;
namespace P4_2
{
    public partial class Form1 : Form
    {
        public Form1()
        {
```

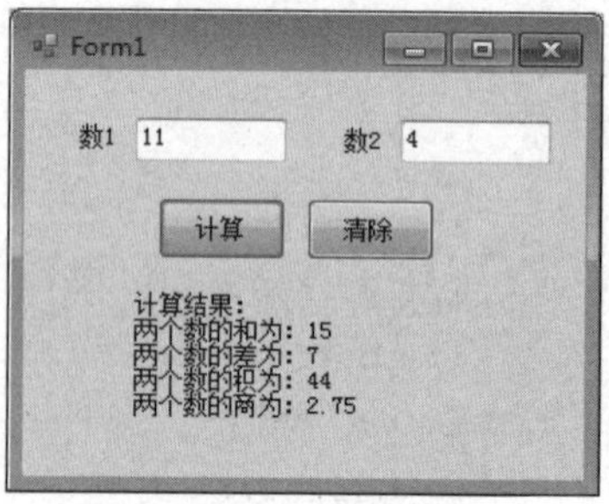

图 4-2 例 4-2 程序运行结果

```csharp
            InitializeComponent();
        }
        private void button1_Click(object sender, EventArgs e)
        {
            int n1, n2, n3;
            n1 = int.Parse(textBox1.Text);
            n2 = int.Parse(textBox2.Text);
            n3 = n1 + n2;
            label3.Text = "计算结果: \n";
            label3.Text += ("两个数的和为: " + n3 + " \n");
            n3 = n1 - n2;
            label3.Text += ("两个数的差为: " + n3 + " \n");
            n3 = n1 * n2;
            label3.Text += ("两个数的积为: " + n3 + " \n");
            float n4 = (float)n1 / n2;
            label3.Text += ("两个数的商为: " + n4);
        }
        private void button2_Click(object sender, EventArgs e)
        {
            textBox1.Clear();
            textBox2.Clear();
            textBox1.Focus();
            label3.Text = "";
        }
    }
```

4.2 选择结构

当一个表达式在程序中被用于检验其真假值时,就称为一个条件。选择语句根据这个条件来判断执行哪块区域的代码。在C#中,选择语句主要包括两种类型,分别为if语句和switch语句。if语句提供两种选择语句实现流程的改变,用于判断特定的条件能否满足,用于单分支选择和双分支选择,也可以通过嵌套实现多分支选择。switch语句用于多分支选择。

4.2.1 if 条件语句

if语句是程序设计中基本的选择语句,根据条件表达式的值选择要执行的内嵌语句序列。if语句一般用于简单选择,即选择项中有一个或两个分支。

1. 单分支 if 语句

单分支if语句执行时根据布尔条件表达式的值进行判断,当该值为真时执行if语句

后的语句序列,如图 4-3 所示。单分支 if 语句的格式为:

```
if (布尔条件表达式)
    { 内嵌语句序列 1; }
```

说明:若布尔表达式的为真时,程序执行内嵌语句序列。如果内嵌语句序列中为多个执行语句,则要使用大括号({…})组合为一个语句块。

简单 if 语句举例:

```
bool flagTure = true;        //定义一个 bool 类型的变量 flagTure,并为其赋值为 true
if (flagTure)                //判断 flagTure 变量的值
{
    Console.WriteLine("flagTure 变量为真");
}
```

2. 双分支 if 语句

根据布尔条件表达式的值进行判断,当该值为真时,执行 if 语句后的语句序列;当为假时,执行 else 语句后的语句序列。该结构一般用于两种分支的选择,格式为:

```
if (布尔条件表达式)
    { 内嵌语句序列 1; }
else
    { 内嵌语句序列 2; }
```

流程图如图 4-4 所示。

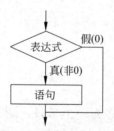

图 4-3　单分支 if 语句的流程图

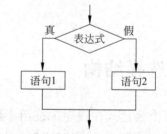

图 4-4　双分支 if 语句的流程图

说明:

① 若布尔表达式的值为真时,程序执行内嵌语句序列 1;否则执行内嵌语句序列 2。

② if…else 语句中,内嵌语句序列 1 和内嵌语句序列 2 可以是简单语句,也可以是复合语句。如果内嵌语句序列中为多个执行语句,则要使用大括号({…})组合为一个语句块。

3. 多分支 if 语句

if…else 语句也可以用于多种分支的选择结构,这种情况也就是 if 语句的嵌套结构。

```
if(表达式 1)
```

```
         { 内嵌语句序列1; }
    else if(表达式2)
         { 内嵌语句序列2; }
         else if(表达式3)
              { … }
              else if(表达式4)
                  { … }
                   …
                   else
                   { 内嵌语句序列n; }
```

if语句中,内嵌语句可以是复合语句,也就是说,内嵌语句中可以包含选择语句、循环语句等。if语句可以嵌套,但应注意if…else的配对问题。在默认情况下,else语句总是和最近的没有配对的if语句配对,流程图如图4-5所示。

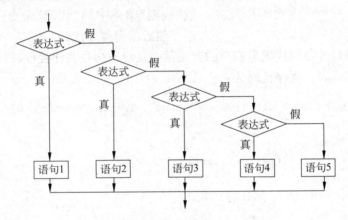

图4-5 多分支if语句的流程图

嵌套if语句的执行过程说明如下:

(1) 首先判断表达式1,如果其值为true,则执行if语句块中的语句,然后结束if语句。

(2) 如果表达式1的值为false,则判断表达式2,如果其值为true,则执行else if语句块中的语句,然后结束if语句。

(3) 如果表达式2的值为false,再继续往下判断其他表达式的值。

(4) 如果所有表达式的值都为false,则执行else语句块中的语句,然后结束if语句。

说明:对于多层if嵌套结构,要特别注意if与else的配对关系,一个else必须与一个if配合。一定要使用代码缩进,这样便于日后的阅读与维护。

下面结合实例介绍if…else语句的使用方法。

【例4-3】 某商店为了吸引顾客,采取以下优惠活动:所购商品在1000元以下的,打9折优惠;所购商品多于1000元的,打8折优惠。试编程实现该优惠功能。

分析:该问题属于数学分段函数问题,当所购商品总额<1000元时,打折后的商品总额为所购商品总额×0.9;当所购商品总额>1000时,打折后的商品总额为所购商品总额

×0.8。

解题步骤如下：

(1) 建立项目。

在 Visual Studio.NET 中，执行"文件"→"新建"→"项目"命令，打开"新建项目"对话框，选择"Visual C#项目"，选择"Windows 应用程序"，输入项目的名称和存放位置。

图 4-6　例 4-3 的窗体设计

(2) 设计窗体。

单击工作区左侧的"工具箱"或单击工具栏上工具箱图标，工具箱将显示在工作区左侧。然后在窗体上添加相应的控件，如图 4-6 所示。

(3) 编辑代码。

首先打开代码窗口：选中命令按钮控件，右击，在弹出的菜单中选择"查看代码"命令，或通过"视图"菜单中的"代码"命令，切换到代码窗口。然后编辑程序代码。

打开代码窗口并编辑代码最简单的方法是直接双击命令按钮控件，打开代码窗口，直接在事件中添加代码。程序代码为：

```csharp
private void button1_Click(object sender, System.EventArgs e)
{
    double k, m;
    k = double.Parse(textBox1.Text);
    if (k < 1000)
    {
        m = k * 0.9;
    }
    else
    {
        m = k * 0.8;
    }
    textBox2.Text = m.ToString();
}
```

(4) 编译、运行程序。

单击工具栏上的"启动调试"按钮(或按 F5 键)，系统显示 Windows 窗体。在"请输入所购商品的总金额"文本框中输入相关金额，单击"打折"按钮，完成相应的功能。

【例 4-4】　将百分制成绩转换为五分制成绩。转换标准如下：90 分以上为"优秀"，80 分以上为"良"，70 分以上为"中"，60 分以上为"及格"，60 分以下为"不及格"。程序运行结果如图 4-7 所示。

图 4-7　成绩转换设计

程序运行时，单击"转换"按钮执行的代码如下：

```csharp
private void button1_Click(object sender, EventArgs e)
```

```
    {
        double k = double.Parse(textBox1.Text);
        if (k > 100 || k < 0)
            MessageBox.Show("成绩输入有误!");
        else if (k >= 90)
            textBox2.Text = "优";
        else if (k >= 80)
            textBox2.Text = "良";
        else if (k >= 70)
            textBox2.Text = "中";
        else if (k >= 60)
            textBox2.Text = "及格";
        else if (k < 60)                          //if(k<60)可省略
            textBox2.Text = "不及格";
    }
```

例 4-4 中使用了 if 语句的嵌套,其中因为条件判断后只用一个语句,如"textBox2.Text=""良",所以,可以省略{},当存在多条语句时,要使用{}表示为一个语句块。

4.2.2 switch 语句

在判定多个条件时,如果用 if…else if…else 语句可能会很复杂和冗长。在这种情况下,应用 switch 语句就会简明清晰得多。

switch 语句是一个控制语句,通过将控制传递给其体内的一个 case 语句处理多个选择和枚举。switch 语句中有很多 case 区段,每一个 case 标记后可以指定一个常数作为标准,不能将一组常数放在一个 case 标记之后。

声明 case 语句的语法如下:

```
switch(表达式)
{
    case 常数表达式:
        {语句块}
        跳转语句(如 break、return、goto)
        ...                                      //其他的 case 子句
    defalut:
        {语句块}
}
```

switch 语句可以包括任意数目的 case 实例,但是任何两个 case 语句都不能具有相同的值。语句体从选定的语句开始执行,直到 break 将控制传递到 case 体以外。在每一个 case 块的后面,都必须有一个跳转语句(如 break)。但当 case 语句中无代码时,C#不支持从一个 case 标签显式贯穿到另一个 case 标签。如果没有任何 case 表达式与开关值匹配,则控制传递给跟在可选 default 标签后的语句。如果没有 default 标签,则控制传递到

switch 以外。

【例 4-5】 设计一个判断属相的程序，输入 0～11 的整数，判断其对应的十二生肖，输出结果如图 4-8 所示。

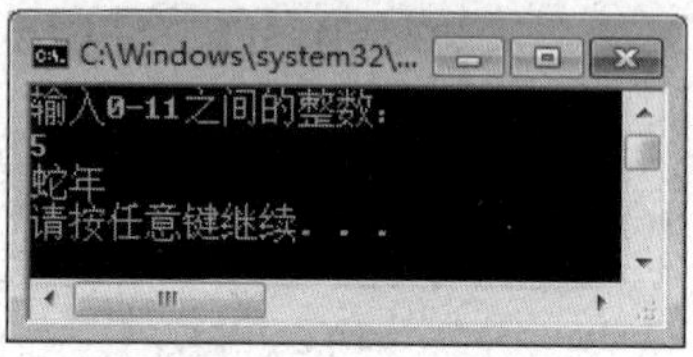

```csharp
using System;
using System.Collections.Generic;
using System.Linq;
using System.Text;
namespace P4_5
{
    class Program
    {
        static void Main(string[] args)
        {
            Console.Write("输入 0~11 之间的整数：\n");
            int n = int.Parse(Console.ReadLine());      //定义一个 int 类型的变量
            switch (n)                                   //switch 筛选器
            {
                case 0:                                  //判断是否匹配
                    Console.WriteLine("鼠年");
                    break;
                case 1:                                  //判断是否匹配
                    Console.WriteLine("牛年");
                    break;
                case 2:                                  //判断是否匹配
                    Console.WriteLine("虎年");
                    break;
                case 3:                                  //判断是否匹配
                    Console.WriteLine("兔年");
                    break;
                case 4:                                  //判断是否匹配
                    Console.WriteLine("龙年");
                    break;
                case 5:                                  //判断是否匹配
                    Console.WriteLine("蛇年");
                    break;
                case 6:                                  //判断是否匹配
                    Console.WriteLine("羊年");
                    break;
                case 7:                                  //判断是否匹配
                    Console.WriteLine("马年");
                    break;
                case 8:                                  //判断是否匹配
                    Console.WriteLine("猴年");
                    break;
                case 9:                                  //判断是否匹配
```

图 4-8 判断属相

```
            Console.WriteLine("鸡年");
            break;
        case 10:                                    //判断是否匹配
            Console.WriteLine("狗年");
            break;
        case 11:                                    //判断是否匹配
            Console.WriteLine("猪年");
            break;
        default:
            Console.WriteLine("不在 0~11 之间");
            break;
        }
    }
}
```

4.2.3 应用实例

【例 4-6】 设计一个学生成绩输入程序。要求两个文本框不能为空且成绩应在 0~100 之间,单选按钮必须有一个被选择。用户输入了合法数据并单击"确定"按钮后的程序运行界面如图 4-9 所示。单击"清除"按钮可清除上次输入的所有数据,并恢复两个单选按钮都处于未选中状态。

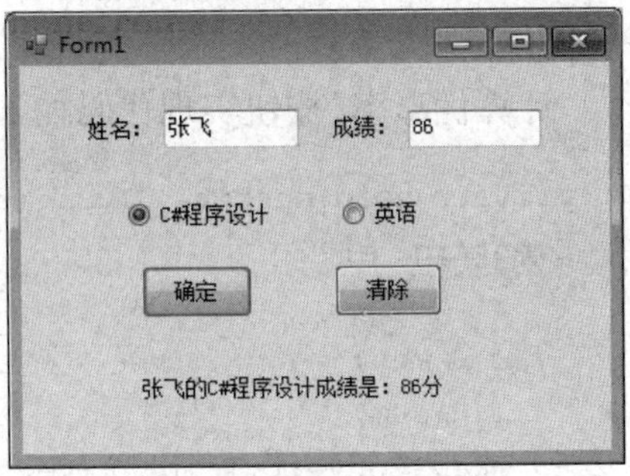

两个按钮的代码分别为:

图 4-9 例 4-6 运行界面

```
private void button1_Click(object sender, EventArgs e)
{
    if (textBox1.Text == "")
        MessageBox.Show("姓名不能为空!");
    else if (textBox2.Text == "")
        MessageBox.Show("成绩不能为空!");
    else if (double.Parse(textBox2.Text) < 0 || double.Parse(textBox2.Text) > 100)
        MessageBox.Show("成绩应在 0~100 之间!");
    else if (radioButton1.Checked == false && radioButton2.Checked == false)
        MessageBox.Show("请选择一门课程!");
    else if (radioButton1.Checked)
        label3.Text = textBox1.Text + "的" + radioButton1.Text + "成绩是: " + textBox2.Text + "分";
    else if (radioButton2.Checked)
        label3.Text = textBox1.Text + "的" + radioButton2.Text + "成绩是: " + textBox2.Text + "分";
```

```
}
private void button2_Click_1(object sender, EventArgs e)
{
    label3.Text = "";
    radioButton1.Checked = false;
    radioButton2.Checked = false;
    textBox1.Clear();
    textBox2.Clear();
    textBox1.Focus();
}
```

【例4-7】 某航空公司规定在旅游的旺季7~9月份,如果订票数超过20张,票价优惠15%,20张以下优惠5%;在旅游的淡季1~5月份、10月份、11月份,如果订票数超过20张,票价优惠30%,20张以下优惠20%;其他情况一律优惠10%。试设计程序,根据月份和订票张数决定票价的优惠率,程序运行界面如图4-10所示。

分析:该问题属于多分支选择问题。该问题中旅游的淡季1~5月份、10月份、11月份的优惠率一样,在switch语句中,这几种情况可以使用同一种操作;旅游的旺季7~9月份的优惠率一样,可以使用同一种操作。

"计算优惠率"按钮实现代码如下。

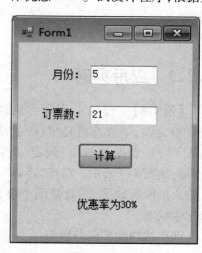

图4-10 计算优惠价

```
private void button1_Click(object sender, EventArgs e)
{
    int mon;
    int sum;
    mon = Convert.ToInt32(textBox1.Text);
    sum = Convert.ToInt32(textBox2.Text);
    switch (mon)
    {
        case 1:
        case 2:
        case 3:
        case 4:
        case 5:
        case 10:
        case 11:
            if (sum > 20)
            { label3.Text = "优惠率为30% "; }
            else
            { label3.Text = "优惠率为20% "; }
            break;
```

```
            case 7:
            case 8:
            case 9:
                if (sum > 20)
                { label3.Text = "优惠率为 15% "; }
                else
                { label3.Text = "优惠率为 5% "; }
                break;
            default:
                label3.Text = "优惠率为 10% ";
                break;
        }
    }
```

4.3 循环结构

在编写程序过程中,往往出现相同类型操作需要重复的情况,如实现 $1+2+\cdots+100$ 时,需要做 99 次加法。这类问题使用循环结构解决,可以使问题变得简单。

循环结构是根据判断条件成立与否来决定是否执行某一段程序,是执行一次还是反复执行多次,被反复执行的这一段程序称为循环体。

C#中的循环结构有 for 循环、while 循环、do…while 循环和 foreach 循环,它们全部都支持用 break 来退出循环,用 continue 来跳过本次循环进入下一次循环。这里介绍前三种循环机制,foreach 循环将在数组中介绍。

4.3.1 for 循环语句

for 循环常常用于已知循环次数的情况,使用该循环时,测试是否满足某个条件,如果满足条件,则进入下一次循环,否则,退出该循环。

1. for 语句的语法格式

for 循环语句格式为:

for (表达式 1; 表达式 2; 表达式 3)
　　{ 循环语句序列; }

其中,表达式 1 用于参与循环条件变量的初始化,该表达式仅执行一次;表达式 2 为条件判断表达式,即每次循环开始之前,判断该表达式是否成立,如果成立,进入下一次循环,否则,循环结束;表达式 3 用于参与循环条件变量的运算,一般为递增或递减的循环计数器。循环语句序列用于描述重复执行的语句,当语句序列中仅含有一条语句时,花括号可以省略。for 循环的执行流程如图 4-11 所示。

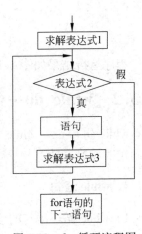

图 4-11　for 循环流程图

该结构中,表达式1、表达式2、表达式3是可选的,但应该注意避免死循环的发生。如表达式2省略,并且不采用转移语句,会导致死循环的发生。可以在循环体中的任何位置放置break语句来强制终止for循环(随时跳出for循环)。

2. for循环语句的使用

请注意,初始化、条件和循环都是可选的。例如,可以在其他地方初始化,在for循环就不用再次进行初始化了。

【例4-8】 使用for语句计算 $1+2+3+\cdots+100$。

分析:该问题属于重复执行加法的问题,并且参与运算的两个操作数不断的按规律增加。该类问题可以通过循环进行解决。

```
using System;
using System.Collections.Generic;
using System.Linq;
using System.Text;

namespace P4_8
{
    class Program
    {
        static void Main(string[] args)
        {
            int sum;
            sum=0;
            for(int k=1;k<=100;k=k+1)
            {
                sum=sum+k;
            }
            Console.WriteLine("从1加到100值
            为"+sum.ToString());
        }
    }
}
```

程序运行结果如图4-12所示。

图4-12 例4-8程序运行结果

4.3.2 while、do…while语句

while句和do…while语句是最常见的、用于执行重复程序代码的语句,在循环次数不固定时相当有效。

1. while语句

1) while循环语句的语法格式

声名while语句的语法为:

```
while (条件表达式)
    { 语句序列; }
```

while 语句的执行流程如图 4-13 所示。

对 while 循环的有关说明如下：

① 条件表达式是一个具有 bool 值的条件表达式，为循环的条件。

② 作为循环体的语句序列可以是简单语句、复合语句和其他结构语句。

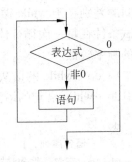

图 4-13 while 程序流程图

③ while 循环的执行过程：首先计算条件表达式的值，如果为真(True)，则执行后面的循环体，执行后，再开始一个新的循环；如果为假(False)，则终止循环，执行循环体后面的语句。

④ 可以在循环体中的任何位置放置 break 语句强制终止 while 循环(随时跳出 while 循环)。

⑤ 可以在循环体中的任何位置放置 continue 语句，在整个循环体没有执行完就重新判断条件，以决定是否开始新的循环。

2) while 循环语句的使用

在 while 循环语句中，while 是关键字，控制 while 语句的条件表达式包含在括号内，括号后面的是当条件表达式值为真时应执行的循环体。循环体中应包含对条件表达式的修改，例如程序段：

```
int i=0;                       //定义一个 int 类型的变量
while (i<5)                    //判断 while 条件
{
    Console.WriteLine(i);      //输出结果
    i++;                       //i 加 1
}
```

中就包含了对循环控制变量 i 的修改(i++)。

上述代码中，将 i++ 放在循环的第一句，还是放在循环的最后一句？这里建议放在循环的最后一句好，因为这样和 for 语句的运行结构相同。同时大多数情况下，我们需要循环变量(这里是 i)，并且需要的是当前的循环变量值，不需要进入循环后立即改变循环变量值。

上述代码执行后的输出结果是：

```
0
1
2
3
4
```

2. do…while 语句

do…while 循环非常类似于 while 循环。一般情况下，两者可以相互转换使用。它们之间的差别在于 while 循环的测试条件是在每一次循环开始时执行,而 do…while 循环的测试条件在每一次循环体结束时进行判断。do…while 循环可以解决一些循环问题,但使用的频率较低。

1) do…while 的语法格式

do…while 语句的语法格式如下:

do
　　{ 语句序列; }
while (布尔条件表达式);

do…while 语句的执行流程如图 4-14 所示。

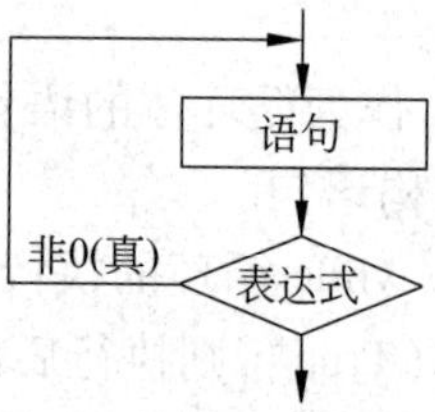

2) do…while 的使用

do 语句后面是一个循环体,后面紧跟着一个 while 关键字。控制循环执行次数的条件表达式位于 while 关键字的后面。由于条件表达式在循环体执行后再判断,循环体执行一次(至少一次)或若干次。例如程序段:

图 4-14　do while 程序流程图

```
int i = 3;                          //定义一个整型变量
do
{
    Console.WriteLine(i);           //输出结果
    i ++;                           //i 加 1
} while (i < 3);                    //判断 while 条件
```

中定义了整型变量 i,它的值为 3。当程序执行到 do 区域的时候,就进入了循环体,第一次进入这个循环体没有进行任何判断,就可以执行这个循环体的所有语句,然后进入 while 条件判断,如果条件符合,再次进入 do 区域,否则退出循环。

上述代码执行后的输出结果是:3。

【例 4-9】　使用 do…while 语句实现 $1+2+3+\cdots+100$。

程序代码如下:

```
using System;
using System.Collections.Generic;
using System.Linq;
using System.Text;

namespace P4_9
{
    class Program
    {
        static void Main(string[] args)
        {
            int sum;
            sum = 0;
            int k = 1;
```

```
            do
            {
                sum = sum + k;
                k = k + 1;
            }
            while (k <=100);
            Console.WriteLine("从 1 加到 100 值为" + sum.ToString());
        }
    }
}
```

4.3.3 循环嵌套

当一个循环(称为"外循环")的循环体内包含另一个循环(称为"内循环"),则称为循环的嵌套,这种语句结构称为多重循环结构。内循环中还以包含循环,形成多层循环(循环嵌套的层数理论上无限制)。3 种循环(while 循环、do…while 循环、for 循环)可以互相嵌套。在多重循环中,需要注意的是循环语句所在循环的层数。如以下代码:

```
int sum = 0;
for(int i = 1; i <= 10; i = i + 1)
    for(int k = 1; k <= i; k = k + 1)
        sum = sum + k;
```

使用跳转语句,可以使程序执行跳转到程序中其他部分。C#中提供 4 种转移语句:goto 语句、break 语句、continue 语句、return 语句。

1. goto 语句

goto 语句可以将程序控制直接转移给标签制定的语句。但由于 goto 语句改变了程序的正常流程,使得程序特别容易出错,所以尽量不要用。而且,用 goto 语句实现的循环完全可以用循环语句实现,因此,goto 语句很少使用。

2. break 语句

break 语句会使运行的程序立刻退出它所在的最内层循环或者退出一个 switch 语句。由于它是用来退出循环或者 switch 语句,所以在其他地方使用 break 语句是不合法的,只能在循环体内和 switch 语句体内使用 break 语句。规则如下:

(1) 当 break 语句出现在循环体中的 switch 语句体内时,其作用只是跳出该 switch 语句体。

(2) 当 break 语句出现在循环体中,但并不在 switch 语句体内时,则在执行 break 后,跳出本层循环体。

如果一个循环的终止条件非常复杂,那么使用 break 语句实现某些条件比用一个循环表达式来表达所有的条件容易得多。例如,执行如下代码:

```
for (int i = 1; i < 10; i ++)
```

```
{
    if (i==7)
    {
        break;
    }
    Console.Write(i);
}
```

将输出结果：123456。

从上述代码中可以知道，当 i 等于 7 时，就终止循环了。

3. continue 语句

continue 语句用于循环语句中，类似于 break 语句，但仅从当前的循环迭代中退出，然后执行下一次迭代循环。

continue 语句和 break 语句用法相似。不同的是，它不是结束本层循环，而是不执行本次循环剩下的代码，开始执行下一次循环，即结束本次循环。

continue 语句只能用在 while 语句、do-while 语句、for 语句、或 foreach 语句的循环体内，在其他地方使用都会引起错误。例如，执行如下代码：

```
for (int i=1; i<10; i++)
{
    if (i==7)
    {
        continue;
    }
    Console.Write(i);
}
```

将输出结果：12345689。

从上述代码中，可以知道，当 i 等于 7 以后，本次循环就终止，所以 7 没有被输出。但是，这里没有像 break 语句一样，整个循环就结束了，而是开始新的一轮循环，从 8 开始了。

【例 4-10】 使用计数器循环语句（for）了解 continue 语句的使用，要求输出大于 5 的数。

本例使用控制台程序实现，代码如下：

```
static void Main(string[] args)
{
    for (int i=1; i<=10; i=i+1)
    {
        if (i<5)
            continue;
        Console.WriteLine(i);
    }
}
```

本程序的运行结果如图 4-15 所示。

图 4-15 例 4-10 运行结果

该例中当 i<5 时通过 continue 退出本次循环,所以运行结果中不显示 1、2、3、4。

4. return 语句

return 语句就是用于指定函数返回的值。return 语句只能出现在函数体内,出现在代码中的其他任何地方都会造成语法错误。规则如下:

(1) 使用 return 语句从当前的方法中退出,返回到该调用的方法的语句处,继续执行。

(2) 使用 return 语句返回一个值给调用该方法的语句,返回值的数据类型必须与方法的声明中的返回值的类型一致,可以使用强制类型转换来保持数据类型一致。

(3) 当方法说明中用 void 声明返回类型为空时,应使用 return 语句,但不返回任何值。

4.3.4 应用实例

【例 4-11】 计算 n!,假设 n=10。

分析:该例实现阶乘的运算。可以使用循环语句,通过改变乘数的值实现连乘。程序的运行结果如图 4-16 所示。

程序代码如下:

```
using System;
using System.Collections.Generic;
using System.Linq;
using System.Text;

namespace P4_11
{
    class Program
    {
        static void Main(string[] args)
        {
            int sum, k;
            sum = 1;
            for (k = 1; k <= 10; k ++)
            {
                sum = sum * k;
            }
            Console.WriteLine(sum.ToString());
        }
    }
}
```

图 4-16 计算 n! 的结果

【例 4-12】 编写一个控制台应用程序,求 300 以内的素数,程序的运行结果如图 4-17 所示。

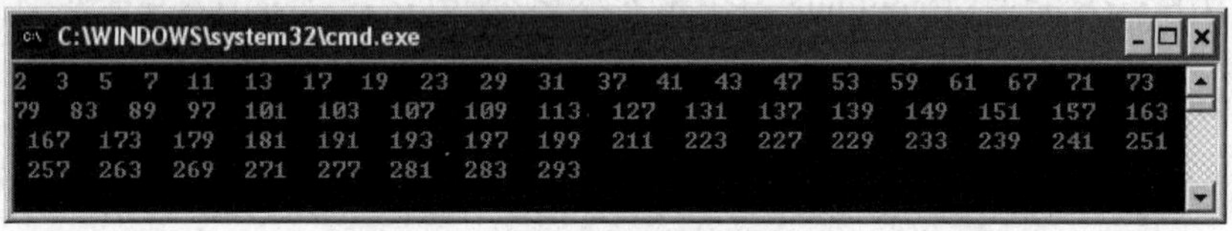

图 4-17　例 4-12 程序运行结果

```
using System;
using System.Collections.Generic;
using System.Linq;
using System.Text;

namespace P4_12
{
    class Test1
    {
     static private Boolean IsSuShu(int x)
        {
            Boolean Yes = true;
            for (int i = 2; i <= Math.Sqrt(x); i ++)
            {
                if((x% i) ==0)
                {
                    Yes = false;
                }
            }
            return Yes;

        }
        static void Main(string[] args)
        {
            for (int i =2; i < 300; i ++)
            {
                if (IsSuShu(i) == true)
                {
                    Console.Write(i.ToString());
                    Console.Write(" ");
                }
            }
            Console.ReadKey();
        }
    }
}
```

【例4-13】 设有一张厚为Xmm,面积足够大的纸,将它不断地对折。试问对折多少次后,其厚度可达珠穆朗玛峰的高度(8844.43m)。

设对折后纸的厚度为hmm,计数器为n。在没有对折时,纸厚为Xmm,每对折一次,其厚度是上一次的2倍,在未到达8844.43m时,重复对折。在程序中,纸的厚度就是对折后纸的厚度,所以用一个变量h。

程序代码如下:

```
using System;
using System.Collections.Generic;
using System.Linq;
using System.Text;

namespace P4_13
{
    class Program
    {
        static void Main(string[] args)
        {
            int n = 0;
            float h;
            Console.Write("请输入纸的厚度: \n");
            h = float.Parse(Console.ReadLine());
            while (h < 8844430)
            {
                n = n + 1;
                h = 2 * h;
            }
            Console.WriteLine( n.ToString());
        }
    }
}
```

程序运行结果如图4-18所示。

【例4-14】 编程实现九九乘法表。

分析:使用两重循环,利用循环变量作为被乘数和乘数,就可方便的解决问题。外层循环变量i的取值从1~9,内层循环变量k的取值也是1~9。

图4-18 例4-13程序运行结果

程序代码如下:

```
using System;
using System.Collections.Generic;
using System.Linq;
using System.Text;
```

```
namespace P4_14
{
    class Program
    {
        static void Main(string[] args)
        {
            string s = "";
            int sum;
            for (int i = 1; i < 10; i = i + 1)
            {
                s = "";
                for (int k = 1; k <= i; k = k + 1)
                {
                    sum = k * i;
                    s = s + k.ToString() + "×" + i.ToString() + "=" + sum.ToString() + ";";
                }
                Console.WriteLine(s);
            }
        }
    }
}
```

运行结果如图 4-19 所示。

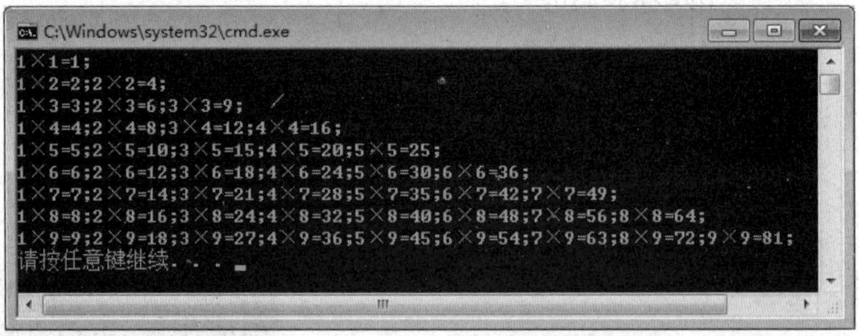

图 4-19 例 4-14 程序运行结果

小结

  流程控制是任何语言不可缺少的语言元素，C#程序的流程控制是通过顺序结构、选择结构和循环结构以及转移语句实现的。本章介绍了 C#的 if 语句、switch 语句、while 语句、do…while 语句以及 foreach 语句等流程控制语句。其中 for 语句是所有循环语句中使用最频繁的语句。对于 do…while 循环语句来说，无论是否满足条件表达式，它的循环体都至少执行一次；但对于 while 循环来说，只有满足条件表达式，才能执行循环体。foreach 语句是 C#特有的循环语句，主要用于遍历数组中元素。

习题 4

1. 选择题

(1) 已知 int x = 10, y = 20, z = 30;
则执行语句

　　if(x > y) z = x; x = y; y = z;

后, x、y、z 的值是_____。
　A. x = 10, y = 20, z = 30　　　　　B. x = 20, y = 30, z = 30
　C. x = 20, y = 30, z = 10　　　　　D. x = 20, y = 30, z = 20

(2) if 语句后面的表达式应该是_____。
　A. 逻辑表达式　　　　　　　　　B. 条件表达式
　C. 算术表达式　　　　　　　　　D. 任意表达式

(3) 已知 a, b, c 的值分别是 4、5、6, 执行程序段

　　if(c < b)　　　　n = a + b + c;
　　else　if(a + b < c)　　n = c - a - b;
　　else n = a + b;

后, 变量 n 的值为_____。
　A. 3　　　　　B. -3　　　　　C. 9　　　　　D. 15

(4) 执行程序段

　　int count = 0;
　　while (count <= 7); Console.WriteLine(count);

的输出结果是_____。
　A. 0　　　B. 8　　　C. 死循环, 无输出　　D. 有语法错误

(5) 若 i 为整型变量, 则以下循环

　　for(i = 3; i == 1;); Console.WriteLine(i --);

的执行次数是_____次。
　A. 无限　　　　　B. 0　　　　　C. 1　　　　　D. 2

(6) 现有如下程序

```
using system;
class Example1
{
    public Static void main()
    {
    int x = 1, a = 0, b = 0;
        switch(x)
        {
```

```
            case 0:b++,break;
            case 1:a++,break;
            case 2:a++,b++,break;
        }
        Console.Writeline("a={0},b={1}",a,b);
    }
}
```

当程序运行时,其输出结果是_____。

A. a=2,b=1　　B. a=1,b=1　　C. a=1,b=0　　D. a=2,b=2

(7) while 语句和 do…while 语的区别在于_____。

A. while 语句的执行效率较高

B. do…while 语句编写程序较复杂

C. 无论条件是否成立,while 语句都要执行一次循环体

D. do…while 循环是先执行循环体,后判断条件表达式是否成立,而 while 语句是先判断条件表达式,再决定是否执行循环体

(8) 以下关于 for 循环的说法不正确的是_____。

A. for 循环只能用于循环次数已经确定的情况

B. for 循环是先判定表达式,后执行循环体语句

C. for 循环中,可以用 break 语句跳出循环体

D. for 循环体语句中,可以包含多条语句,但要用花括号括起来

(9) 结构化的程序设计的 3 种基本结构是_____。

A. 顺序结构,if 结构,for 结构

B. if 结构,if…else 结构 else if 结构

C. while 结构,do…while 结构,foreach 结构

D. 顺序结构,分支结构,循环结构

2. 程序阅读题

(1) 写出以下程序运行时的输出结果。

```
using System;
class Program
{
    static void Main(string[] args)
    {
        int a,s,n,count;
        a=2; s=0; n=1; count=1;
        while (count<=7)
        {
            n=n*a; s=s+n; ++count;
        }
        Console.WriteLine("s={0}",s);
    }
```

}

(2) 写出以下程序运行时的输出结果。

```
using System;
class Test
{
    static void Main(string[] args)
    {
        int i,s=0;
        for (i=1; ; i++)
        {
            if (s>50) break;
            if (i%2==0) s+=i;
        }
        Console.writeLine ("i,s="+i+","+s);
    }
}
```

3. 编程题

(1) 写一条 for 语句,计数条件为 n 从 100~200,步长为 2;然后再用 while 语句实现同样的循环。

(2) 写出实现下述功能的语句:从键盘上输入 3 个数,找出最小数,并把它们从大到小排列输出。

(3) 编写一段程序,运行时向用户提问"你考了多少分(0~100)?",接收输入后判断其等级并显示出来,判断依据如下:

等级 = {优(90~100 分),良(80~89 分),中(60~79 分),差(0~59 分)}

(4) 设计一个控制台应用程序,输出 1~5 的平方值。

(5) 编写程序显示如下杨辉三角:

```
1
1   1
1   2   1
1   3   3   1
1   4   6   4   1
1   5   10  10  5   1
```

第 5 章 数　　组

数组是具有相同类型的数据按一定顺序组成的序列,数组中的每一个数据都可以通过数组名及索引号(下标)存取。数组包含多个数据对象,这些对象称为数组元素。数组元素的类型可以是任何一种值类型,也可以是类,还可以把数组本身作为另一个数组的数组元素。数组用于存储和表示既与取值有关,又与位置(顺序)有关的数据。

5.1 数组的概念

在 C#中,所有的数组都是从.NET 类库中的 System.Array 类派生而来的,因而可以直接使用这个类所定义的属性和方法。例如,使用该类的 Length 属性或 GetLenth 方法可以获得数组的长度;使用 Rank 属性可以获得数组的维数;使用 GetValue 方法或通过数组名和数组元素的下标访问指定的数组元素。

1. 数组与数组元素

在 C#中,把一组具有同一名字、不同下标的下标变量称为数组。一个数组可以含有若干个下标变量(或称数组元素),下标也叫索引(index),用来指出某个数组元素在数组中的位置。数组中第一个元素的下标默认为 0,第二个元素的下标为 1,以此类推。所以数组元素的最大下标比数组元素个数少 1,即如果某一数组有 n 个元素,则其最大下标为 n-1。数组的下标必须是非负值的整型数据。

数组是相同类型的对象的集合。由于数组几乎可以为任意长度,因此可以使用数组存储数千乃至数百万个对象,但必须在创建数组时就确定其大小。数组中的每项都按索引进行访问,索引是一个数字,指示对象在数组中的存储位置。数组既可用于存储引用类型,也可用于存储值类型。

如果只用一个下标就能确定一个数组元素在数组中的位置,则称该数组为一维数组。也可以说,由具有一个下标的下标变量所组成的数组称为一维数组,如数组 A[2]就是一维数组。而由具有两个或多个下标的下标变量所组成的数组称为二维数组或多维数组,多维数组元素的下标之间用逗号分隔,如 A[2,3]表示是一个二维数组。

2. 数组的类型

在 C#中,数组属于引用类型。数组元素在内存中是连续存放的,这是数组元素用下标表示其在数组中位置的根据。C#中的数组类型可以对应任何数据类型,即数组可以是基本数据类型,也可以是类类型。例如,可以声明一个文本框(TextBox)类型的数组。

C#通过.NET 框架中的 System.Array 类支持数组,因此使用该类的属性与方法操作数组。

5.2 数组声明与初始化

5.2.1 数组声明

一维数组是有一个下标的数组,其声明格式如下:
(1) 声明一维数组的语法格式 1 为:

元素类型[] 数组名;

例如:

int[] arr;

声明一维数组 arr,该数组存储数据的数据类型为整型(int)。

说明:数组的长度不是声明的一部分。数组的类型可以是基本数据类型,也可以是枚举或其他类型。声明中的方括号([])必须跟在元素类型后面,而不是数组名后面。

(2) 声明一维数组的语法格式 2 为:

元素类型[] 数组名=new 元素类型[元素个数];

例如:

int[] arr = new int[5];

创建包含 5 个元素的一维数组 arr,该数组存储整型数据。

说明:

① 数组元素个数可以是一个常量表达式,也可以是一个变量表达式。例如:

int Size = 5;
int[] A = new int[Size];

② C#允许声明元素个数为 0 的数组,例如:

int[] A = new int[0];

5.2.2 数组的初始化

数组必须在访问前初始化,初始化的格式有多种。

格式1：

元素类型[ ] 数组名 = {初始值列表};

格式2：

元素类型[ ] 数组名 = new 类型名称[ ]{初始值列表};

格式3：

元素类型[ ] 数组名 = new 类型名称[元素个数]{初始值列表};

（1）声明数组并将其初始化，例如：

```
int[] arr = { 1,2,3,4,5 };
```

其中大括号被称为数组初始化器，数组初始化器只能在声明数组变量时使用，不能在声明数组之后使用。

（2）可以通过 new 运算符创建数组并将数组元素初始化为它们的默认值。例如：

```
int[] arr = new int[5];               //arr 数组中的每个元素都初始化为 0
```

说明：数值数组元素的默认值为零，引用元素的默认值为 null。

（3）可以在声明数组时将其初始化，并且初始化的值为用户自定义的值。例如：

```
int[] arr = new int[5]{1,2,3,4,5};
```

（4）声明一个数组变量时可以不对其初始化，但在对数组初始化时必须使用 new 运算符。

例如：

```
string[] arrStr;
arrStr = new string[7]{"Sun", "Mon", "Tue", "Wed", "Thu", "Fri", "Sat"};
```

（5）初始化数组时可以省略 new 运算符和数组的长度。编译器将根据初始值的数量计算数组长度，并创建数组。例如：

```
string[] arrStr = {"Sun", "Mon", "Tue", "Wed", "Thu", "Fri", "Sat"};
```

（6）为数组指定初始化的值可以是变量表达式，例如：

```
int x=1,y=2;
int[] A = new int[5]{x,y,x+y,y+y,y*y+1};
```

【例5-1】 数组的初始化例。

程序代码如下：

```
using System;
namespace P5_1
{
    class TestArray
    {
```

```
static void Main(string[] args)
{
    string[] days = { "Sun", "Mon", "Tue", "Wed", "Thr", "Fri", "Sat" };
                                                //定义一个数组
    System.Console.WriteLine(days[0]);          //输出索引为 0 的值
}
```

上述代码中,第 8 行("string[] days"所在行)定义了一个数组,同时还使用数据初始化了这个数组。数组初始化的时候,它的索引是从零开始的。第 9 行("system.console"所在行)的代码为读取索引为零的数据,使用[0]定位数据的位置。

执行上述代码的输出结果:Sun。

【例 5-2】 指向同一个对象的多个数组元素例。

当数组元素的类型为值类型时,数据直接存放在数组中,整个数组的大小等于数组的长度乘以单个元素的大小。而当数组元素的类型为引用类型时,数组中存放的只是各个引用对象的地址。这时,在对数组进行初始化之后,还要记住对各种数组元素进行初始化。此外,不排除多个数组元素指向同一个对象的可能,此时修改一个数组元素可能会影响到其他的数组元素。

程序代码如下:

```
using System;
namespace P5_2
{
    class RefArray
    {
    public static void Main()
    {
        Contact[] ca = new Contact[3];
        ca[0] = new Contact();
        ca[1] = new Contact();
        ca[2] = new Contact();
        ca[0].m_name = "李明";
        ca[0].m_telephone = "010-60010800";
        ca[1].m_name = "张鹏";
        ca[1].m_telephone = "010-60020300";
        //两个数组元素指向同一对象
        ca[2] = ca[0];
        ca[2].m_telephone = "010-50050500";
        foreach (Contact c in ca)              //遍访数组 ca 中的每个成员
            Console.WriteLine(c.m_name + ":" + c.m_telephone);
    }
    }
    class Contact
```

```
        {
            public string m_name;
            public string m_telephone;
        }
    }
```

程序运行结果如图 5-1 所示。

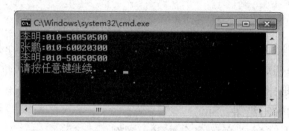

图 5-1　例 5-2 程序运行结果

5.2.3　数组元素的访问

下面介绍一维数组元素的引用和一维数组的访问。

1. 一维数组元素的引用

使用数组名与下标（索引）可以唯一确定数组中的某个元素，从而实现对该元素的访问。例如：

```
int x = 4, y = 5;
int[] Array = new int[3]{1,2,3};
x = Array[0];                    //使用数组第 1 个元素的值，以便为其他变量赋值
Array[1] = y;                    //为数组第 2 个元素赋值
```

在访问数组元素时，要注意不要使下标越界，例如：

```
int[] Array = new int[5];
Array[5] = 15;                   //下标越界
```

2. 一维数组的访问

当需要存储多个值时，可以使用一维数组，并通过 foreach 语句或数组的下标将值读出。foreach 语句通常用来访问数组中存储的每个元素，使用 foreach 语句时，首先输入 foreach 关键字，然后是括号。括号内必须包含以下信息：集合中元素的类型、集合中元素的标识符名称、关键字 in 和集合的标识符。嵌套语句在括号之后。

foreach 语句的语法格式如下：

foreach (元素类型 元素变量 in 元素变量集合)
{
　　循环语句
}

foreach 只能对集合进行读取操作，不能通过元素变量修改数组中元素的值。

【例 5-3】 foreach 语句的使用例，输出结果如图 5-2 所示。

程序代码如下：

```
using System;
namespace P5_3
{
    class Program
    {
        static void Main(string[] args)
        {
            int[] members = new int[] {0, 1, 2, 3, 5, 8, 13};   //定义了一个数组
            foreach (int member in members)                      //进行 foreach 循环
            {
                System.Console.WriteLine(member);                //输出结果
            }
        }
    }
}
```

5.2.4 应用实例

【例 5-4】 编写 C#程序，要求用户输入月份号码，然后显示该月的英文名称，如用户输入 2，程序显示 February。程序运行结果如图 5-3 所示。

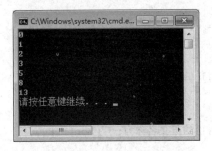

图 5-2 使用 foreach 的程序运行结果

图 5-3 例 5-4 程序运行结果

程序代码如下：

```
using System;
namespace P5_4
{
    class Program
    {
        static void Main(string[] args)
        {
            string[] Month = new string[]{"January", "February","March",
            "April", "May","June","July","August", "September", "October",
```

```csharp
            "November", "December"};
            int getUserWrite;
            Console.Write("请输入数字: ");
            getUserWrite = int.Parse(Console.ReadLine());        //用户输入参数
            switch (getUserWrite )
            {
                case 1:
                    Console.WriteLine("该月份的英文名称为: " + Month[0]);
                    break;
                case 2:
                    Console.WriteLine("该月份的英文名称为: " + Month[1]);
                    break;
                case 3:
                    Console.WriteLine("该月份的英文名称为: " + Month[2]);
                    break;
                case 4:
                    Console.WriteLine("该月份的英文名称为: " + Month[3]);
                    break;
                case 5:
                    Console.WriteLine("该月份的英文名称为: " + Month[4]);
                    break;
                case 6:
                    Console.WriteLine("该月份的英文名称为: " + Month[5]);
                    break;
                case 7:
                    Console.WriteLine("该月份的英文名称为: " + Month[6]);
                    break;
                case 8:
                    Console.WriteLine("该月份的英文名称为: " + Month[7]);
                    break;
                case 9:
                    Console.WriteLine("该月份的英文名称为: " + Month[8]);
                    break;
                case 10:
                    Console.WriteLine("该月份的英文名称为: " + Month[9]);
                    break;
                case 11:
                    Console.WriteLine("该月份的英文名称为: " + Month[10]);
                    break;
                case 12:
                    Console.WriteLine("该月份的英文名称为: " + Month[11]);
                    break;
                default :
                    Console.WriteLine("输入有误。请重新输入1到12的数!");
                    break;
```

```
        }
        Console.Read();
    }
}
```

5.3 数组的基本操作与排序

C#中的数组是由 System.Array 类派生而来的引用对象,因此可以使用 Array 类中的各种方法对数组进行各种操作。对数组的操作可分为静态操作和动态操作,静态操作主要包括查找、遍历和排序等;动态操作主要包括插入、删除、合并和拆分等。

5.3.1 数组对象的赋值

C#语言中数组是类 System.Array 类对象,如声明一个整型数数组:

int[] arr = new int[5];

实际上生成了一个数组类对象,arr 是这个对象的引用(地址)。

在 C#中,对数组的赋值有两种,一种是定义数组的同时进行赋值,即数组的初始化,前面已经讲过了;另一种是通过 for 循环语句对数组赋值,即在遍历数组时对数组中的每个元素进行赋值。

【例 5-5】 通过循环给一维数组赋值。
程序代码如下:

```
using System;
namespace P5_5
{
    class Program
    {
        static void Main(string[] args)
        {
            int[] arr = new int[3];      //用 new 运算符建立一个 3 个元素的一维数组
            for (int i = 0; i < arr.Length; i++)
                                         //arr.Length 是数组类变量,表示数组元素个数
                arr[i] = i * i;          //数组元素赋初值,arr[i]表示第 i 个元素的值
            for (int i = 0; i < arr.Length; i++)        //数组第一个元素的下标为 0
                Console.WriteLine("arr[{0}] = {1}", i, arr[i]);
        }
    }
}
```

这个程序创建了一个 int 类型 3 个元素的一维数组,初始化后逐项输出。其中,arr.Length 表示数组元素的个数。注意,数组定义不能写为 C 语言格式: int arr[ ]。程序的

输出结果如图 5-4 所示。

图 5-4　例 5-5 程序的运行结果

【例 5-6】　通过键盘输入给数组赋值。

程序代码如下：

```
using System;
namespace P5_6
{
    class Program
    {
        static void Main(string[] args)
        {
            string[] strList = null;
            Console.WriteLine("请输入数组长度：");
            int num = Convert.ToInt32(Console.ReadLine());
            Console.WriteLine("你的数组元素数为" + num.ToString());
            strList = new string[num];
            for (int i = 0; i < num; i++)
            {
                Console.WriteLine("输入数组第{0}个值：", i);
                strList[i] = Console.ReadLine();
            }
            Console.WriteLine("完成输入");
            Console.ReadLine();
        }
    }
}
```

例 5-6 的程序运行结果如图 5-5 所示。

5.3.2　数组对象的输出

在 C#中，数组对象的输出通常采用循环控制语句实现，其中 foreach 用来逐个遍历输出数组元素，如例 5-3，本节着重介绍使用循环控制语句实现数组的输出。

图 5-5　数组的输入

【例 5-7】　不同类型数组的输出。

程序代码如下：

```
using System;
```

```
namespace P5_7
{
    class Program
    {
        static void Main(string[] args)
        {
            int i;
            int[] a = new int[4];
            bool[] b = new bool[3];
            object[] c = new object[5];
            Console.WriteLine("int");
            for (i = 0; i < a.Length; i++)
            {
                Console.WriteLine("\t a[{0}] = {1}", i, a[i]);
            }
            Console.WriteLine("\n bool");
            for (i = 0; i < b.Length; i++)
            {
                Console.WriteLine("\t b[" + i + "] = {0}", b[i]);
            }
            Console.WriteLine("\n object");
            for (i = 0; i < c.Length; i++)
            {
                Console.WriteLine("\t c[" + i + "] = " + c[i]);
            }
            Console.WriteLine("");
        }
    }
}
```

程序运行结果如图 5-6 所示。

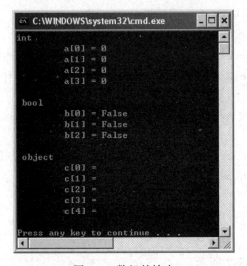

图 5-6　数组的输出

5.3.3 求数组中的最大(小)元素值

数组含有许多元素,这些元素如果是可以比较大小的,那就常常需要计算,如求出这些元素中的最大值或最小值。下面通过一个简单的例子学习求数组中的极值。

【例 5-8】 编写一个控制台应用程序,求数组中的最大值和最小值。

程序代码如下:

```
using System;
namespace P5_8
{
    class MatrixSubtraction
    {
        public void subtract()
        {
            int[] numbers = new int[5] { 1, 3, 5, 7, 9 };
            int max = numbers[0];
            int min = numbers[0];
            Console.Write("The Contents of Array1is:");
            foreach (int k in numbers)
            {
                Console.Write("{0}\t", k);
            }
            for (int i = 1; i < 5; i++)
            {
                if (numbers[i] > max)
                    max = numbers[i];
                if (numbers[i] < min)
                    min = numbers[i];
            }
            Console.WriteLine("\nThe largest number is {0}", max);
            Console.WriteLine("The smallest number is {0}", min);
        }
        static void Main(string[] args)
        {
            MatrixSubtraction obj = new MatrixSubtraction();
            obj.subtract();
        }
    }
}
```

程序运行结果如图 5-7 所示。

图 5-7　求数组中的最大值和最小值

5.3.4　数组排序

对数组进行排序是按照一定的排序规则,如递增或递减规则,重新排列数组中的所有元素。

1. 使用 Array 类排序

C#中可以使用 Array 类的 Sort 方法完成数组排序。

Sort 方法可以将数组中的元素按升序排列。数组的 Sort 方法使用格式为:

`Array.Sort(数组名称);`

Array 类中还有一个 Reverse(反转)方法,将该方法与 Sort 方法结合,可以实现降序排序。数组反转方法的使用格式为:

`Array.Reverse(数组名称,起始位置,反转范围);`

【例 5-9】　定义一个含有元素{2,5,4,1,3}的数组,然后使用 Sort 方法对其排序。

程序代码如下:

```
using System;
namespace P5_9
{
    class Program
    {
        static void Main(string[] args)
        {
            int[] a = { 2, 5, 4, 1, 3 };
            Console.Write("当前排序: ");
            foreach (int i in a)
                Console.Write(i.ToString());
            Console.Write("\n");                    //另起一行
            Array.Sort(a);                          //完成排序
            Console.Write("排序后顺序: ");
            foreach (int i in a)
                Console.Write(i.ToString());
            Console.Write("\n");
        }
    }
}
```

程序输出结果如图 5-8 所示。

图 5-8　使用 Sort 方法对数组排序程序运行结果

2. 冒泡排序

以下讨论中,设包含 n 个元素的待排序数组为 R(n−1),按由小到大的顺序,用冒泡法排序。

冒泡排序的算法思想:

(1) 从第 1 个元素开始,对数组中两两相邻的元素进行比较,即 R[0] 与 R[1] 比较,若 R[0]>R[1],则 R[0] 与 R[1] 交换;然后 R[1] 与 R[2] 比较,若 R[1]>R[2],则 R[1] 与 R[2] 交换;…,直到最后 R[n−2] 与 R[n−1] 比较,若 R[n−2]>R[n−1],则 R[n−2] 与 R[n−1] 交换。如此扫描完成第一趟排序,一个最大的元素被移到 R[n−1] 位置上,成为数组中的最后一个元素,不再参与下一趟排序。

(2) 用与上面同样的方法,对 R[0] 到 R[n−2] 的 n 个元素进行第二趟排序,"次大"元素被移到 R[n−2] 位置上,这时得到有序区 R[n−2..n−1]。

(3) 以此类推,进行 n−1 趟排序后,可得到有序区 R[0..n−1],实现所有元素由小到大的排列。

设原始数组:

21　54　12　34　44　12　15　28　3　10　68　76

冒泡排序的过程如下:

第 1 趟排序: 21　12　34　44　12　15　28　3　10　54　68　76
第 2 趟排序: 12　21　34　12　15　28　3　10　44　54　68　76
第 3 趟排序: 12　21　12　15　28　3　10　34　44　54　68　76
第 4 趟排序: 12　12　15　21　3　10　28　34　44　54　68　76
第 5 趟排序: 12　12　15　3　10　21　28　34　44　54　68　76
第 6 趟排序: 12　12　3　10　15　21　28　34　44　54　68　76
第 7 趟排序: 12　3　10　12　15　21　28　34　44　54　68　76
第 8 趟排序: 3　10　12　12　15　21　28　34　44　54　68　76
第 9 趟排序: 3　10　12　12　15　21　28　34　44　54　68　76
第 10 趟排序: 3　10　12　12　15　21　28　34　44　54　68　76
第 11 趟排序: 3　10　12　12　15　21　28　34　44　54　68　76

【例 5-10】 设计一个控制台应用程序,采用冒泡法对于已知的数组进行升序排序。

程序代码如下:

```csharp
using System;
namespace P5_10
{
    class Program
    {
        static void Main(string[] args)
        {
            int[] R = new int[]{21,54,12,34,44,12,15,28,3,10,68,76};
                                                        //定义 int 类型的数组
            BubbleSort(R);                              //进行排序
            for(int i = 0;i < R.Length;i ++)            //循环输出排序后的数组
            {
                Console.WriteLine(R[i]);                //输出结果
            }
        }
        public static void BubbleSort(int[] R)          //冒泡排序算法
        {
            for (int i = 0; i < R.Length; i ++)         //控制第几趟交换
            {
                for (int j = 0; j < R.Length - 1 - i; j ++)  //控制第几趟的第几次交换
                {
                    if (R[j] > R[j +1])   //比较数组前后项的大小,如果前项大,则交换
                    {
                        int temp = R[j +1];             //创建一个临时变量保存数据
                        R[j +1] = R[j];                 //把后面的数据放在前面
                        R[j] = temp;                    //把前面的数据放在后面
                    }
                }
            }
        }
    }
}
```

上述代码中,由于在排序过程中总是小数往前放,大数往后放,相当于气泡往上升,所以称作冒泡排序。例 5-10 的排序结果如图 5-9 所示。

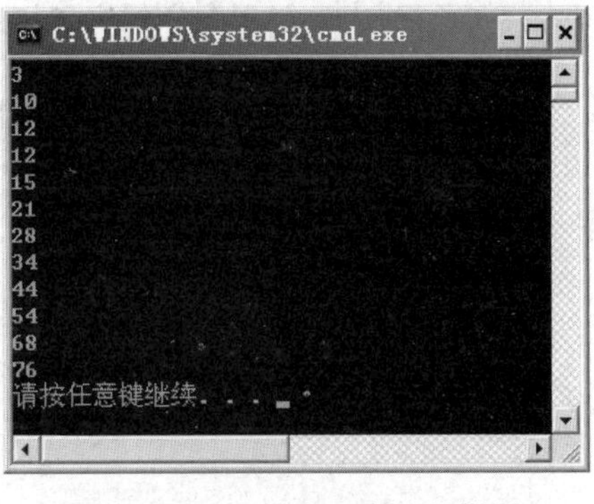

图 5-9 冒泡排序程序运行结果

3. 选择排序

选择排序是最为简单且易于理解的算法。以下讨论中,设有 n 个元素的待排序数组 R(n-1),按选择由小到大的顺序,使用选择法排序。

选择排序算法思想:

(1) 将第一个元素 R[0] 与第 2 个元素(即 R[1])到第 n 个元素(R[n-1])中最小者 R[p] 交换(假如 R[p] 小于 R[0] 的话),这时 n 个数中最小的数已调到最前面的 R[0]

位置,这是第一轮的处理结果。

(2) 第二轮要处理的是剩下的 n-1 个元素的排序。同理,将 R[1] 与 R[2] 到 R[n-1] 中最小者交换(假如该数小于 R[1] 的话)。这是 R[1] 中存放的已是第二小的数……

(3) 以此类推,进行 n-1 轮处理后,可得到有序区 R[0..n-1],实现所有元素由小到大的排列。

【例 5-11】 设计一个控制台应用程序,采用选择法对已知数组进行升序排序,排序结果如图 5-10 所示。

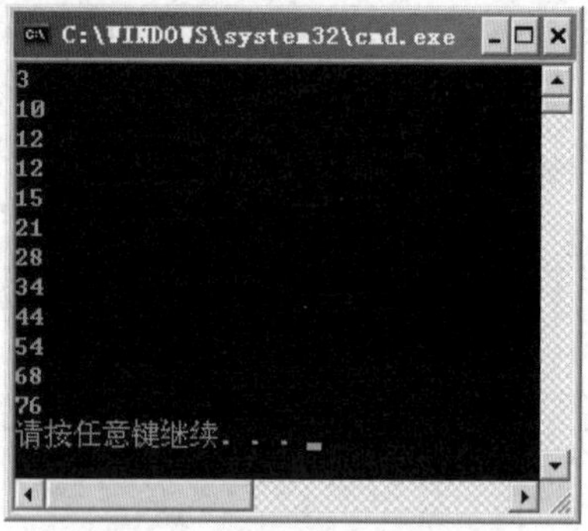

程序代码如下:

```
using System;
namespace P5_11
{
    class Program
    {
        public static void Main(string[] args)
        {
            int[] list = new int[] {21,54,12,34,76,44,12,15,28,3,10,68};
                                            //定义 int 类型的数组
            SelectionSort(list);            //进行排序
            for (int i = 0; i < list.Length; i++)  //循环输出排序后的数组
            {
                Console.WriteLine(list[i]); //输出结果
            }
        }
        public static void SelectionSort(int[] R)   //选择排序算法
        {
            for (int i = 0; i < R.Length - 1; i++)  //进行 n-1 轮比较
            {
                int iMin = i;               //对第 i 轮比较时,初始假定第 i 个元素最小
                for(int j = i+1; j < R.Length; j++)
                                            //在 i+1 个~n 个元素中选择最小元素的下标
                    if (R[j] < R[iMin])
                    {
                        iMin = j;
                    }
                int t = R[i];   //在 i+1-n 个元素中选出的最小元素与第 i 个元素交换
                R[i] = R[iMin];
                R[iMin] = t;
            }
        }
    }
}
```

图 5-10 选择排序程序运行结果

5.4 多维数组

生活中,很多事情没有办法使用一维数组来实现。例如,一个方队的队伍,包含有很多排,每一排又有很多人。一维数组只能表示一个纵队,无法容纳一个方队的队伍。为了解决这个问题,可以使用 C#言语中的多维数组。多维数组的一种变体是交错数组,即由数组组成的数组。

5.4.1 二维数组

二维数组即数组的维数为 2,相当于一个表格。

1. 声名

声明二维数组的格式如下:

元素类型[,] 数组名;

例如,下列代码:

int[,] arr1 = new int[2,3];

声明了一个名为 arr1 的 2 行 3 列的整型二维数组。

2. 初始化

可以在创建数组的过程中可以实现初始化,例如:

int[,] arr2 = new int[3,2]{{1,2},{3,4},{5,6}};

也可以写为:

int[,] arr2 = new int[,]{{1,2},{3,4},{5,6}};

【例 5-12】 设计一个控制台应用程序,读取二维数组中的值。
程序代码如下:

```
using System;
namespace P5_12
{
    class Program
    {
        public static void Main(string[] args)
        {
            int[,] array2D = {{1, 2, 3}, {4, 5, 6}};     //定义一个二维数组
            for (int i = 0; i < 2; i ++)                  //遍历每一行
            {
                for (int j = 0; j < 3; j ++)              //遍历每一列
```

```
                {
                    System.Console.Write(array2D[i, j]);    //读取二维数组中的元素
                }
                System.Console.WriteLine();
            }
        }
    }
}
```

上述代码中,第 8 行("int[,]array2D"所在行)定义了一个二维数组 array2D,并进行了初始化。然后使用 for 循环来遍历数组里面的元素。这里需要使用两个循环,第一个循环用来遍历行数,第二个循环用来遍历一行中的列数。最后根据索引输出数组元素的值。程序运行的结果如图 5-11 所示。

图 5-11　例 5-12 程序运行结果

5.4.2　多维数组

三维及三维以上的数组称为多维数组。多维数组的数组元素本身也是数组,它又可分为规则多维数组和不规则多维数组。下面对规则多维数组做一些介绍。

1. 声明

对于规则多维数组,数组元素连续存放,各个数组元素自身的长度相等。定义这种数组时通过括号中的逗号来划分数组的维数,例如:

```
int[,,] arr3;
```

声明了一个名为 arr3 的三维数组。

2. 初始化

以三维数组为例,代码如下:

```
int[,,] arr3 = new int[2,1,3] {{{1,2,3}}, {{4,5,6}}};
```

代码也可以为:

```
int[,,] arr3 = new int[,,] {{{1,2,3}}, {{4,5,6}}};
```

注意:此处大括号中的子数之间也要用逗号分割开来。对于规则多维数组取数组元素也是通过同一个括号中的多个索引进行的。例如:

```
arr3[0,0,0]=10;
Console.WriteLine(arr3[1,0,2]);
```

3. 多维数组的使用

多维数组中最常用的是三维数组,例如定义一个三维数组,并使用 foreach 语句将该数组输出的程序代码如下:

```
static void Main(string[] args)
{
    int[,,] arr3;                                    //声明一个三维数组
    arr3 = new int[,,] {{{1, 2, 3}}, {{4, 5, 6}}};   //初始化该三维数组
    foreach (int i in arr3)                          //使用 foreach 语句遍历数组并输出
    {
        Console.WriteLine(i);
    }
}
```

对规则多维数组,调用其 Length 属性所得的值为整个数组的长度;而调用其 GetLength 方法,参数为 0 时得到数组第 1 维的长度;为 1 时得到第 2 维的长度;以此类推。

5.4.3 应用实例

【例 5-13】 设计一个控制台应用程序,分别从键盘输入两个二维数组,进行相加后输出。

程序代码如下:

```
using System;
using System.Collections.Generic;
using System.Linq;
using System.Text;
namespace P5_13
{
    class IIArray
    {
        int[,] aArray = new int[3, 3];
        int[,] bArray = new int[3, 3];
        int[,] cArray = new int[3, 3];
        public void AcceptValue()                    //接受
        {
            Console.WriteLine("请输入第一个数组的值:");
            for (int i = 0; i < aArray.GetLength(0); i++)
            {
                for (int j = 0; j < aArray.GetLength(1); j++)
```

```csharp
            {
                aArray[i, j] = int.Parse(Console.ReadLine());
            }
        }
        Console.WriteLine();
        Console.WriteLine("请输入二个数组的值:");
        for (int i = 0; i < bArray.GetLength(0); i ++)
        {
            for (int j = 0; j < bArray.GetLength(1); j ++)
            {
                bArray[i, j] = int.Parse(Console.ReadLine());
            }
        }
    }
    public void AddValue()                              //计算
    {
        for (int i = 0; i < aArray.GetLength(0); i ++)
        {
            for (int j = 0; j < aArray.GetLength(1); j ++)
            {
                cArray[i, j] = aArray[i, j];
            }
        }
        for (int i = 0; i < bArray.GetLength(0); i ++)
        {
            for (int j = 0; j < bArray.GetLength(1); j ++)
            {
                cArray[i, j] += bArray[i, j];
            }
        }
    }
    public void DisplayValue()                          //输出
    {
        Console.WriteLine("第一个数组如下:");
        for (int i = 0; i < aArray.GetLength(0); i ++)
        {
            for (int j = 0; j < aArray.GetLength(1); j ++)
            {
                Console.Write("{0} ", aArray[i, j]);
            }
            Console.WriteLine();
        }
        Console.WriteLine();
        Console.WriteLine("第二个数组如下:");
```

```csharp
            for (int i = 0; i < bArray.GetLength(0); i ++)
            {
                for (int j = 0; j < bArray.GetLength(1); j ++)
                {
                    Console.Write("{0} ", bArray[i, j]);
                }
                Console.WriteLine();
            }
            Console.WriteLine();
            Console.WriteLine("相加后的数组如下:");
            for (int i = 0; i < cArray.GetLength(0); i ++)
            {
                for (int j = 0; j < cArray.GetLength(1); j ++)
                {
                    Console.Write("{0} ", cArray[i, j]);
                }
                Console.WriteLine();
            }
        }
    }
    class Program
    {
        static void Main(string[] args)
        {
            IIArray sa = new IIArray();
            sa.AcceptValue();
            sa.AddValue();
            sa.DisplayValue();
            Console.ReadLine();
        }
    }
}
```

程序运行时,若输入第一个数组的数据为:

12　3　43
45　23　34
23　43　23

输入第二个数组的数据为:

56　87　56
87　34　7
834　99　89

则程序运行结果如图5-12所示。

图 5-12　数组相加程序运行结果　　　　图 5-13　杨辉三角程序输出结果

【例 5-14】 生成并输出杨辉三角（又称 Pascal 三角），程序运行结果如图 5-13 所示。程序代码如下：

```csharp
using System;
using System.Collections.Generic;
using System.Linq;
using System.Text;

namespace P5_14
{
    class Program
    {
        static void Main(string[] args)
        {
            int[,] sArray = new int[10, 10];
            sArray[0, 0] = 1;
            for (int i = 1; i < sArray.GetLength(0); i++)
            {
                sArray[i, 0] = 1;
                sArray[i, i] = 1;
                for (int j = 1; j <= i; j++)
                {
                    sArray[i, j] = sArray[i - 1, j - 1] + sArray[i - 1, j];
                }
            }
            for (int i = 0; i < sArray.GetLength(0); i++)
            {
                for (int j = 0; j <= i; j++)
                {
                    Console.Write("{0} ", sArray[i, j]);
                }
                Console.WriteLine();
            }
```

```
            Console.ReadLine();
        }
    }
}
```

小结

数组是 C#中用得较多的一种引用类型,由于数组可以存放许多数据元素,常用来作为存放有相同类型的多个变量。数组可根据所具有的维数分为一维数组、二维数组和多维数组。数组必须先声明后使用。数组中元素的类型可以是任何类型,包括数组类型。

习题 5

1. 选择题

(1) 在 C#中声明一个数组,正确的代码为_____。
  A. int arraya = new int[5];   B. int[] arraya = new int[5];
  C. int arraya = new int[];   D. int[5] arraya = new int;

(2) 下列的数组定义语句,不正确的是_____。
  A. int a[] = new int[5]{1,2,3,4,5} B. int[,]a = new int[3][4]
  C. int[][]a = new int[3][];   D. int []a = {1,2,3,4};

(3) 正确定义一维数组 a 的方法是_____。
  A. int a[10];   B. int a(10);
  C. int[] a;   D. int [10]a;

(4) 正确定义二维数组 a 的方法是_____。
  A. int a[3][4];   B. int a(3,4);
  C. int[,] a;   D. int[3,4] a;

(5) 假定 int 类型变量占用 4 个字节,若有定义:int[] x = new int[10]{0,2,4,4,5,6,7,8,9,10};则数组 x 在内存中所占字节数是_____。
  A. 6   B. 20   C. 40   D. 80

(6) 有定义语句:int [,]a = new int[5,6];则下列正确的数组元素的引用是_____。
  A. a(3,4)   B. a(3)(4)   C. a[3][4]   D. a[3,4]

2. 程序阅读题

(1) 写出以下程序运行时的输出结果。

```
using System;
class Test
```

```
{   static void Main(string[] args)
    {
        int[] a = { 2, 4, 6, 8, 10, 12, 14, 16, 18 };
        for (int i = 0; i < 9; i++)
        {
            Console.Write(" " + a[i]);
            if ((i + 1) % 3 == 0) Console.WriteLine();
        }
    }
}
```

(2) 写出以下程序运行时的输出结果。

```
Class Example1
{
    static void Main(string[] args)
    {
        int i;
        int []a = new int[10];
        for(i = 9;i >= 0;i--)
            a[i] = 10 - i;
        Console.WriteLine("{0},{1}{2}",a[2],a[5],a[8]); }
    }
}
```

3. 编程题

（1）编写一个 Windows 应用程序，要求从键盘输入 10 个数存放在数组中，分别求出最大数与最小数分别存放在第一、第二个元素中。

（2）编写一个 Windows 应用程序，要求定义一个行数和列数相等的二维数组，并执行初始化，然后计算并输出数组两条对角线上的元素之和。

（3）编写一个控制台应用程序，一个班级有 40 个学生，从键盘输入 40 个学生的成绩存放在数组中，实现由大到小排序后并输出。

（4）编写一个控制台应用程序，使用一个数组存储 30 个学生的考试成绩，计算并输出最高成绩及平均成绩。

第 6 章 用户界面设计

用户界面是应用程序的一个重要部分,负责用户和应用程序间的交互。Visual C#用户界面设计使用 VS .NET 集成开发环境提供的各类 Windows 控件。Windows 基本控件包含了多种内置控件类型,可以使用这些控件来缩短开发时间,并保证程序外观一致。

6.1 常用控件

System. Windows. Forms 命名空间中提供了大量的 Windows 控件的托管封装。表 6-1 所示为 System. Windows. Forms 命名空间中的常用控件类。

表 6-1 System. Windows. Forms 命名空间中的控件

控件	用途	控件	用途
Button	按钮	PictureBox	图像控件
CheckBox	复选框	PrintPreviewControl	打印预览控件
CheckedListBox	复选框列表	ProgressBar	进度条
ComboBox	组合框	PropertyGrid	列出其他对象的属性的控件
DataGrid	显示一个列表	RadioButton	单选按钮
DataTimePicker	选择时间和日期	RichTextBox	富文本框控件
GroupBox	分组框	StatusBar	状态栏
HScrollBar	水平滚动条	TabControl	包含 Tab 选项卡的控件
Label	标签,用于显示静态文本	TextBox	文本框
LinkLabel	超链接标签	ToolBar	工具栏
ListBox	列表框	ToolTip	工具提示
ListView	列表	TrackBar	跟踪条
MonthCalendar	月历控件	TreeView	树视图
NumericUpDown	微调按钮,用于调节数字	VScrollBar	垂直滚动条

6.1.1 单选按钮

单选按钮控件是一个能开能关的控件,通常由两个以上的单选按钮组成选项组,但这些单选按钮在同一时刻只能选一个。

单选按钮控件用来让用户在一组相关的选项中选择一项,因此单选按钮控件总是成组出现。通常将若干个 RadioButton 控件放在一个 GroupBox 控件内组成一组,当这一组中的某个单选按钮控件被选中时,该组中的其他单选按钮控件将自动处于不选中状态。

在工具箱中 RadioButton 控件的图示为 ◉ RadioButton。若单选按钮被选中,则圆圈中间出现一个小圆点。

1. RadioButton 控件的常用属性

- Name 属性:控件的名称。
- Checked 属性:表明此选项是否被选中,该值为 true 时表示被选中,为 false 时表示不选中。
- Enabled 属性:指示控件是否可以对用户交互作出响应。
- Text 属性:表示单选按钮的标题。

2. RadioButton 控件的常用事件

单选按钮的常用事件有 Click 和 CheckedChanged。Click 事件在单击控件时发生,CheckedChanged 事件在 Checked 属性值发生改变时发生。

6.1.2 复选框

CheckBox 控件又称为复选框,与单选按钮一样,也提供一组选项供用户选择。但它与单选按钮有所不同,每个复选框都是一个单独的选项,用户既可以选择它,也可以不选择它,不存在互斥的问题,可以同时选择多项。

在工具箱中 CheckBox 控件的图示为 ☑ CheckBox。若单击复选框,则复选框中间出现一个对号,表示该项被选中。再次单击被选中的复选框,则取消对该复选框的选择。

1. CheckBox 控件的常用属性

- Name 属性:控件的名称。
- Checked 属性:为主要属性,表明此选项是否被选中,它返回一个逻辑值。
- Text 属性:表示复选框的标题。
- CheckState 属性:反映该组件的状态,有 3 个可选值,Checked、Unchecked、Indeterminate,分别代表有选中标志、无选中标志、不确定状态标志。
- Enabled 属性:指示控件是否可以对用户交互作出响应。

2. CheckBox 控件的常用事件

- Click 事件:当用户单击复选框时,将触发 Click 事件。
- CheckedChanged 事件:当单击复选框时,会改变 Checked 属性值,同时触发 Click 事件。

6.1.3 框架

框架类控件主要包括面板控件(Panel)、分组控件(GroupBox)和多页面控件

（TabControl）。

1. 面板控件 Panel

可以利用面板控件把其他的控件组织在一起形成控件组。要组成控件组,首先绘制面板,然后把控件放在面板中。这样当面板移动时,控件也相应移动;面板隐藏时,控件也一起隐藏。

在工具箱中 Panel 控件的图示为 Panel 。

（1）面板控件常用属性如下。

- Enabled：指示控件是否可以对用户交互作出响应。有 True 和 False 两种设置。True 允许用户存取框架中的控件,如果不想让用户存取控件,应设置为 False。True 是默认值。
- Visible：设置对象是否可见。有 True 和 False 两个属性。设置为 True 时框架可见,为 False 时框架不可见。

（2）面板控件中最常用的事件是 Click 和 DoubeClick,Click 事件在单击控件时发生,DoubleClick 事件在双击控件时发生。

2. 分组框 GroupBox

GroupBox 控件又称为分组框,用于为其他控件提供可识别的分组。在分组框中对所有选项分组能为用户提供逻辑化的可视提示,并且在设计时所有控件可以方便地移动,当移动单个 GroupBox 控件时,它包含的所有控件也将一起移动。可以向分组框添加其他控件,在分组框内绘制各个控件。

在工具箱中 GroupBox 控件的图示为 GroupBox 。

可以利用分组控件把其他的控件组织在一起形成控件组。要组成控件组,首先要绘制框架,然后把控件放在框架中。这样,当框架移动时,控件可以相应地移动;框架隐藏时,控件也一起隐藏。

分组框的基本属性有：

- Text 属性：给框架加一个标题,使用户了解框架的用途。
- Enabled 属性：有 True 和 False 两种设置。True 允许用户存取框架中的控件,如果不想让用户存取组件中的控件,则为 False。
- Visible 属性：设置控件是否可见,有 True 和 False 两个属性值。

3. 多页面控件 TabControl

TabControl 控件很像一个卡片盒或一组文件标签,将一些相关内容组织在一个选项卡中,在同一个窗口区域通过选择标签转换显示不同的选项卡。因此,使用 TabControl 控件,可在同一个窗口区域显示多个选项卡。

在工具箱中 TabControl 控件的图示为 TabControl 。

（1）TabControl 控件常用属性如下。

- MultiLine 属性：指示是否可以显示一行以上的选项卡。有 True 和 False 两个值,为 True 时,多行显示;为 False 时,单行显示。

- **Appearance 属性**：控件选项卡的可视外观，它有 3 个值：Normal、Buttons、FlatButtons，默认为 Normal。
- **ImageList 属性**：和控件对应的图像列表框。
- **ItemSize 属性**：控件的选项卡的大小。它包括 Width 和 Height 两个参数，分别表示选项卡的宽度和高度。
- **TabPages 属性**：控件中选项卡的集合，可以设置选项卡及其属性。
- **ImageIndex 属性**：TabControl 中选项卡的属性，用于获取或设置该选项卡上的图像索引。
- **ToolTipText 属性**：选项卡的属性，获取或设置该选项卡的工具提示文本。
- **BorderStyle 属性**：TabControl 中选项卡的属性，用于设置选项卡的边框特性，它有三个值：None、FixedSingle、Fixed3D，默认为 None。

（2）TabControl 控件常用事件如下。

TabControl 控件的常用事件是 DoubleClick，其选项卡常用事件有 Click 事件和 DoubleClick 事件。通常情况下，该控件只是用来做界面的切换，很少对它们的事件进行处理，所以用户可以不对这些事件进行响应。

6.1.4 应用实例

【**例 6-1**】 编写计算机选课程序。程序界面如图 6-1 所示。课程有三个等级，第一门课是基础课，第二门课是语言课，都为限选，第三门应用课是任选课。学生每选一门课，学生的选课情况立即显示在下面的多行文本框中。

(a) "第一门课" 选项卡

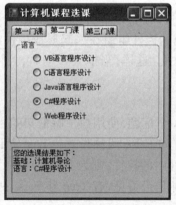
(b) "第二门课" 选项卡

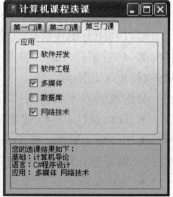
(c) "第三门课" 选项卡

图 6-1 例 6-1 运行界面

（1）在设计阶段，将文本框 Multiline 属性设置为 True；ReadOnly 属性设置为 True，用于显示，防止用户输入。

（2）三门课的选择使用了 TabControl 控件，包含三个选项卡，每个选项卡为一门课；每一个选项卡使用了 GroupBox 文本框把当前一组课程包含在一起；第一门课和第二门课使用 RadioButton 限选一门；第三门课使用 CheckBox 可选多门。

（3）编写事件处理函数：第一门课的两类课，当事件 CheckedChanged 发生时和 first_

CheckedChanged 方法相关联；第二门课的 5 类课，当事件 CheckedChanged 发生时和 second_CheckedChanged 方法相关联；第三门课的 5 类课，当事件 CheckedChanged 发生时和 third_CheckedChanged 方法相关联。

程序代码如下：

```csharp
public partial class Form1 : Form
    {
        public Form1()
        {
            InitializeComponent();
        }

        string first = "";
        string second = "";
        string third = "";

        private void checkFirst()
        {
            if (rbBase.Checked)
                first = rbBase.Text;
            else if (rbDao.Checked)
                first = rbDao.Text;
        }

        private void checkSecond()
        {
            if (rbVB.Checked)
                second = rbVB.Text;
            else if (rbC.Checked)
                second = rbC.Text;
            else if (rbJava.Checked)
                second = rbJava.Text;
            else if (rbCsharp.Checked)
                second = rbCsharp.Text;
            else if (rbWeb.Checked)
                second = rbWeb.Text;
        }

        private void checkThird()
        {
            third = "";
            if (cbDB.Checked)
                third += " " + cbDB.Text + " ";
            if (cbMul.Checked)
                third += " " + cbMul.Text + " ";
            if (cbNet.Checked)
                third += " " + cbNet.Text + " ";
```

```
        if (cbSD.Checked)
            third += " " + cbSD.Text + " ";
        if (cbSE.Checked)
            third += " " + cbSE.Text + " ";
    }

    private void showMsg()
    {
        tbShow.Text = "您的选课结果如下：\r\n";
        if (!first.Equals(""))
            tbShow.Text += "基础：" + first + "\r\n";
        if (!second.Equals(""))
            tbShow.Text += "语言：" + second + "\r\n";
        if (!third.Equals(""))
            tbShow.Text += "应用：" + third;
    }

    private void first_CheckedChanged(object sender, EventArgs e)
    {
        checkFirst();
        showMsg();
    }

    private void second_CheckedChanged(object sender, EventArgs e)
    {
        checkSecond();
        showMsg();
    }

    private void third_CheckedChanged(object sender, EventArgs e)
    {
        checkThird();
        showMsg();
    }

}
```

6.2 列表框和组合框

6.2.1 列表框

ListBox 控件称为列表框，显示一个项目列表供用户选择。用户可以从列表框中的一系列选项中选择一个或多个选项。如果选项的数量超过可显示的区域,列表框会自动地增加滚动条。图 6-2 所示是一个有 8 个选项的列表框。

在工具箱中 ListBox 控件的图示为 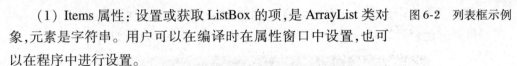。

列表框也可是单列或是多列的。

图 6-2　列表框示例

1．ListBox 控件常用属性

（1）Items 属性：设置或获取 ListBox 的项，是 ArrayList 类对象，元素是字符串。用户可以在编译时在属性窗口中设置，也可以在程序中进行设置。

（2）SelectionMode 属性：获取或设置在 ListBox 中选择项所用的方法。该属性设置用户是否能够在列表项中做多个选择。该属性有以下值。

- None：不允许选择。
- One：只能单选而不允许有多项选择。
- MultiSimple：允许有简单的多项选择。
- MultiExtended：允许有扩展式多项选项，即用户使用"Shift 键 + 单击"或"Shift + 方向键"，可以将先前的选项扩展到当前选项，使用"Ctrl + 单击"可以进行各项选择。

（3）SelectedItem 属性：返回所选择的条目的内容，即列表中选中的字符串。如允许多选，该属性返回选择的索引号最小的条目。如一个也没选，该值为空。

（4）SelectedItems 属性：获取包含 ListBox 中当前选定项的集合。

（5）SelectedIndex 属性：获取或设置 ListBox 中当前选定项的从零开始的索引。在编程的时候，用户可以捕获该属性值，然后根据该值来进行相应的动作。

（6）MultiColumn 属性：获取或设置一个值，该值指示 ListBox 是否支持多列。如果设置为 True，则列表框支持多列显示，默认为 False。

（7）Sorted 属性：表示条目是否以字母顺序排序，默认值为 False，不允许。

2．ListBox 控件常用事件

列表框的常用事件是 DoubleClick，可以捕获该事件来进行相应的操作。

3．ListBox 控件常用方法

（1）Items．Add 方法：向列表框中添加项。

（2）Items．Remove 方法：从列表框中删除项。

（3）Items．Insert 方法：向列表框中插入项。

（4）Items．Clear 方法：清除列表框中所有的选项。

（5）SetSelected 方法：选择列表项。

（6）GetSelected 方法：参数是索引号，如该索引号被选中，返回值为 True。

6.2.2　组合框

ComboBox 控件称为组合框，是文本框和列表框组合而成的控件。可以在文本框输

入字符。组合框的右侧有一个向下的箭头,单击此箭头可以打开一个列表框,可以从中选择需要的选项。组合框有3种不同类型:

- 下拉式组合框(DropDown):文本框可编辑,也可单击箭头显示下拉列表供选择。
- 下拉式列表框(DropDownList):文本框不可编辑,只可单击箭头显示下拉列表供选择。
- 简单组合框(Simple):文本框可编辑,且显示整个列表。

类型可通过组合框的 DropDownStyle 属性确定。3 种类型组合框如图 6-3 所示。

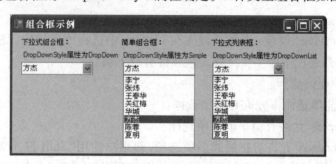

图 6-3 3 种类型组合框

在工具箱中 ComboBox 控件的图示为 ComboBox。

1. ComboBox 控件的常用属性

(1) DropDownStyle 属性:获取或设置指定组合框样式的值。DropDownStyle 属性为 DropDown(默认)时,组合框称为下拉式组合框,可以在文本框中直接输入内容或单击右边的下三角箭头打开列表选择内容;为 Simple 时,组合框称为简单组合框,它列出所有项目供用户选择,也可以在文本框中输入内容;为 DropDownList 时,组合框称为下拉式列表,它不允许用户直接输入自己的内容,只允许单击右边的下三角箭头打开列表选择内容。

(2) Items 属性:获取一个对象,该对象表示该 ComboBox 中所包含项的集合。

(3) MaxDropDownItems 属性:下拉列表能显示的最大条目数(1~100),如果实际条目数大于此数,将出现滚动条。

(4) Sorted 属性:表示下拉列表框中条目是否以字母顺序排序,默认值为 False,不允许。

(5) SelectedIndex 属性:获取或设置指定当前选定项的索引。当前选定项的索引从零开始。如果未选定任何项,则返回 -1。该属性指示组合框列表中当前选定项从零开始的索引。设置新的索引将引发 SelectedIndexChanged 事件。要取消选择当前选定项,可将 SelectedIndex 设置为 -1。

(6) SelectedItem 属性:获取或设置 ComboBox 中当前选定的项。作为当前选定项的对象,如果当前没有选定项,则为空引用。

2. ComboBox 控件常用事件

组合框常用的事件有 DoubleClick、Click 和 SelectedIndexChanged 等。可以通过捕获

SelectedIndexChanged 事件来获取组合框中的选择。SelectedIndexChanged 事件,在 SelectedIndex 属性更改后发生。

6.2.3 应用实例

【例 6-2】 编写如图 6-4 所示选课程序。利用列表框和组合框增加和删除相关课程,并统计学时数。

分析:

(1)组合框 comboBox1 的选项在窗体载入事件 Form1_Load 中用 Items.Add 方法添加。

(2)加入按钮把 comboBox1 选中项利用 Items.Add 方法添加到 listBox1 的列表中。

(3)删除按钮把 listBox1 选中项利用 Items.Remove 删除。

(4)程序中使用类 Course 来定义课程,包含课程名和学时数域。

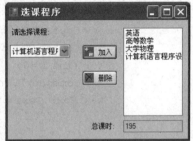

图 6-4 例 6-2 运行界面

程序界面设计属性设置如表 6-2 所示。

表 6-2 属性设置

控件名称	属性名称	属性值	控件名称	属性名称	属性值
Form1	Text	选课程序		Text	删除
label1	Text	请选择课程	button2	TextAlign	MiddleRight
comboBox1	DropDownStyle	DropDownList		Image	del.jpg
button1	Text	加入		ImageAlign	MiddleLeft
	TextAlign	MiddleRight	listBox1	Name	listBox1
	Image	add.jpg	label2	Text	总课时:
	ImageAlign	MiddleLeft	textBox1	ReadOnly	True

程序代码如下:

```
using System;
using System.Windows.Forms;

namespace P6_2
{
    public partial class Form1 : Form
    {
        private int totalHours = 0;

        public Form1()
        {
```

```csharp
            InitializeComponent();
        }

        private void Form1_Load(object sender, EventArgs e)
        {
            Course[] courses = new Course[7] {new Course("英语", 50),
                new Course("高等数学", 60), new Course("数理统计", 35),
                new Course("大学物理", 40), new Course("电子电工", 45),
                new Course("计算机应用基础", 40),
                new Course("计算机语言程序设计", 45)};
            for (int i=0; i<7; i++)
                comboBox1.Items.Add(courses[i]);
            textBox1.Text = "0";
        }

        private void button1_Click(object sender, EventArgs e)
        {
            if (comboBox1.SelectedIndex!=-1)
            {
                Course c1 = (Course)comboBox1.SelectedItem;
                if (!listBox1.Items.Contains(c1))
                {
                    listBox1.Items.Add(c1);
                    totalHours += c1.hours;
                    textBox1.Text = totalHours.ToString();
                }
            }
        }

        private void button2_Click(object sender, EventArgs e)
        {
            if (listBox1.SelectedIndex!=-1)
            {
                Course c1 = (Course)listBox1.SelectedItem;
                listBox1.Items.Remove(c1);
                totalHours -= c1.hours;
                textBox1.Text = totalHours.ToString();
            }
        }
    }

    public class Course
    {
        public string name;
        public int hours;

        public Course(string name, int hours)
```

```
        {
            this.name = name;
            this.hours = hours;
        }
        public override string ToString()
        {
            return name;
        }
    }
}
```

6.3 用户交互界面

用户界面的作用是负责管理与用户之间的交互,向用户显示数据,从用户处获得数据,解释由用户操作所引发的事件,并帮助用户查看任务的进度。

6.3.1 滚动条和进度条

滚动条(ScrollBar)通常附在窗体上协助观察数据或确定位置,也可作为数据输入工具。进度条(ProgressBar)用来指示事务处理的进度。滚动条有水平(HScrollBar)和垂直(VScrollBar)两种,进度条没有水平垂直之分,如图6-5所示。

1. 滚动条

滚动条是一种常用来取代用户输入的控件,可用鼠标调整滚动条中滑块的位置来改变值。在工具箱中HScrollBar控件的图示为 HScrollBar,VScrollBar控件的图示为 VScrollBar。

图6-5 滚动条和进度条

1) 滚动条的主要属性
- Value属性:Value值的大小决定了滚动条中滑块的位置,反过来滑块的位置也影响值的大小。

在程序中使用该属性的语法如下:

`Object.value[ = number]`

- Minimum(最小值)属性:将滑块移到滚动条的最左端或最上端时,滚动条的属性值达到最小,默认值为0。
- Maximum(最大值)属性:将滑块移到滚动条的最右端或最下端时,滚动条的属性值达到最大,默认值为100。
- Smallchange(小变化)属性:当用鼠标在滚动条端点的某一箭头上单击时,属性值就相应地增加或减少。属性的设置值是用户每单击一次鼠标,属性增加或减少的量。
- Largechange(大变化)属性：当用鼠标在滚动条端点与滑块之间的任一位置单击时,属性值就相应地大幅增加或减少。属性的设置值是用户每单击一次鼠标,属性增加或减少的量。

2）滚动条的事件

滚动条的主要事件有 ValueChanged 和 Scroll,通常都是捕捉该事件来对滚动条的动作进行相应的动作。当滑块的位置发生改变,Value 属性值随之改变,Scroll 和 ValueChanged 事件发生。该两个事件的区别是当程序代码中改变 Value 属性值时,仅触发 ValueChanged 事件。

2. 进度条

进度条(ProgressBar)控件使用矩形方块从左至右显示某一过程的进程情况。在工具箱中 ProgressBar 控件的图示为 ProgressBar。

进度条常用的属性是 Maximum、Minimum 和 Value 属性。Maximum 用于读取或设置进度条的最大计数值;Minimum 用于读取或设置进度条的最小计数值;Value 用于读取或设置进度条的当前计数值。

进度条的常用事件有 Click、MouseDown 和 MouseMove 事件。

【例6-3】 用水平滚动条来设定参与运算的序列的长度,用进度条显示不同长度序列的处理进度不同。程序界面如图 6-6 所示。

程序界面设计的主要控件属性设置如表 6-3 所示。

表 6-3 属性设置

控件名称	属性名称	属性值
hScrollBar1	Minimum	0
	Maxinum	600000
	Smallchange	1000
	Largechange	10000
progressBar1	Minimum	0
	Maximum	100

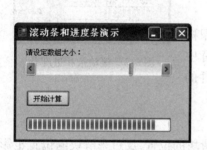

图 6-6 例 6-3 运行结果

程序代码如下：

```
using System;
using System.Windows.Forms;

namespace P6_3
{
    public partial class Form1 : Form
    {
        public Form1()
```

```
        {
            InitializeComponent();
        }

        private void button1_Click(object sender, EventArgs e)
        {
            int Counter;
            string[] array = new string[600000];
            progressBar1.Minimum = 0;
            progressBar1.Maximum = hScrollBar1.Value;
            progressBar1.Visible = true;
            for (Counter = 0; Counter < hScrollBar1.Value; Counter ++)
            {
                array[Counter] = "Initial value" + Counter;
                progressBar1.Value = Counter;
            }
            progressBar1.Visible = false;
        }
    }
}
```

当程序运行时,如果设定的数组比较小,则数组初始化运算的时间短,进度条会快速显示进度;如果设定的数组比较大,则进度显示较缓慢。

6.3.2 定时器

定时器控件(Timer)也称为定时器或计时器,是按一定时间间隔周期性地自动触发事件的控件。在程序运行时,定时器是不可见的。

定时器控件主要用来计时。通过计时处理,可以实现各种复杂的动作,如延时、动画等,下面就通过定时器控件来实现对事件的控制。

定时器控件的属性不是很多,比较常用的属性有间隔(Interval),该属性值决定两次调用控件的间隔毫秒数;Enabled 属性,用来控制定时器控件是否有用。定时器控件中的属性虽然不很多,但其在动画制作、定期执行某个操作等方面起着重要的作用。

在工具箱中 Timer 控件的图示为 Timer。

1. 定时器控件常用属性

- Enabled(默认属性):设置定时器是否正在运行。
- Interval 属性:设置定时器开始计时两次调用控件的间隔时间(以毫秒为单位)。

2. 定时器常用方法

- Start 方法:启动定时器。
- Stop 方法:停止定时器。

3. 定时器控件常用事件

Tick 事件:当定时器处于启动状态时,每隔一个 Interval 时间,触发一次该事件。

【例6-4】 使用定时器控件,借助标签控件显示当前日期和时间,运行界面如图6-7所示。

程序代码如下:

```
using System;
using System.Windows.Forms;

namespace P6_4
{
    public partial class Form1 : Form
    {
        public Form1()
        {
            InitializeComponent();
        }

        private void timer1_Tick(object sender, EventArgs e)
        {
            label1.Text = DateTime.Now.ToString();
            //DateTime 是 C#类库中的一个结构,可以用其 Now 属性来获取当前日期时间
        }

        private void Form1_Load(object sender, EventArgs e)
        {
            timer1.Interval = 100;
            timer1.Enabled = true;
            label1.Text = DateTime.Now.ToString();
        }
    }
}
```

图6-7 例6-4运行结果

6.3.3 菜单设计

一个应用程序应该包含完备的菜单系统。在用户界面中,菜单是一个很重要的外观界面。用户通过菜单可以方便、快捷地执行不同的命令。Visual Studio 2008 .NET 的菜单类包括 MenuStrip、ToolStrip、ContextMenuStrip、StatusStrip 四种控件。MenuStrip 为菜单条,在窗体的上部;ToolStrip 为工具条,在菜单条的下方;ContextMenuStrip 是快捷菜单,通常右击时弹出;StatusStrip 是状态条,在窗体的下方,表示程序执行的信息。本书主要介绍 MenuStrip 和 ContextMenuStrip 的使用。

1. 菜单设计概述

菜单是操作界面中基本的控件之一。在实际应用中,菜单有两种基本类型:一是主菜单,用户单击主菜单上的菜单项时通常会下拉一个子菜单,图6-8所示为 Windows 的"画图"程序运行时的菜单;二是弹出菜单,也称为上下文菜单(ContextMenu),是用户在某个对象右击所弹出的菜单。

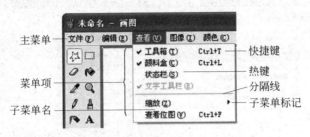

图 6-8　主菜单的基本组成

为了便于设计菜单,在 Visual Studio 2008.NET 工具箱中提供了 MenuStrip 和 ContextMenuStrip 两个控件,分别用来设计主菜单和弹出菜单。MenuStrip 控件的图标为 MenuStrip。ContextMenuStrip 控件的图标为 ContextMenuStrip。

所有菜单项都可以有热键,即菜单项中带有下划线的英文字符,当按住 Alt 键后,再按顶级菜单项的热键字符,可以打开该顶级菜单项的弹出菜单。弹出菜单出现后,按菜单项的热键字符,可以执行菜单项命令。增加热键的方法是在菜单项的标题中,在要设定热键英文字符的前边增加一个字符 &。例如,菜单项的标题为"编辑(&E)",菜单项的显示效果为"编辑(E)"。

菜单项可以有快捷键,一般在菜单项标题的后面显示。例如,"查看"菜单中的"工具箱"菜单项的快捷键是 Ctrl + T。用户可以不打开主菜单,只要按住 Ctrl 键不放,再按 T 键,也可以执行工具箱命令。设定快捷键的方法是修改菜单项的 ShortCutKeys 属性。

1) MenuStrip 的常见属性
- AllowItemReorder 属性:当程序运行时,按下 Alt 键是否允许改变各菜单项的左右排列顺序。默认值为 False,当更改该属性值为 True 时,按下 Alt 键的同时可以用鼠标拖动各菜单项以调整其在菜单栏上的左右位置。
- Dock 属性:指示菜单栏在窗体中出现的位置,默认值为 Top。
- GripStyle 属性:是否显示菜单栏的指示符,即纵向排列的多个凹点,默认值为 Hidden。当更改该属性值为 Visible 时,显示位置由 GripMargin 属性指定。
- Items 属性:用于编辑菜单栏上显示的各菜单项。单击 Items 属性后"…"按钮,弹出"项集合编辑器"对话框,如图 6-9 所示。
- ShowItemToolTips 属性:获取或设置一个值,指示是否显示 MenuStrip 的工具提示。
- Stretch 属性:获取或设置一个值,指示只是 MenuStrip 是否在其容器中从一端拉伸到另一端。

2) MenuStrip 的常用事件
- ItemClicked 事件:当单击菜单栏上各主菜单项时触发的操作。
- LayoutCompleted 事件:当菜单栏上各主菜单项的排列顺序发生变化之后触发的操作。使用该事件时,AllowItemReorder 属性必须设为 True,即当程序运行时,按下 Alt 键重新排列菜单栏上各主菜单项的顺序后触发该事件。

不管是主菜单还是弹出菜单,菜单中所有的菜单项 ToolStripMenuItem 都是与命令按

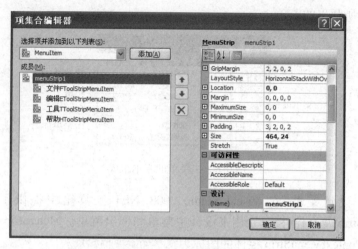

图 6-9　Items 属性设置

钮相似的对象,它们有属性、事件和方法。

3）菜单项 ToolStripMenuItem 的重要属性
- Name 属性：菜单项的名字。
- Checked 属性：指示菜单项是否被选中,默认值为 False。
- CheckOnClick 属性：决定单击菜单项时是否使其选中状态发生改变。默认值为 False,即单击菜单项不会影响其 Checked 属性；当更改该属性值为 True 时,则每次单击菜单项都会影响其 Checked 属性,使其值在 False 和 True 之间切换。
- CheckState 属性：指示菜单项的状态。与复选框 CheckBox 控件的 CheckState 属性相同,共有 3 个属性值：Checked、Unchecked 和 Indeterminate,分别表示选中、未选中和不确定 3 种状态。
- DisplayStyle 属性：指示菜单项上的显示内容。共有 4 个属性值：None、Text、Image 和 ImageAndText,分别表示不显示任何内容,仅显示文本,仅显示图标,同时显示文本和图标,默认值为 ImageAndText。
- DropDownItems 属性：单击该属性后的"…"按钮,调出"项集合编辑器"对话框,以此编辑该菜单项对应的子菜单中的各菜单项。
- Image 属性：指定在该菜单项上显示的图标。
- ImageScaling 属性：指定是否调整图标大小,默认属性值为 SizeToFit,即调整图标大小以适应菜单项。该属性的另一个属性值为 None,即不调整图标大小。
- ShortCutKeys 属性：为菜单项指定快捷键。单击该属性后的下拉按钮,出现如图 6-10 所示的设置页面,用于设置菜单项的快捷组合键。该属性的默认值为 None。

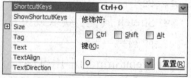

图 6-10　设置菜单项快捷键

- ShowShortCutKeys 属性：指示是否在菜单项上显示快捷键,默认值为 True,即在菜单项上按照 ShortCutKeys 属性的设置显示快捷键。
- Text 属性：获取或设置一个值,通过该值指示菜单项标题。

- ToolTipText 属性：获取或设置控件的 ToolTip 文本。

4）菜单项 ToolStripMenuItem 的常用事件
- Click 事件：单击菜单项时触发。
- DropDownClosed 事件：关闭菜单项的子菜单时触发的操作。
- DropDownItemClicked 事件：单击菜单项的子菜单中任何一项时触发的操作。
- DropDownOpened 事件：菜单项的子菜单打开之后触发的操作。
- DropDownOpening 事件：打开菜单项的子菜单时触发的操作。

菜单项的最常用事件是 Click，可以通过对该事件的响应来实现菜单命令。例如，如果要通过菜单来隐藏一个按钮，可以使用下列代码：

```
private void menuItem2_Click(object sender, System.EventArgs e)
{
    button1.Visible = false;
}
```

5）弹出菜单 ContextMenuStrip 的主要属性
- AllowTransparency 属性：获取或设置是否能调整弹出菜单的不透明度。
- AutoClose 属性：获取或设置是否能在不激活时自动关闭。
- AutoSize 属性：获取或设置是否能自动调整大小。
- DefaultDropDownDirection 属性：获取或设置控件的显示方向。
- DisplayRectangle 属性：获取显示区域的矩形。
- DropShadowEnabled 属性：获取或设置是否显示三维阴影的值。
- Items 属性：获取 ToolStrip 的所有子项。
- LayoutStyle 属性：获取或设置是否子项的显示方式。
- Opacity 属性：确定窗体的不透明度。
- OwnerItem 属性：获取或设置为此 ToolStripDropDown 所有者的 ToolStripItem。
- Region 属性：获取或设置与 ToolStripDropDown 关联的窗口区域。
- ShowCheckMargin 属性：获取或设置一个值，该值指示是否在 ToolStripMenuItem 的左边缘显示选中标记的位置。
- ShowImageMargin 属性：获取或设置一个值，该值指示是否在 ToolStripMenuItem 的左边缘显示图像的位置。
- SourceControl 属性：获取上一个使此 ContextMenuStrip 被显示的控件。
- TextDirection 属性：指定项上的文本绘制方向。

2. 创建主菜单

通过 MenuStrip 控件创建主菜单非常容易，下面通过一个实例说明快速建立主菜单的过程。

【例 6-5】 文本编辑器的实现，程序界面如图 6-11 所示。

1）建立控件

在窗体上放置一个 MenuStrip 控件、一个文本框，并

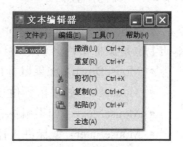

图 6-11 例 6-5 运行界面

进行属性设置。在窗体下面的专用面板中出现一个名称为 MenuStrip1 图标。

2）设计菜单

设计菜单可以使用标准的菜单栏,也可以自主逐步创建。建议在标准菜单栏上修改。单击菜单栏右上角的三角形打开 MenuStrip 任务面板,再单击"插入标准项"链接即可创建图 6-11 所示的二级下拉菜单。

如果用户逐步创建菜单,可以在文字"请在此键入"处单击,然后输入菜单项标题。例如,文件(&F),此时在标题文件(&F)的下面和右侧会显示出带"请在此键入"的文本框,然后在文本框位置输入其他的菜单项标题,或者单击文本框右侧的下拉箭头选择 Separator 使用分隔线。

3）设置菜单项的属性

每个菜单项都是一个对象,因此都有属性窗口。除了在输入标题时可以设置 Text 属性外,快捷键和菜单项图片分别在 ShortCutKeys 和 Image 属性中设置。

4）编写菜单项的事件处理函数

菜单建立以后,文件、编辑、工具、帮助等一级菜单项不需要事件处理函数,因为用户在单击时会自动弹出二级菜单。二级菜单的事件处理函数编写过程和 Button 控件类似,在此不再赘述。例如,"复制"菜单的处理函数如下：

```
private void 复制CToolStripMenuItem_Click(object sender, EventArgs e)
{
    scontent = tbContent.SelectedText;
    //tbContent 为文本框对象,scontent 为剪贴板内容字符串
}
```

3. 创建弹出菜单

弹出菜单是右击鼠标弹出的菜单,是通过 ContextMenuStrip 控件来设计的,方法与主菜单基本相同。和主菜单不同的是,主菜单通过窗体的 MainMenuStrip 属性设定其主菜单,而弹出菜单通过窗体中对象的 ContextMenuStrip 属性设定某个弹出菜单绑定到此对象。例如,例 6-5 中通过以下语句给文本框 tbContent 绑定弹出菜单：

```
tbContent.ContextMenuStrip = ContextMenuStrip1;
```

也可以在界面设计模式下在属性窗口中设置。

6.3.4 鼠标事件

从类 System. Windows. Forms. Control 派生的控件都有鼠标事件,控件的 Click 事件本质上也是鼠标事件。鼠标事件有：

- MouseDown：如果鼠标位于控件区域,按下鼠标按键时产生该事件。
- MouseUp：如果鼠标位于控件区域,抬起鼠标按键时产生该事件。
- MouseMove：如果鼠标在控件区域移动,产生该事件。
- MouseEnter：鼠标进入控件区域,产生该事件。
- MouseLeave：鼠标离开控件区域,产生该事件。

鼠标事件处理函数一般有两个参数：
- 第一个参数(object sender)是产生该事件的对象的属性 Name 的值。例如，为 Form1 的 MouseDown 事件增加事件函数，单击 Form1，第一个参数 sender 代表 Form1 对象。
- 第二个参数是 MouseEventArgs e,代表事件的一些信息,事件不同,所代表的信息也不相同,鼠标按下事件处理函数中,e.X 为发生事件时鼠标位置的 x 坐标,e.Y 为发生事件时鼠标位置的 y 坐标,e.Button 为 MouseButtons.Left,表示单击了鼠标左键等,Right 和 Middle 则分别代表右键和中间键。e.Clicks 为鼠标单击的次数,如果大于 2 次,则为双击。

【例 6-6】 在窗体中的指定区域,单击或双击鼠标左键或右键,用 Label 控件显示鼠标的事件和位置。指定区域的左上角坐标为(20,20),宽为 200,高为 200。

（1）建立一个新项目 P6_6。
（2）放 Label 控件到窗体。属性 Name = label1。
（3）Panel 控件可以将窗体分为多个区域。放 Panel 控件到窗体,属性 Location.X = 20,Location.Y = 20,属性 Width = 200,Height = 200,属性 Name = p1。
（4）为 Panel 的 MouseDown 事件增加事件函数如下：

```
private void p1_MouseDown(object sender, MouseEventArgs e)
{
    if (e.Button ==MouseButtons.Left)
    {
        if (e.Clicks ==2)
            label1.Text +="左键双击,位置: (" +e.X +"," +e.Y +") \r \n";
        else
            label1.Text +="左键单击,位置: (" +e.X +"," +e.Y +") \r \n";
    }
    else if (e.Button ==MouseButtons.Right)
    {
        if (e.Clicks ==2)
            label1.Text +="右键双击,位置: (" +e.X +"," +e.Y +") \r \n";
        else
            label1.Text +="右键单击,位置: (" +e.X +"," +e.Y +") \r \n";
    }
}
```

（5）编译、运行,分别在指定区域和区域外单双击鼠标左键和右键。运行结果如图 6-12 所示。

6.3.5 对话框设计

在图形用户界面中,对话框是一种特殊的窗体,在计算机和用户之间构成人机交互：通知用户一些信息,或者是请求用户的输入,或两者皆有。C#中对话框是一个具有固定

图 6-12 例 6-6 运行界面

大小的窗体,即将 Form 的 FormBorderStyle 属性设为 FixedDialog。

在 C#.NET 中,对话框根据其用途可以分为消息框、通用对话框和打印组件 3 大类。

1. 消息框

消息框一般用于程序运行过程中显示提示或信息,可以有不同格式的消息框。Windows 应用程序中,为提高于用户的交互能力,消息框大量使用。C#中通过 MessageBox 类实现消息框的定义。

MessageBox 类提供了静态方法 Show 以显示消息框,有多种形式实现消息框的显示。

(1) 用于显示指定文本的消息框,格式如下:

```
public static DialogResult Show(string);
```

其中,参数是要显示的文本,返回值是 DialogResult 枚举类型,可以是 None、OK、Cancel、Abort、Retry、Ignore、Yes、No 等值。例如:

```
MessageBox.Show("欢迎!");
```

显示如图 6-13(a)所示。通过 MessageBox.show 方法显示不同风格的消息框如图 6-13(b) ~ 图 6-13(e)所示。

图 6-13 通过 MessageBox.Show 方法显示不同风格的消息框

(2) 显示指定文本和标题的消息框,格式如下:

```
public static DialogResult Show(string, string);
```

其中第一个 string 参数用于显示文本信息,第二个 string 参数用于显示消息框的标题。例如,执行程序代码如下:

```
MessageBox.Show("大家晚上好!","问候");
```

则显示如图 6-13(b)所示。

(3) 显示具有指定文本、标题和按钮的消息框,格式如下:

```
public static DialogResult Show(string, string, MessageBox Buttons);
```

其中,第一个 string 参数用于显示文本信息;第二个 string 参数用于显示消息框的标题;第三个参数 MessageBoxButtons 是个枚举型参数,其取值包括 OK(只显示"确定"按钮)、

OKCancel（显示"确定"和"取消"按钮）、YesNo（显示"是"和"否"按钮）、YesNoCancel（显示"是"、"否"和"取消"按钮）、RetryCancel（显示"重试"和"取消"按钮）以及AbortRetryIgnore（显示"终止"、"重试"和"取消"按钮）。例如，执行程序代码如下：

```
MessageBox.Show("是否继续?","警告", MessageBox Buttons.YesNoCancel);
```

则显示如图 6-13(c)所示。

（4）显示具有指定文本、标题，按钮和图标的消息框，格式如下：

```
public static DialogResult Show(string, string, MessageBoxButtons, MessageBoxIcon);
```

其中，第一个 string 参数用于显示文本信息；第二个 string 参数用于显示消息框的标题；第三个参数 MessageBoxButtons 是按钮类型；第四个参数 MessageBoxIcon 提示图标是个枚举类型，其取值如表 6-4 所示。

表 6-4 MessageBoxIcon 的枚举

成员名称	说 明
None	消息框未包含符号
Hand	该消息框包含一个符号,该符号是由一个红色背景的圆圈及其中的白色 X 组成的
Question	该消息框包含一个符号,该符号是由一个圆圈和其中的一个问号组成的。不再建议使用问号消息图标,原因是该图标无法清楚地表示特定类型的消息,并且问号形式的消息表述可应用于任何消息类型。此外,用户还可能将问号消息符号与帮助信息混淆。因此,请不要在消息框中使用此问号消息符号。系统继续支持此符号只是为了向后兼容
Exclamation	该消息框包含一个符号,该符号是由一个黄色背景的三角形及其中的一个感叹号组成的
Asterisk	该消息框包含一个符号,该符号是由一个圆圈及其中的小写字母 i 组成的
Stop	该消息框包含一个符号,该符号是由一个红色背景的圆圈及其中的白色 X 组成的
Error	该消息框包含一个符号,该符号是由一个红色背景的圆圈及其中的白色 X 组成的
Warning	该消息框包含一个符号,该符号是由一个黄色背景的三角形及其中的一个感叹号组成的
Information	该消息框包含一个符号,该符号是由一个圆圈及其中的小写字母 i 组成的

例如，执行程序代码如下：

```
MessageBox.Show("程序发生错误!","警告", MessageBoxButtons. RetryCancel, MessageBoxIcon.Warning);
```

则显示如图 6-13(d)所示。

（5）显示具有指定文本、标题，按钮和图标的消息框，并指定默认按钮。

在前面的四种函数中，消息框未指定默认按钮，则默认以第一个按钮为默认按钮。用户可以用以下格式指定默认按钮：

```
public static DialogResult Show(string, string, MessageBoxButtons,
```

```
                         MessageBoxIcon, MessageBoxDefaultButton);
```

最后一个参数 MessageBoxDefaultButton 可以指定默认按钮,也是个枚举型参数,其枚举值 Button1、Button2 和 Button3 分别表示以第一、第二和第三个按钮作为默认按钮(消息框中最多一次显示三个按钮)。

例如,执行程序代码:

```
MessageBox.Show("程序发生错误!","警告",MessageBoxButton.RetryCancel,
MessageBoxIcon.Warning, MessageBoxDefaultButton.Button2);
```

则使消息框以第二个按钮"取消"作为默认按钮,如图 6-13(e)所示。

2. 通用对话框

当今大部分应用程序都使用如打开文件、保存文件、颜色、字体、打印设置、打印预览等标准通用对话框。为了方便程序设计人员设计对话框,. NET 提供了一组基于 Windows 的标准对话框界面。利用通用对话框类控件可在窗体上创建打开文件、保存文件、颜色、字体、打印设置、打印预览等对话框。

通用对话框控件的使用与普通控件一样,用户把所需的控件拖到窗体上,C#. NET 就会自动生成一个相应的实例。由于通用对话框控件是非用户界面,因而它们以图标方式出现在窗体下的专用面板上,但是一样可以单击,并在属性窗口进行属性设置。

通用对话框仅用于应用程序与用户之间进行信息交互,是输入输出的界面,不能真正实现文件打开、文件存储、设置颜色、字体设置、打印等操作,如果想要实现这些功能则需要编程实现。

通用对话框控件继承了 System. Windows. Forms. CommonDialog 类,. NET Framewrek 中提供了多个常用的对话框控件和对应的类,如表 6-5 所示。本书介绍了其中最常用的几个对话框控件。

表 6-5 常用对话框

控件	说明
ColorDialog	表示一个通用对话框,该对话框显示可用的颜色以及允许用户定义自定义颜色的控件
OpenFileDialog	显示一个用户可从中选择打开文件的对话框窗口
SaveFileDialog	显示一个用户可选择路径保存文件的对话框窗口
FolderBrowserDialog	提示用户选择文件夹
FontDialog	提示用户从本地计算机上安装的字体中选择一种字体
PageSetupDialog	允许用户更改与页面相关的打印设置,包括边距和纸张方向
PrintDialog	允许用户选择一台打印机并选择文档中要打印的部分
PrintDocument	定义一个可再次使用的对象,该对象将输出发送到打印机
PrintPreviewControl	用于按文档打印时的外观显示文档
PrintPreviewDialog	显示打印文档的外观

（1）打开文件对话框（OpenFileDialog）和保存文件（SaveFileDialog）对话框。

OpenFileDialog 对话框用来选择要打开的文件路径及文件名，SaveFileDialog 对话框用来选择要存储文件的路径及文件名。两个对话框的外观如图 6-14 所示，它们的属性和方法基本相同，这里一起介绍。

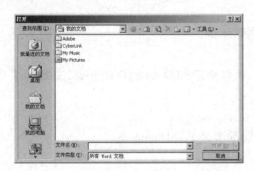
(a) "打开" 对话框

(b) "另存为" 对话框

图 6-14 "打开"对话框和"另存为"对话框

① OpenFileDialog 和 SaveFileDialog 常用属性。

- 属性 Filter：字符串类型，选择在对话框中显示的文件类型。属性 Filter 有多项，中间用|分开，每两项是一组，每组的第一项将出现在对话框"保存类型"下拉列表中，供用户选择，第二项表示如第一项被选中，对话框实际列出的文件。例如，Filter = "纯文本文件（*.txt）|*.txt|所有文件（*.*）|*.*"，表示打开对话框，对话框的文件类型（T）下拉列表编辑框的下拉列表有两项：纯文本文件（*.txt）和所有文件（*.*），供用户选择。如果从文件类型下拉列表编辑框的下拉列表中选中"纯文本文件（*.txt）"，表示打开对话框，只列出所有扩展名为 txt 的文件，如果选中"所有文件（*.*）"，表示打开对话框，将列出所有文件。

- 属性 FilterIndex：表示打开对话框后，对话框的文件类型（T）下拉列表编辑框的下拉列表中首先被选中的项的索引号。可以在设计阶段在属性窗口修改属性 FilterIndex 和 Filter，也可在程序中用下列语句修改：openFileDialog1.Filter = "纯文本文件（*.txt）|*.txt|所有文件（*.*）|*.*"，openFileDialog1.FilterIndex = 1。

- 属性 FileName：用户选取的文件的路径和文件名。

- 属性 InitialDirectory：打开对话框首先显示该属性指定的文件夹中的文件。

- 属性 CheckPathExists：在对话框返回之前，检查指定路径是否存在。

- 属性 DefaultExt：如果用户未指定扩展名，自动增加属性指定的文件扩展名。

- 属性 RestoreDirectory：控制对话框在关闭之前是否恢复当前目录。

- 属性 ShowHelp：启用"帮助"按钮。

- 属性 Title：将显示在对话框标题栏中的字符。

- 属性 ValidateNames：控制对话框检查文件名中是否不含有无效的字符或序列。

② OpenFileDialog 和 SaveFileDialog 的常用事件。

- 事件 FileOk：当用户单击"打开"或"保存"按钮时要处理的事件。

- 事件 HelpRequest：当用户单击"帮助"按钮时要处理的事件。
③ OpenFileDialog 和 SaveFileDialog 的常用方法。
- 方法 ShowDialog( )：打开对话框，根据方法的返回值确定用户单击了那个按钮，如返回 DialogResult.Cancel，用户单击了忽略按钮，如返回 DialogResult.OK，用户单击了打开或保存按钮。
- 方法 Reset( )：将所有属性重新设置为默认值。

（2）颜色对话框（ColorDialog）。

ColorDialog 用来打开系统的颜色对话框，控件对应的类 ColorDialog 类，主要属性有 Color，用来设置和获取用户选定的颜色。

（3）字体对话框（FontDialog）。

FontDialog 用来打开系统字体对话框，对应的类是 FontDialog 类。

① 字体对话框（FontDialog）常用属性。
- ShowColor：控制是否显示颜色选项。
- AllowScriptChange：是否显示字体的字符集 Font 在对话框显示的字体。
- AllowVerticalFonts：是否可选择垂直字体。
- Color：在对话框中选择的颜色。
- FontMustExist：当字体不存在时是否显示错误。
- MaxSize：可选择的最大字号。
- MinSize：可选择的最小字号。
- ScriptsOnly：指示对话框是否允许为所有非 OEM 和 Symbol 字符集以及 ANSI 字符集选择字体。
- ShowApply：是否显示"应用"按钮。
- ShowEffects：是否显示下划线、删除线、字体颜色选项。
- ShowHelp：是否显示"帮助"按钮。

② 字体对话框（FontDialog）的事件。
- Apply：当单击"应用"按钮时要处理的事件。
- HelpRequest：当点击"帮助"按钮时要处理的事件。

③ 字体对话框（FontDialog）的方法。
- 方法 ShowDialog：打开对话框。
- 方法 Reset：将所有属性重新设置为默认值。

3. 打印组件

（1）PrintDocument 类。

PrintDocument 组件是用于完成打印的类，其常用属性、方法和事件如下：
- 属性 DocumentName：字符串类型，记录打印文档时显示的文档名（如在打印状态对话框或打印机队列中显示）。
- 方法 Print：开始文档的打印。
- 事件 BeginPrint：在调用 Print 方法后，在打印文档的第一页之前发生。
- 事件 PrintPage：需要打印新的一页时发生。

- 事件 EndPrint：在文档的最后一页打印后发生。

若要打印，首先创建 PrintDocument 组件的对象。其次，使用页面设置对话框 PageSetupDialog 设置页面打印方式，这些设置作为要打印的所有页的默认设置。使用打印对话框 PrintDialog 设置对文档进行打印的打印机的参数。在打开两个对话框前，首先设置对话框的属性 Document 为指定的 PrintDocument 类对象，修改的设置将保存到 PrintDocument 组件对象中。然后，调用 PrintDocument.Print 方法来实际打印文档。当调用该方法后，引发下列事件：BeginPrint、PrintPage、EndPrint。其中每打印一页都引发 PrintPage 事件，打印多页，要多次引发 PrintPage 事件。完成一次打印，可以引发一个或多个 PrintPage 事件。

程序员应为这 3 个事件编写事件处理函数。BeginPrint 事件处理函数进行打印初始化，一般设置在打印时所有页的相同属性或共用的资源，如所有页共同使用的字体、建立要打印的文件流等。PrintPage 事件处理函数负责打印一页数据。EndPrint 事件处理函数进行打印善后工作。这些处理函数的第 2 个参数 PrintEventArgs e 提供了一些附加信息，主要有：

- e.Cancel：布尔变量，设置为 true，将取消这次打印作业。
- e.Graphics：所使用的打印机的设备环境。
- e.HasMorePages：布尔变量。PrintPage 事件处理函数打印一页后，仍有数据未打印，退出事件处理函数前设置 HasMorePages = true，退出 PrintPage 事件处理函数后，将再次引发 PrintPage 事件，打印下一页。
- e.MarginBounds：打印区域的大小，是 Rectangle 结构。元素包括左上角坐标，Left 和 Top；宽和高，Width 和 Height。单位为 1/100 英寸。
- e.PageBounds：打印纸的大小，是 Rectangle 结构。单位为 1/100 英寸。
- e.PageSettings：PageSettings 类对象，包含用对话框 PageSetupDialog 设置的页面打印方式的全部信息。可用帮助查看 PageSettings 类的属性。

（2）打印设置对话框（PageSetupDialog）。

Windows 窗体的 PageSetupDialog 控件是一个页面设置对话框，用于在 Windows 应用程序中设置打印页面的详细信息，对话框的外观如图 6-15 所示。

用户使用此对话框能够设置纸张大小（类型）、纸张来源、纵向与横向打印、上下左右的页边距等。在打开对话框前，首先设置其属性 Document 为指定的 PrintDocument 类对象，用来把页面设置保存到 PrintDocument 类对象中。例如：

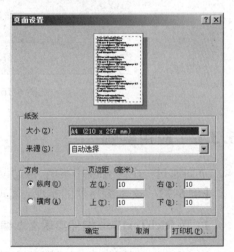

图 6-15 "页面设置"对话框

```
pageSetupDialog1.Document = printDocument1;
pageSetupDialog1.ShowDialog();
```

打开对话框 pageSetupDialog1 后,如果单击"确定"按钮,PageSetupDialog 对话框中所做的页面设置被保存到 PrintDocument 类对象 printDocument1 中,如果单击"取消"按钮,不保存这些修改,维持原来的值。当调用 PrintDocument.Print 方法实际打印文档时,引发 PrintPage 事件,该事件处理函数的第二个参数 e 提供了这些设置信息。

(3)打印预览对话框(PrintPreviewDialog)。

用 PrintPreviewDialog 类可以在屏幕上显示 PrintDocument 的打印效果,即打印预览。使用方法如下:

```
printPreviewDialog1.Document = printDocument1;
printPreviewDialog1.ShowDialog();
```

(4)打印对话框(PrintDialog)。

PrintDialog 控件是类库中预先定义的对话框,用来设置对文档进行打印的打印机的参数,包括打印机名称、要打印的页(全部打印或指定页的范围)、打印的份数以及是否打印到文件等。在打开对话框前,首先设置其属性 Document 为指定的 PrintDocument 类对象,打开 PrintDialog 对话框后,修改的设置将保存到 PrintDocument 类的对象中。

PrintDialog 对话框的外观如图 6-16 所示。当单击"确定"按钮后调用 PrintDocument 类的 Print 方法实现打印。

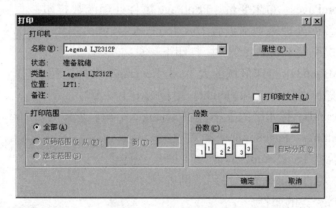

图 6-16 "打印"对话框

6.3.6 应用实例

下面通过一个综合应用案例,帮助读者掌握本章的相关知识。

【例 6-7】 文本编辑器的实现:实现一个类似于 Windows 写字板的程序。

1. 用 RichTextBox 控件实现文本编辑器

RichTextBox 控件可以用来输入和编辑文本,该控件和 TextBox 控件有许多相同的属性、事件和方法,但比 TextBox 控件的功能多,除了 TextBox 控件的功能外,还可以设定文字的颜色、字体和段落格式,支持字符串查找功能,支持 rtf 格式等。这里只介绍在 TextBox 控件中没有介绍的属性、事件和方法,相同部分就不介绍了,可参见 TextBox 控件。RichTextBox 控件的属性、事件和方法如下:

- 属性 Dock：很多控件都有此属性，它设定控件在窗体中的位置，可以是枚举类型 DockStyle 的成员 None、Left、Right、Top、Bottom 或 Fill，分别表示在窗体的任意位置、左侧、右侧、顶部、底部或充满客户区。在属性窗口中，属性 Dock 的值用周边 5 个矩形，中间一个矩形的图形来表示。
- 属性 SelectedText：获取或设置 RichTextBox 控件内的选定文本。
- 属性 SelectionLength：获取或设置 RichTextBox 控件中选定文本的字符数。
- 属性 SelectionStart：获取或设置 RichTextBox 控件中选定的文本起始点。
- 属性 SelectionFont：如果已选定文本，获取或设置选定文本字体，如果未选定文本，获取当前输入字符采用字体或设置以后输入字符采用字体。
- 属性 SelectionColor：如果已选定文本，获取或设置选定文本的颜色，如果未选定文本，获取当前输入字符采用的颜色或设置以后输入字符采用的颜色。
- 属性 Lines：记录 RichTextBox 控件中所有文本的字符串数组，每两个回车之间字符串是数组的一个元素。
- 属性 Modified：指示用户是否已修改控件的内容。值为 true 时，表示已修改。
- 事件 SelectionChange：RichTextBox 控件内的选定文本更改时发生的事件。
- 事件 TextChanged：RichTextBox 控件内的文本内容改变时发生的事件。
- 方法 Clear：清除 RichTextBox 控件中用户输入的所有内容，即清空属性 Lines。
- 方法 Copy、Cut、Paste：实现 RichTextBox 控件的复制、剪贴、粘贴功能。
- 方法 SelectAll：选择 RichTextBox 控件内的所有文本。
- 方法 Find：实现查找功能。从第二个参数指定的位置，查找第一个参数指定的字符串，并返回找到的第一个匹配字符串的位置。返回负值，表示未找到匹配字符串。第三个参数指定查找的一些附加条件，可以是枚举类型 RichTextBoxFinds 的成员：MatchCase（区分大小写）、Reverse（反向查找）等。允许有 1 个、2 个或 3 个参数。
- 方法 SaveFile：存文件，它有两个参数，第一个参数为要存文件的全路径和文件名；第二个参数是文件类型。可以是纯文本，RichTextBoxStreamType.PlainText；Rtf 格式流，RichTextBoxStreamType.RichText；采用 Unicode 编码的文本流，RichTextBoxStreamType.UnicodePlainText。
- 方法 LoadFile：读文件，参数同方法 SaveFile，注意存取文件的类型必须一致。
- 方法 Undo：撤销 RichTextBox 控件中的上一个编辑操作。
- 方法 Redo：重新应用 RichTextBox 控件中上次撤销的操作。

2. 实现文本编辑器的剪贴板功能

实现剪贴板功能的步骤如下。

（1）新建项目 P6_7。放 RichTextBox 控件到窗体。属性 Name = rtbContent，Dock = Fill，Text = " "。

（2）放 MenuStrip 控件到窗体中，单击菜单栏右上角的三角按钮打开 MenuStrip 任务面板，再单击"插入标准项"链接，并修改工具菜单下面的二级菜单为"颜色"和"字体"，帮助菜单下面只保留"关于"子菜单。

（3）为编辑菜单下各菜单项添加单击事件，代码如下：

```csharp
private void 撤销UToolStripMenuItem_Click(object sender, EventArgs e)
{
    rtbContent.Undo();
}

private void 重复RToolStripMenuItem_Click(object sender, EventArgs e)
{
    rtbContent.Redo();
}

private void 剪切TToolStripMenuItem_Click(object sender, EventArgs e)
{
    rtbContent.Cut();
}

private void 复制CToolStripMenuItem_Click(object sender, EventArgs e)
{
    rtbContent.Copy();
}

private void 粘贴PToolStripMenuItem_Click(object sender, EventArgs e)
{
    rtbContent.Paste();
}

private void 全选AToolStripMenuItem_Click(object sender, EventArgs e)
{
    rtbContent.SelectAll();
}
```

3. 实现文本编辑器的存取文件功能

实现文本编辑器的存取文件功能的步骤如下：

（1）把 OpenFileDialog 和 SaveFileDialog 控件放到窗体中。属性 Name 分别是 openFileDialog1 和 saveFileDialog1。

（2）为 Form1 类增加 string 类型变量记录当前编辑的文件名为 string s_FileName=""，如果为空，表示还未记录文件名，即编辑的文件还没有名字。当单击菜单项保存，保存文件时，必须请用户输入文件名。

（3）为"文件"菜单下的菜单项添加单击事件处理，程序代码如下：

```csharp
private void 新建NToolStripMenuItem_Click(object sender, EventArgs e)
{
    rtbContent.Clear();
```

```csharp
        s_FileName = "";                    //新建文件没有文件名
}

private void 打开OToolStripMenuItem_Click(object sender, EventArgs e)
{
    openFileDialog1.InitialDirectory = "C:\\";
    openFileDialog1.Filter = "文本文件|*.txt|c#文件|*.cs|所有文件|*.*";
    openFileDialog1.RestoreDirectory = true;
    openFileDialog1.FilterIndex = 1;
    if (openFileDialog1.ShowDialog() == DialogResult.OK)
    {
        s_FileName = openFileDialog1.FileName;
        rtbContent.LoadFile(openFileDialog1.FileName,
            RichTextBoxStreamType.PlainText);
    }
}

private void 另存为AToolStripMenuItem_Click(object sender, EventArgs e)
{
    if (saveFileDialog1.ShowDialog() == DialogResult.OK)
    {
        s_FileName = saveFileDialog1.FileName;
        rtbContent.SaveFile(saveFileDialog1.FileName,
        RichTextBoxStreamType.PlainText);
    }                                       //注意存取文件类型应一致
}

private void 保存SToolStripMenuItem_Click(object sender, EventArgs e)
{
    if (s_FileName.Length!=0)
        rtbContent.SaveFile(s_FileName,
                    RichTextBoxStreamType.PlainText);
    else
        另存为AToolStripMenuItem_Click(sender, e);
        //调用另存为菜单项事件处理函数
}

private void 退出XToolStripMenuItem_Click(object sender, EventArgs e)
{
    Close();
}
```

4. 实现文本编辑器的打印功能

实现打印功能的步骤如下:

(1) 添加引用类库。

```
using System.IO;
using System.Drawing.Printing;
using System.Drawing;
```

(2) 本例打印或预览 RichTextBox 中的内容,增加变量 StringReader streamToPrint = null。如果打印或预览文件,改为 StreamReader streamToPrint,流的概念参见第 8 章。增加打印使用的字体的变量 Font printFont。

(3) 放 PrintDocument 控件到窗体,属性 name 为 printDocument1。

(4) 为 printDocument1 增加 BeginPrint 事件处理函数如下:

```
private void printDocument1_BeginPrint(object sender, PrintEventArgs e)
{
    printFont = rtbContent.Font;           //打印使用的字体
    streamToPrint = new StringReader(rtbContent.Text);
}
```

(5) printDocument1 的 PrintPage 事件处理函数如下。streamToPrint.ReadLine( )读入一段数据,可能打印多行。本事件处理函数将此段数据打印在一行上,因此方法必须改进。

```
private void printDocument1_PrintPage(object sender, PrintPageEventArgs e)
{
    float linesPerPage = 0;                //记录每页最大行数
    float yPos = 0;                        //记录将要打印的一行数据在垂直方向的位置
    int count = 0;                         //记录每页已打印行数
    float leftMargin = e.MarginBounds.Left;   //左边距
    float topMargin = e.MarginBounds.Top;     //顶边距
    string line = null;                    //从 RichTextBox 中读取一段字符将存到 line 中
    //每页最大行数 = 一页纸打印区域的高度/一行字符的高度
    linesPerPage = e.MarginBounds.Height/printFont.GetHeight(e.Graphics);
    //如果当前页已打印行数小于每页最大行数而且读出数据不为 null,继续打印
    while(count < linesPerPage && ((line = streamToPrint.ReadLine()) != null))
    {   //yPos 为要打印的当前行在垂直方向上的位置
        yPos = topMargin + (count * printFont.GetHeight(e.Graphics));
        e.Graphics.DrawString(line, printFont, Brushes.Black, leftMargin,
         yPos, new StringFormat());        //打印,参见第 9 章
        count ++;                          //已打印行数加 1
    }
    if (line != null)                      //是否需要打印下一页
        e.HasMorePages = true;             //需要打印下一页
    else
        e.HasMorePages = false;            //不需要打印下一页
}
```

(6) 为 printDocument1 增加 EndPrint 事件处理函数如下：

```
private void printDocument1_EndPrint(object sender, PrintEventArgs e)
{
    if (streamToPrint!=null)
        streamToPrint.Close();                      //释放不用的资源
}
```

(7) 放 PrintDialog 控件到窗体，属性 Name = printDialog1。

(8) 为打印菜单项增加单击事件处理函数如下：

```
private void 打印PToolStripMenuItem_Click(object sender, EventArgs e)
{
    printDialog1.Document=printDocument1;
    if (printDialog1.ShowDialog()==DialogResult.OK)
        printDocument1.Print();
}
```

5. 实现文本编辑器的打印预览功能

(1) 放 PrintPreviewDialog 控件到窗体，属性 name 为 printPreviewDialog1。

(2) 为打印预览菜单项增加单击事件处理函数如下：

```
private void 打印预览VToolStripMenuItem_Click(object sender, EventArgs e)
{
    printPreviewDialog1.Document=printDocument1;
    printPreviewDialog1.ShowDialog();
}
```

6. 修改字体属性

为修改字体属性，首先打开字体对话框 FontDialog，选择指定字体。可以按两种方式修改字体，如果未选中字符，表示以后输入的字符将按选定字体输入。如果选中字符，则仅修改选定字符的字体。修改字符颜色也根据同样原则。

(1) 放 FontDialog 控件到窗体，属性 Name = fontDialog1。

(2) 为字体菜单项增加事件处理函数如下：

```
private void 字体OToolStripMenuItem_Click(object sender, EventArgs e)
{
    if (fontDialog1.ShowDialog()==DialogResult.OK)
        rtbContent.SelectionFont=fontDialog1.Font;
}
```

7. 修改颜色属性

修改颜色属性步骤为：

(1) 放 ColorDialog 控件到窗体，属性 Name = colorDialog1。

(2) 为颜色菜单项增加事件处理函数如下：

```
private void 颜色CToolStripMenuItem_Click(object sender, EventArgs e)
{
    if(colorDialog1.ShowDialog() == DialogResult.OK)
        rtbContent.SelectionColor = colorDialog1.Color;
}
```

8. 显示关于对话框

利用 MessageBox 显示当前软件的版本信息。

```
private void 关于AToolStripMenuItem_Click(object sender, EventArgs e)
{
    MessageBox.Show("版本号：V1.0","文本编辑器");
}
```

最终的程序运行如图 6-17 所示。

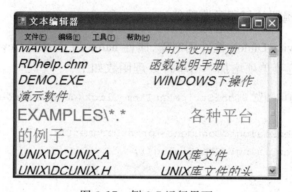

图 6-17 例 6-7 运行界面

小结

本章进一步介绍了用户界面设计过程中常用控件的属性、方法、事件及应用实例，包括单选按钮、复选框、框架、列表框、组合框、滚动条、进度条、定时器等，并介绍在 Windows 环境中的菜单设计和对话框设计，最后通过一个类似于写字板的综合实例演练了本章控件的实际使用。

习题 6

1. 选择题

(1) 下列控件中，没有 Text 属性的是_____。

　　A. GroupBox　　　B. ComboBox　　　C. CheckBox　　　D. Timer

(2) 在设计窗口,可以通过_____属性向列表框和组合框控件的列表添加项。

  A. Items   B. Items.Count   C. Text   D. SelectedIndex

(3) 引用列表框(ListBox)最后一个数据项应使用_____语句。

  A. ListBox1.Items[ListBox1.Items.Count]

  B. ListBox1.Items[ListBox1.SelectedIndex]

  C. ListBox1.Items[ListBox1.Items.Count − 1]

  D. ListBox1.Items[ListBox1.SelectedIndex − 1]

(4) 假设要创建一个在线测试程序,向用户显示若干个正确答案的问题,用户需要从答案列表中选择几个答案。下列控件中的_____最适用于该程序。

  A. Label   B. TextBox

  C. RadioButton   D. CheckBox

(5) 当需要用控件选择性别时,应选择的控件是_____。

  A. CheckBox   B. Button

  C. Label   D. RadioButton

(6) 复选框的 CheckState 属性为 CheckState.Indeterminate 时,表示_____。

  A. 复选框未被选定   B. 复选框被选定

  C. 复选框状态不定   D. 复选框不可以操作

(7) 在下面对列表框操作中,正确的语句是_____。

  A. ListBox1.Items.Clear

  B. ListBox1.Items.Remove(4)

  C. ListBox1.Items.Remove("计算机");

  D. ListBox1.Items.Add(1,"打印机");

(8) 在下列属性和事件中,属于滚动条和进度条共有的是_____。

  A. Scroll   B. ValueChanged

  C. LargeChange   D. Maximum

(9) 在下列关于定时器的说法中,正确的是_____。

  A. 当 Enabled 属性为 False 时,不产生 Tick 事件

  B. 在程序运行时不可见,这是因为 Visible 属性为 False

  C. 当 Interval 属性为 0 时,则 Tick 事件不会发生

  D. 通过适当的设置可以将 Interval 属性的单位改为秒

(10) 已知 OpenFileDialog 控件的 Filter 属性值为"文本文件(*.txt)|*.txt|图形文件(*.BMP *.JPG)|*.BMP;*.JPG|*.RTF 文件(*.RTF)|*.RTF",若希望程序运行时,打开对话框的文件过滤器中显示的文件类型为 RTF 文件(*.RTF),应把它的 FilterIndex 属性值设置为_____。

  A. 2   B. 3   C. 4   D. 5

(11) 在设计菜单时,若希望某个菜单项前面有一个"√"号,应把该菜单项的_____属性设置为 True。

　　A. Checked　　　　　　　　　　B. RadioCheck
　　C. ShowShortcut　　　　　　　　D. Enabled

(12) 在下列关于通用对话框的说法中,不正确的是_____。

　　A. 可以用 ShowDialog 方法打开
　　B. 可以用 Show 方法打开
　　C. 当选择了"取消"按钮后,ShowDialog 方法的返回值是 DialogResult.Cancel
　　D. 通用对话框是非用户界面控件

(13) 在下列关于菜单的说法中,错误的是_____。

　　A. 每个菜单项都是一个对象,也有自己的属性、事件和方法
　　B. 除了 Click 事件之外,菜单项还能相应 DoubleClick 等事件
　　C. 菜单中的分割符也是一个对象
　　D. 在程序执行是,如果菜单项的 Enabled 属性为 False,则该菜单项变成灰色,不能被用户选择

(14) 关于 Timer 控件,下列说法正确的是_____。

　　A. Timer 控件是用来显示系统当前时间
　　B. Timer 控件的作用是在规定的时间内触发 Tick 控件
　　C. Timer 控件的 Interval 属性值的单位是秒
　　D. Timer 控件实例不能动态创建

(15) 关于滚动条控件,下列说法正确的是_____。

　　A. Value 属性表示滚动块在滚动条中的位置,它的值可以为整数也可以为小数
　　B. 滚动条控件就是水平滚动条控件
　　C. SmallChange 属性表示当用户在滚动区域中单击或使用 Page Up/Page Down 时,滑块位置发生的改变
　　D. 不能自动滚动窗体的内容,需要添加代码才可以

(16) 关于 MenuStrip 控件,下列说法正确的是_____。

　　A. 控件可以完成其他控件所不能完成的任务
　　B. 一个窗体只能有一个控件实例
　　C. 一个窗体只能有一个菜单系统与之相关联
　　D. 控件实例中不能创建菜单项的热键

(17) TabControl 控件的_____属性可以添加和删除选项卡。

　　A. TabCount　　B. RowCount　　C. Text　　D. TablePages

(18) 下面对 FontDialog 控件说法正确的是_____。

A. 可以使用它来设置字体颜色
B. 使用 FontDialog 必须在窗体中添加控件
C. 完全可以不添加控件，使用代码来完成它的添加
D. 显示 FontDialog 时，使用 Show 方法

(19) 下面对创建上下文菜单说法正确的是_____。
A. 把 MenuStrip 控件放置到窗体中即可
B. 创建一个 ContextMenuStrip 控件实例，然后编辑菜单项来创建快捷菜单
C. 在模态对话框中创建一个 ListBox 控件实例，然后显示模态对话框
D. 创建一个 MenuStrip 属性为 True

2. 填充题

(1) _____属性用于获取 ListBox 中项的数目。

(2) ComboBox 控件的 SelectedIndex 属性返回对应于组合框选定项的索引整数值，其中第一项为_____，未选中为_____。

(3) 复选框_____属性设置为 Indeterminate，则变成灰色，并显示一个选中标记。

(4) 列表框中选项的序号是从_____开始的，_____表示列表框中最后一项的序号。

(5) _____方法可以清除列表框的所有选项。

(6) 组合框是文本框和列表框组合而成的控件，_____风格的组合框不允许用户输入列表框中没有的项。

(7) 滚动条相应的事件有_____和 ValueChanged。

(8) 滚动条产生 ValueChanged 事件是因为_____值改变了。

(9) 如果要每隔 15 秒产生一个计时器事件，则 Interval 属性应设置为_____。

(10) 若菜单项中某个字符之前加了一个_____，则该字符成为热键。

(11) 在菜单项的 Text 中，若输入_____，则菜单项成了分隔符。

(12) 弹出菜单是通过_____控件创建的。

(13) 可通过设置控件的_____属性将控件与一个弹出菜单建立关联。

(14) 当用户单击鼠标右键时，在 MouseDown、MouseUp 和 MouseMove 事件过程中 e.Button 的值是为_____。

(15) 在允许 listBox 控件多选的情况下，可使用它的_____属性值来访问选中列表项。

3. 编程题

(1) 设计一个选购计算机配置的应用程序，如图 6-18 所示。当用户选定了基本配置并且单击"确定"按钮后，在右边的列表框中显示所选择的信息。项目名称为 exp6-1。

(2) 设计一个带有进度条的倒计时程序，如图 6-19 所示。要求倒计时时间是以分为单位输入，以秒为单位显示，进度条指示的是倒数读秒剩余时间，即填充块的数目是随时间减少的。项目名称为 exp6-2。

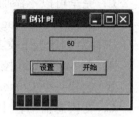

图 6-18　计算机配置选择程序　　　　　　　　图 6-19　倒计时程序

（3）设计一个如图 6-20 所示的主菜单和弹出菜单系统，并为菜单项编写有关的程序代码。项目名称为 exp6-3。

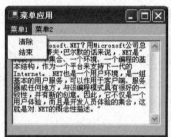
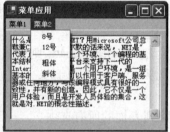
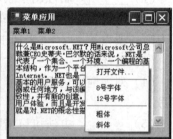

图 6-20　主菜单和弹出菜单

第 7 章 面向对象程序设计基础

作为一种新的编程语言,C#是完全面向对象的。面向对象编程是 C#编程的指导思想,要真正掌握面向对象程序设计,不仅要重视编程练习,还要掌握有关面向对象编程的基本原理和方法。本章将介绍面向对象编程的基础,包括面向对象编程的基本概念、类、对象、构造函数和析构函数、方法、字段和属性、继承和多态等。

7.1 面向对象的基本概念

面向对象编程是 C#最为明显的特征之一,也是现在主流的编程思想,本节将对面向对象编程和如何树立面向对象编程思想进行简单介绍。

7.1.1 什么是面向对象编程

面向对象编程(Object-Oriented Programming,OOP),是开发计算机应用程序的一种新方法、新思想。过去的面向过程编程常常会导致所有的代码都包含在几个模块中,程序难以阅读和维护,在做一些修改时常常牵一动百,使以后的开发和维护难以为继。而使用 OOP 技术,常常要使用许多代码模块,每个模块都只提供特定的功能,它们是彼此独立的,这样就增大了代码重用的几率,更加有利于软件的开发、维护和升级。

在面向对象中,算法与数据结构被看做是一个整体,称作对象。现实世界中任何类的对象都具有一定的属性和操作,也总能用数据结构与算法两者合一地来描述,所以可以用下面的等式来定义对象和程序:

$$对象 = (算法 + 数据结构)$$
$$程序 = (对象 + 对象 + \cdots)$$

可以看出,程序就是许多对象在计算机中相继表现自己,而对象则是一个个程序实体。

7.1.2 面向对象编程的特点

面向对象的编程方式具有封装、继承和多态性等特点。

1. 封装

封装是将数据成员、属性、事件和方法(统称为成员)集合在一个整体里的过程。为了实现某项功能而定义类后,开发人员并不需要了解类体内每句代码的具体含义,只需通过对象来调用类内某个属性或方法即可实现某项功能,这就是类的封装性。

例如,在使用手机时,并不需要将手机拆开了解每个部件的具体用处,用户只需按下面板上的开机按钮就可以启动手机,在键盘上按键就可以将文字输入到手机中,但手机内部的构造用户可能根本不了解也没有必要了解,这就是封装的具体表现。

利用封装可以实现对内部细节隐藏保护的能力,类内的某些成员可以以对外隐藏的特性被保护起来,从而保证了类具有较好的独立性,防止外部程序破坏类的内部数据,同时便于程序的维护和修改。

2. 继承

通过继承可以创建子类和父类之间的层次关系。子类可以从其父类中继承属性和方法,通过这种关系模型可以简化类的操作。假如已经定义了 A 类,接下来准备定义 B 类,而 B 类中有很多属性和方法与 A 类相同,那么就可以通过运算符":"实现 B 类继承 A 类,这样就无需再在 B 类中定义 A 类已具有的属性和方法,这样就简化了类和对象的创建工作量,增强代码的可重用性,在很大程度上提高程序的开发效率。

例如,可以将人类看成一个父类,那么人类具有姓名属性,然后再定义一个学生类,在定义学生类时完全可以不定义学生类的姓名属性,通过如下继承关系完全可以使学生类具有姓名属性:

```
class Person
{
    public string name;
}
class student : person
{
    public string studentno;
    //学生类的其他属性和方法
}
```

3. 多态性

类的多态性指不同的类进行同一操作可以有不同的行为。同样的消息被不同类型的对象接收时导致完全不同的行为。多态性允许每个对象以适合自身的方式去响应共同的消息,不必为相同功能的操作作用于不同的对象而去特意识别。

例如,定义一个狗类和一个猫类,狗和猫都会叫(可定义方法 bark),说明两者在这方面可以进行相同的操作,然而,狗和猫叫的行为是截然不同的,因为狗叫是"汪汪",而猫叫是"喵喵",这就是类多态性的形象比喻。

7.2 类

类是面向对象技术中最重要的一种数据结构,是指具有相同属性和操作的一组对象的抽象集合,它支持信息隐藏和封装,进而支持对抽象数据类型(Abstract Data Type,ADT)的实现。类可以包含数据成员(常量和域)、函数成员(方法、属性、事件、索引器、运算符、实例构造函数、析构函数和静态构造函数)和嵌套类型。

7.2.1 类的概念

类是对象概念在面向对象编程语言中的反映,是相同对象的集合。类描述了一系列在概念上有相同含义的对象,并为这些对象统一定义了编程语言上的属性和方法。

类是对象的抽象描述和概括,如车是一个类,自行车、汽车、火车也是类。但是自行车、汽车、火车都属于车这个类的子类,因为它们有共同的特点,都是交通工具,都有轮子,都可以运输。而汽车有颜色、车轮、车门、发动机,这是和自行车、火车不同的地方,是汽车类自己的属性。而具体到某个汽车就是一个对象了,如车牌照为 A12345 的黑色奔驰车。用具体的属性可以在汽车类中唯一确定自己,并且对象具有类的操作,如可以作为交通工具运输,这是所有汽车共同具有的操作。简而言之,类是 C#中功能最为强大的数据类型,定义了数据类型的数据和行为。

7.2.2 类的声明

C#中,类的声明语法如下:

类的属性集 类的修饰符 关键字 class 类名 继承方式 基类名
{
}

除 class 关键字和类名外,剩余的都是可选项。下面以汽车为例声明一个类,代码如下:

```
public class Car
{
    public string color;
    public string brand;
}
```

这里,定义了一个类 Car,包含两个成员 color 和 brand。其中的 public 是类的修饰符。C#中常用的类修饰符有:

- public:表示不限制对该类的访问。
- protected:表示只能对其所在类和所在类的子类进行访问。
- internal:只有其所在类才能访问,不允许外部程序集使用该类。
- private:只有.NET 中的应用程序或库才能访问。

- new：仅允许在嵌套类声明时使用,表明类中隐藏了由基类中继承而来的、与基类中同名的成员。
- abstract：抽象类,不允许建立类的实例。
- sealed：密封类,不允许被继承。

7.2.3 类的成员

类的成员包括以下类型：
- 局部变量：在 for、switch 等语句中和类方法中定义的变量,只在指定范围内有效。
- 字段：即类中的变量或常量,包括静态字段、实例字段、常量和只读字段。
- 方法成员：包括静态方法和实例方法。
- 属性：按属性指定的 get 方法和 set 方法对字段进行读写。属性本质上是方法。
- 事件：代表事件本身,同时联系事件和事件处理函数。
- 索引指示器：允许像使用数组那样访问类中的数据成员。
- 操作符重载：采用重载操作符的方法定义类中特有的操作。
- 构造函数和析构函数。

包含可执行代码的成员被认为是类中的函数成员,这些函数成员有方法、属性、索引指示器、操作符重载、构造函数和析构函数。

7.2.4 类成员访问修饰符

访问修饰符用于指定类成员的可访问性,C#访问修饰符有 private、protected、public 和 internal。

（1）private 声明私有成员,私有数据成员只能被类内部的函数使用和修改,私有函数成员只能被类内部的函数调用。派生类虽然继承了基类私有成员,但不能直接访问它们,只能通过基类的公有成员访问。

（2）protected 声明保护成员,保护数据成员只能被类内部和派生类的函数使用和修改,保护函数成员只能被类内部和派生类的函数调用。

（3）public 声明公有成员,类的公用函数成员可以被类的外部程序所调用,类的公用数据成员可以被类的外部程序直接使用。公有函数实际是一个类和外部通讯的接口,外部函数通过调用公有函数,按照预先设定好的方法修改类的私有成员和保护成员。

（4）internal 声明内部成员,内部成员只能在同一程序集中的文件中才是可以访问的,一般是同一个应用(application)或库(library)。

7.3 对象

对象是类的实例,是 OOP 应用程序的一个组成部件。这个组成部件封装了部分应用程序,这部分程序可以是一个过程、一些数据或一些更抽象的实体。

对象包含变量成员和方法类型,它所包含的变量组成了存储在对象中的数据,而其包含的方法可以访问对象的变量。略为复杂的对象可能不包含任何数据,而只包含方法,并使用方法表示一个过程。例如,可以使用表示打印机的对象,其中的方法可以控制打印机(允许打印文档和测试页等)。

可以使用类的定义实例化对象,这表示创建该类的一个实例。"类的实例"和对象表示相同的含义,但需要注意的是,"类"和"对象"是完全不同的概念。

注意:术语"类"和"对象"常常混淆,从一开始就正确区分它们是非常重要的,使用汽车示例有助于区分"类"和"对象",汽车类是抽象的概念,它有颜色和品牌,是所有汽车的集合,是"类";而一辆红色奔驰车则是汽车类的一个具体实例,是"对象"。

7.3.1 对象的定义、实例化及访问

C#中,.NET Framework 中的所有类型都是对象。例如,变量类型是一个类,变量也是一个对象。

用属性和字段可以访问对象中包含的数据。对象数据用来区分不同的对象,同一个类的不同对象可能在属性和字段中存储了不同的值。包含在对象中的不同数据统称为对象的状态。字段和属性都可以输入,通常把信息存储在字段和属性中,但是属性和字段是不同的,属性不能直接访问数据,字段可以直接访问数据。在属性中可以添加对数据访问的限制,如有一个 int 型属性,可以限制它只能存储 1~5 的数字,但如果用字段就可以存任何 int 型的数值。

通常在访问状态时最好提供属性,而不是字段,因为属性可以更好地控制访问过程和读写权限。除此之外,属性的可访问性确定了什么代码可以访问这些成员,可以声明为公有、私有或者其他更为复杂的方式。

【例7-1】 实现访问 Car 类的对象和对象数据状态。

程序代码如下:

```
//程序 P7_1
using System;
namespace 7_1
{
    class Pragram
    {
        static void Main()
        {
            string pa;
            Car c = new Car();                    //实例化汽车类的对象 c
            c.brand = "奔驰";
            c.color = "黑色";
            pa = c.brand;
        }
    }

    public class Car
    {
        public int number;                        //号码属性
```

```
        public string color;                    //颜色属性
        private string _brand;                  //品牌域
        public Car()
        {
        }
        public string brand                     //品牌属性
        {
            get                                 //读操作
            {
                return this._brand;
            }
            set                                 //写操作
            {
                this._brand = value;
            }
        }
    }
}
```

程序中的 this 关键字引用当前对象实例的成员。在实例方法体内也可以省略 this，直接引用_brand，实际上两者的语义相同，所以程序中 this._brand = value 也可写成_brand = value。当然，静态成员函数没有 this 指针。C#中 this 关键字一般用于从构造函数、实例方法和实例访问器中访问成员。

7.3.2 类与对象的关系

类是一种抽象的数据类型，而对象则是一个类的实例。例如，将学生设计为一个类，张三和李四各为一个对象。

可以看出，张三和李四有很多共同点，他们都在校园生活，早上都要起床，晚上都会回寝室睡觉。对于这样相似的对象就可以将其抽象出一个数据类型，此处抽象为学生。这样，只要将学生这个数据类型编写好，程序中就可以方便地创建张三和李四这样的实例。在代码需要更改时，只需要对学生类型进行修改即可。

综上所述，可以看出类与对象的区别：类是具有相同或相似结构、操作和约束规则的对象组成的集合，而对象是某一类的具体化实例，每一个类都是具有某些共同特征的对象的抽象。

7.4 构造函数和析构函数

构造函数和析构函数是类中比较特殊的两种成员函数，主要用来对对象进行初始化和回收对象资源。一般来说，对象的生命周期从构造函数开始，以析构函数结束。如果一个类含有构造函数，在实例化该类的对象时就会调用，如果含有析构函数，则会在销毁对象时调用它。构造函数的名字和类名相同。析构函数和构造函数的名字相同，但析构函数要在名字前加一个波浪号(~)。当退出含有该对象的成员时,析构函数将自动释放这个对象所占用的内存空间。本节将介绍如何在程序中使用构造函数和析构函数。

7.4.1 构造函数

构造函数是一种特殊的成员函数,它的主要作用是在创建对象(声明对象)时初始化对象。

使用构造函数要注意以下几个问题:
- 构造函数的名称与类名相同。
- 构造函数不声明返回类型。
- 构造函数通常是公有的(使用 public 访问限制修饰符声明),如果声明为保护的(protected)或私有的(private),则该构造函数不能用于类的实例化。
- 构造函数的代码中通常只进行对象初始化工作,而不应执行其他操作。
- 构造函数在创建对象时被自动调用,不能像其他方法那样显式地调用构造函数。

【例 7-2】 使用构造函数对类 Person 的 3 个字段进行初始化。

程序代码如下:

```
//程序清单 P7_2.cs:
using System;
namespace P7_2
{
    public class ConstructSample
    {
        public static void Main()
        {
            Person p = new Person();
            Console.WriteLine(p.m_name);
        }
    }
    public class Person
    {
        public string m_name;
        protected int m_age;
        protected bool m_gender;
        //构造函数
        public Person()
        {
            m_name = "Unknown";
            m_age = 0;
            m_gender = false;
        }
    }
}
```

程序运行时，当主方法 Main 使用 new 关键字来创建 Person 对象时，就会调用构造函数。程序输出 m_name 的值为 Unknown。

一个类定义必须且至少有一个构造函数，如果定义类时，没有声明构造函数，系统会提供一个默认的构造函数，不带任何参数的构造函数称为默认构造函数。如果声明了构造函数，系统将不再提供默认构造函数。

为了方便创建实例，一个类可以有多个具有不同参数列表的构造函数，即构造函数可以重载。例如：

```
public class Xyz {
    //成员变量
    int x;
    public Xyz() {                      //参数表为空的构造函数
        x = 0;                          // 默认创建对象
    }
    public Xyz(int i) {                 //带一个参数的构造函数
        x = i;                          // 使用参数创建对象
    }
}
```

在创建 Xyz 的实例时，可以使用两种形式：

```
Xyz Xyz1 = new Xyz();
Xyz Xyz2 = new Xyz(5);
```

7.4.2 析构函数

析构函数是以类名加"~"命名的。.NET 系统有垃圾回收功能，当某个类的实例被认为不再有效，并符合析构条件时，.NET 的垃圾回收功能就会调用该类的析构函数实现垃圾回收。

使用构造函数要注意以下几个问题：
- 析构函数不接受任何参数，也不返回任何值。
- 析构函数不能使用任何访问限制修饰符。
- 析构函数的代码中通常只进行销毁对象的工作，而不应执行其他的操作。
- 析构函数不能被继承，也不能被显式地调用。

下面的代码中定义了一个没有任何执行代码的析构函数：

```
public class Person
{
    private string m_name;
    private int m_age;
    private bool m_gender;
    //析构函数
    ~Person()
    {
```

        }
    }

7.5 方法

方法是一种用于实现可以由对象或类执行的计算或操作的成员。类的方法主要是和类相关联的动作,它是类的外部界面,对于那些私有的字段来说,外部界面实现对它们的操作一般只能通过方法实现。

7.5.1 方法的声明

方法是包含一系列语句的代码块。在 C#中,每个执行指令都是在方法中完成的。

方法在类或结构中声明,声明时需要指定访问级别、返回值、方法名称及方法参数,方法参数放在括号中,并用逗号隔开。括号中没有内容表示声明的方法没有参数。

声明方法最常用的语法格式为:

访问修饰符 返回类型 方法名(参数列表) { }

方法的访问修饰符通常是 public,以保证在类定义外部能够调用该方法。

方法的返回类型用于指定由该方法计算和返回的值的类型,可以是任何值类型或引用类型数据,如,int、string 及前面定义的 Person 类。如果方法不返回一个值,则它的返回类型为 void。

方法名是一个合法的 C#标识符。

参数列表在一对圆括号中,指定调用该方法时需要使用的参数个数、各个参数的类型,参数之间以逗号分隔。

实现特定功能的语句块放在一对大括号中,叫方法体,"{"表示方法体的开始,"}"表示方法体的结束。

如果方法有返回值,则方法体中必须包含一个 return 语句,以指定返回值,其类型必须和方法的返回类型相同。如果方法无返回值,在方法体中可以不包含 return 语句,或包含一个不指定任何值的 return 语句。

例如,下面代码声明了一个 public 类型的无返回值方法 method:

```
public void method()
{
    Console.Write("方法声明");
}
```

7.5.2 方法的参数

在方法的声明与调用中,经常涉及方法参数,在方法声明中使用的参数叫形式参数(形参),在调用方法中使用的参数叫实际参数(实参)。在调用方法时,参数传递就是将实参传递给形参的过程。

例如，某类定义中声明方法时的形参如下：

```
public int IntMax(int a,int b){}
```

则声明对象 classmax 后调用方法时的实参如下：

```
classmax.IntMax(x,y)
```

调用方法时，传递给方法的参数类型应该与方法定义的参数类型相同，或是能够隐式转换为方法定义的参数类型。

如果方法进行处理和更改数值等操作，有时需要传递参数值给方法并从方法获得返回值。下面是参数值的 4 种常用情况。

1. 值参数

声明时不带修饰符的参数是值参数，一个值参数相当于一个局部变量，初始值来自该方法调用时提供的相应的实参。参数按值的方式传递是指当把实参传递给形参时，是把实参的值复制给形参，实参和形参使用的是两个不同内存中的值，所以这种参数传递方式的特点是形参的值发生改变时，不会影响实参的值，从而保证了实参数据的安全。之所以叫做值类型，是因为传递的是对象的副本而不是对象本身。传递的是值，而不是同一个对象。下面的代码试图交互两个数的值，但实际上只是交换形参 x 和 y 的值，而实参 a 和 b 并不会交换，看下面的例子：

【例 7-3】 值参数传递。

程序代码如下：

```
//程序清单 P7_3
using System;
namespace P7_3
{
    class FormalParameters
    {
        public static void Main()
        {
            double a =100;
            double b =150;
            CzMath c = new CzMath();
            c.Swap(a, b);
            Console.WriteLine("a ={0}", a);
            Console.WriteLine("b ={0}", b);
        }
    }
    class CzMath
    {
        //交换两个数的值
        public void Swap(double x, double y)
```

```
        {
            double temp = x;
            x = y;
            y = temp;
        }
    }
}
```

其中,方法 Swap 试图通过一个临时变量交换 a 和 b 的值,但程序运行后的结果仍然是:

```
a = 100;
b = 150;
```

因为调用 Swap 方法时,首先将主方法 Main 中定义的变量 a 和 b(实参)进行一次复制,而后传递给方法的形参,在方法的执行代码中所改变的只是复制的值,而不是实际参数的原始值,因此达不到交换数值的效果。

上面这种传递参数的方法叫做值传递。如果希望改变实参的值,则需要另一种传递参数的方法引用传递。

2. 引用参数

如果要传递原值并修改它,使用引用参数就非常方便。引用传递是指实参传递给形参时,不是将实参的值复制给形参,而是将实参的引用传递给形参,实参与形参使用的是一个内存中的值。这种参数传递方式的特点是形参的值发生改变时,同时也改变实参的值。引用参数使用 ref 修饰符,告诉编译器,实参与形参的传递方式是引用。

【例 7-4】 改写例 7-3,要求改用引用参数。

程序代码如下:

```
//程序清单 P7_4
using System;
namespace P7_4
{
    class FormalParameters
    {
        public static void Main()
        {
            double a = 100;
            double b = 150;
            CzMath c = new CzMath();
            c.Swap(ref a, ref b);
            Console.WriteLine("a = {0}", a);
            Console.WriteLine("b = {0}", b);
        }
    }
    class CzMath
```

```
    {
        //交换两个数的值
        public void Swap(ref double x, ref double y)
        {
            double temp = x;
            x = y;
            y = temp;
        }
    }
```

其中,传递给方法的参数就不是实参的备份,而是指向实参的引用。所以当对形参进行修改时,相应的实参也发生了改变。程序运行的结果表明了数值交换的成功:

```
a = 150;
b = 100;
```

类对象参数总是按引用传递的,所以类对象参数传递不需要使用 ref 关键字。

3. 输出参数

在传递的参数前加 out 关键字,即可将该传递参数设置为一个输出参数。与引用参数类似,输出参数也不开辟新的内存区域。它与引用型参数的差别在于,调用方法前无需对变量进行初始化。输出型参数用于传递方法返回的数据。

out 修饰符后应跟随与形参的类型相同的类型声明。在方法返回后,传递的变量被认为经过了初始化,如下面方法将返回两个数的平均值。

【例 7-5】 输出参数传递。

程序代码如下:

```
//程序清单 P7_5
using System;
namespace P7_5
{
    class Program
    {
        static void Main(string[] args)
        {
            int a = 10;
            int b = 20;
            double ave;                                    //ave 未初始化
            CzMath m = new CzMath();
            m.Average(a, b, out ave);
            Console.Write("the average of a and b is:{0}", ave);
        }
    }
    class CzMath
```

```
    {
        public void Average(int x, int y, out double z)
        {
            z = Convert.ToDouble(x + y)/2;
        }
    }
}
```

此例也可以使用引用参数来传递参数,则需要对 ave 变量进行初始化:

```
double ave = 0;
```

4. 参数数组

参数数组必须用 params 修饰词明确指定。

方法的参数类型也可以是数组,如下面的方法用于计算数组所有元素的平均值:

```
public double Average(int[] array)
{
    double ave = 0;
    int sum = 0;
    for(int i = 0; i < array.Length; i ++)
        sum += array[i];
    ave = (double)sum/array.Length;
    return ave;
}
```

调用该方法的示例代码如下:

```
int[] a = {1, 3, 3, 5, 7, 9};
int x = Average(a);
```

如果在形参前面加上关键字 params,该形参就成为了参数数组:

```
public double Average(params int[] array)
{
    double ave = 0;
    int sum = 0;
    for(int i = 0; i < array.Length; i ++)
        sum += array[i];
    ave = (double)sum/array.Length;
    return ave;
}
```

传递给数组型参数的实参既可以是一个数组,也可以是任意多个数组元素类型的变量。例如,下面调用 Average 的代码都是合法的:

```
int[] a = {1, 3, 3, 5, 7, 9};
int x = Average(a);
```

```
int y = Average(1, 3, 5, 7, 9);
int z = Average(10, 20, 30);
```

C#中对于参数数组有着严格的规定：

- 在方法的参数列表中只允许出现一个参数数组，而且在方法同时具有固定参数和参数数组的情况下，参数数组必须放在整个参数列表的最后。
- 参数数组只允许是一维数组。
- 参数数组不能同时作为引用参数或输出参数。

【例 7-6】 参数数组的使用。

程序代码如下：

```
//程序清单 P7_6
using System;
namespace P7_6
{
    class Program
    {
        static void F(params int[] args)
        {
            Console.WriteLine("Array contains {0} elements:",
                args.Length);
            foreach (int i in args)
                Console.Write("{0} ", i);
            Console.WriteLine();
        }
        public static void Main()
        {
            int[] a = {1, 2, 3};
            F(a);
            F(10, 20, 30, 40);
            F();
        }
    }
}
```

程序的输出如图 7-1 所示。

图 7-1 参数数组输出示例

7.5.3 静态和非静态方法

方法分为静态方法和非静态方法。若一个方法声明中含有 static 修饰符，则称该方法为静态方法；若没有 static 修饰符，则称该方法为非静态方法。

1. 静态方法

静态方法不对特定实例进行操作，在静态方法中引用 this 会导致编译错误。C#中通过关键字 static 定义静态成员。和实例成员不同，使用静态成员时，圆点连接符的前面不再是某个具体的对象变量,而是类的名称。例如,前面一直使用到的 Console.WriteLine 和 Console.ReadLine 等方法就属于静态方法,使用时没有创建哪个具体的 Console 类的实例,而是直接使用类本身。考虑程序例 7-4,其中类 CzMath 的 Swap 方法只用于交换两个数值,而与具体的对象无关,因此可以将其定义为静态方法,这样在调用方法时就无需创建 CzMath 类的实例,下面是对该程序的修改。

【例 7-7】 静态方法。

程序代码如下:

```
//程序清单 P7_7
using System;
namespace P7_7
{
    class FormalParameters
    {
        public static void Main()
        {
            double a = 100;
            double b = 150;
            CzMath.Swap(ref a, ref b);
            Console.WriteLine("a={0}", a);
            Console.WriteLine("b={0}", b);
        }
    }
    class CzMath
    {
        //交换两个数的值
        public static void Swap(ref double x, ref double y)
        {
            double temp = x;
            x = y;
            y = temp;
        }
    }
}
```

2. 非静态方法

非静态方法是对类的某个给定的实例进行操作,而且可以用 this 来访问该方法。例如程序例 7-4 中的:

```
CzMath c = new CzMath();
c.Swap(ref a, ref b);
```

就是先实例化 CzMath 的对象 c,然后用对象 c 去调用非静态方法 Swap。

7.5.4 方法的重载

方法重载指调用同一方法名,但各方法中参数的数据类型、个数或顺序不同。只要类中有两个以上的同名方法,但使用的参数类型、个数或顺序不同,调用时,编译器就可以判断在哪种情况下调用哪种方法。下面的代码实现了 MethodTest 方法的重载:

```
public int MethodTest(int i, int j)
{
}
public int MethodTest(int i)
{
}
public string MethodTest(string s)
{
}
```

7.6 字段和属性

为了保存类的实例的各种数据信息,C#提供了两种方法——字段(或称域、成员变量)和属性。属性不是字段,本质上是定义修改字段的方法。由于属性和字段的紧密关系,把它们放到一起介绍。

7.6.1 字段概念及用途

字段也叫成员变量,表示存储位置,用来保存类的各种数据信息。字段是 C#中不可缺少的一部分,代表一个与对象或类相关的变量或常量。一个字段声明可以把一个或多个给定类型的字段引入。

7.6.2 字段的声明

字段的声明非常简单。例如:

```
private int a;
```

字段可分为静态字段、实例字段、常量和只读字段。

1. 静态字段

用修饰符 static 声明的字段为静态字段。不管包含该静态字段的类生成多少个对象或根本无对象,该字段都只有一个实例,静态字段不能被撤销。

静态字段采用如下方法引用:

类名.静态字段名

2. 实例字段

如果类中定义的字段不使用修饰符 static，该字段为实例字段，每创建该类的一个对象，在对象内创建一个该字段实例，创建它的对象被撤销，该字段对象也被撤销。实例字段采用如下方法引用：

实例名.实例字段名

3. 常量

用 const 修饰符声明的字段为常量，常量只能在声明中初始化，以后不能再修改。

4. 只读字段

用 readonly 修饰符声明的字段为只读字段，只读字段是特殊的实例字段，只能在字段声明中或构造函数中重新赋值，在其他任何地方都不能改变只读字段的值。

下面举例说明 4 种字段的差异。

【例 7-8】 四种字段的使用。

程序代码如下：

```
//程序 P7_8
using System;
namespace 7_8
{
    public class Test
    {   public const int intMax = int.MaxValue;      //常量,必须赋初值
        public int x = 0;                             //实例字段
        public readonly int y = 0;                    //只读字段
        public static int cnt = 0;                    //静态字段
        public Test(int x1,int y1)                    //构造函数
        {
            //intMax = 0;                             //错误,不能修改常量
            x = x1;         //在构造函数允许修改实例字段
            y = y1;         //在构造函数允许修改只读字段
            cnt ++;         //每创建一个对象都调用构造函数,用此语句可以记录对象的个数
        }
        public void Modify(int x1,int y1)
        {
            //intMax = 0;                  //错误,不能修改常量
            x = x1;
            cnt = y1;
            //y = 10;                      //不允许修改只读字段
        }
    }
    class Program
```

```
    {
        static void Main(string[] args)
        {
            Test T1 = new Test(100,200);
            T1.x = 40;                    //引用实例字段采用方法:实例名.实例字段名
            Test.cnt = 0;                 //引用静态字段采用方法:类名.静态字段名
            int z = T1.y;                 //引用只读字段
            z = Test.intMax;              //引用常量
        }
    }
```

7.6.3 属性的概念及用途

C#语言支持组件编程,组件也是类,组件用属性、方法、事件描述。属性不是字段,但必然和类中的某个或某些字段相联系,属性定义了得到和修改相联系的字段的方法。C#中的属性更充分地体现了对象的封装性:不直接操作类的数据内容,而是通过访问器进行访问,借助于 get 和 set 方法对属性的值进行读写。访问属性值的语法形式和访问一个变量基本一样,使访问属性就像访问变量一样方便。

属性结合了字段和方法的多个方面。对于对象的用户,属性显示为字段,访问该属性需要完全相同的语法。对于类的实现者,属性是一个或两个代码块,表示一个 get 访问器或一个 set 访问器。当读取属性时,执行 get 访问器的代码块;当向属性分配一个新值时,执行 set 访问器的代码块。不具有 set 访问器的属性被视为只读属性,不具有 get 访问器的属性被视为只写属性,同时具有这两个访问器的属性是读写属性。

7.6.4 属性的声明及使用

属性在类模块内是通过以下方式声明的:指定字段的访问级别,后面是属性的类型,接下来是属性的名称,然后是声明 get 访问器和/或 set 访问器的代码模块。

例如,在 Student 类中可用 Name 属性封装对私有字段 name 的访问:

```
public class Student
{
  private string name;               //字段
  public string Name                 //属性
  {
    get {return name;}
    set {name = value;}
  }
}
```

作为类的特殊函数成员,get 和 set 访问函数需要包含在属性声明的内部,而函数声明只需要写出 get 和 set 关键字即可。其中 get 访问函数没有参数,默认返回类型就是属性的类型,表示属性返回值;set 访问函数的默认返回类型为 void,且隐含了一个与属性类型相同的参数 value，表示要传递给属性的值。这样就可以通过属性来访问隐藏的字段，例如：

```
Student s1 = new Student("李明");
Console.WriteLine(s1.Name);                     //调用 get 访问函数访问 name 字段
Console.WriteLine("请输入新姓名：");
s1.Name = Console.ReadLine();                   //调用 set 访问函数修改 name 字段
```

属性可以只包含一个访问函数，如只有 get 访问函数，那么属性的值不能被修改；如只有 set 访问函数，则表明属性的值只能写不能读。例如，如 Student 对象在创建后就不允许修改其姓名，那么 Name 属性的定义可以修改为：

```
public string Name                              //只读属性
{
    get {return name;}
}
```

属性的典型用法是一个共有属性对应封装一个私有或保护字段，但这并非强制要求。属性本质上是方法，在其代码中可以进行各种控制和计算。例如，在学生类中有个表示出生年份的私有字段 birthYear，那么表示年龄的属性 Age 的返回值应该是当前年份减去出生年份：

```
privage int birthYear;
public int Age
{
    get{return DateTime.Now.Year - birthYear;}
}
```

注意：在 C# 3.0 中，提供了名为"自动属性"特征，它允许只写出属性及其访问函数的名称，编译会自动生成所要封装的字段以及访问函数的执行代码，下面的 Student 类使用了自动属性：

```
public class Student
{
    public string Name       {get;set;}         //自动属性
}
}
```

其效果和下面这种传统的定义方式是一样的：

```
public class Student
{
    private string name;                        //字段
    public string Name                          //属性
    {
        get {return name;}
        set {name = value;}
    }
}
```

7.7 继承和多态

封装、继承和多态性是面向对象程序设计的 3 个基本要素。通过继承,派生类能够在增加新功能的同时,吸收现有类的数据和行为,从而提高软件的可重用性。而多态性使得程序能够以统一的方式来处理基类和派生类的对象行为,甚至是未来的派生类,从而提高系统的可扩展性和可维护性。

7.7.1 继承

1. 基类和派生类

继承关系在自然社会和人类社会中比比皆是:最高层的实体往往具有最一般最普遍的特征,而越下层的事物则越具体,并且下层包含了上层的基本特征,它们之间的关系是基类与派生类之间的关系。

为避免层次结构过于复杂,C#中的类不支持多继承,即不允许一个派生类继承多个基类,只有在类和接口之间可以实现多继承。.NET 类库本身在构造过程中就充分利用了继承技术。System.Object 类是其他所有类的基类,不仅如此,C#是完全面向对象的编程语言,其中所有的数据类型都是从类中衍生而来,因此 System.Object 类也是其他所有数据类型的基类。

所谓继承,指在已有类的基础上构造新的类,新类继承了原有类的数据成员、属性、方法和事件。原有的类称为基类,新类称为派生类。从集合的角度来说,派生类是基类的子集。例如,若在学生类 Student 的基础上定义表示学生干部的派生类 StudentLeader,则其关系如图 7-2 所示。

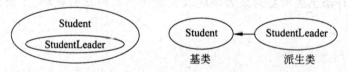

图 7-2 基类和派生类的关系

【例 7-9】 基类和派生类的例子。
程序代码如下:

```
//程序清单 P7_9
using System;
namespace P7_9
{
    class Program
    {
        static void Main(string[] args)
        {
            StudentLeader sl = new StudentLeader("990001", "liming", 80,
```

```csharp
            "Moniter");
            sl.NewPrintInfo();
        }
    }

    class Student                                   //定义学生类
    {
        protected string No;                        //学号
        protected string Name;                      //姓名
        protected int Score;                        //成绩

        public Student()                            //构造函数
        {
        }

        //构造函数
        public Student(string a, string b, int c)
        {
            No = a; Name = b; Score = c;
        }
        public void PrintInfo()
        {
            Console.WriteLine(No);
            Console.WriteLine(Name);
            Console.WriteLine(Score);
        }
    }

    class StudentLeader : Student                   //定义学生干部类
    {
        private string Duty;                        //职责

        //构造函数
        public StudentLeader(string a, string b, int c, string d)
        {
            No = a; Name = b; Score = c; Duty = d;
        }
        public void NewPrintInfo()
        {
            Console.WriteLine(No);
            Console.WriteLine(Name);
            Console.WriteLine(Score);
            Console.WriteLine(Duty);
        }
```

```
        }
    }
```

2. 访问基类成员

访问基类成员涉及隐藏基类成员和 base 关键字的使用。

1）隐藏基类成员

大多数情况下，派生类不会一成不变地继承基类中的所有成员，如可能希望在某些字段中存储不同的信息、在某些方法中执行不同的操作等。这时就需要通过 new 关键字隐藏基类中的成员。例如，例 7-9 中，希望 StudentLeader 类的 NewPrintInfo 方法输出不同的内容（除了基类的三个字段之外，还需要输出 Duty），这时就可以将 NewPrintInfo 方法修改为：

```
public new void PrintInfo()
{
    Console.WriteLine(No);
    Console.WriteLine(Name);
    Console.WriteLine(Score);
    Console.WriteLine(Duty);
}
```

这时称派生类中重新定义的方法覆盖了基类中的同名方法。其中，new 关键字放在访问限制修饰符的前后均可，但一定要在成员的类型说明之前。

提示：隐藏基类成员时所使用的 new 关键字属于一种修饰符，它和创建对象时使用的 new 操作符是完全不同的。

2）base 关键字的使用

7.3.1 节中介绍的 this 关键字可以用来访问当前对象，而这里介绍的 base 关键字则可以用来访问当前对象的基类对象，进而调用基类对象的成员。例如，可以将上例中 StudentLeader 类的 PrintInfo 方法改写成：

```
public new void PrintInfo()
{
    base.PrintInfo();
    Console.WriteLine(Duty);
}
```

这样，派生类 StudentLeader 的 PrintInfo 方法就调用了其隐藏的基类方法。

base 的另外一个用途是在派生类中调用基类构造函数。例如，上例中 StudentLeader 类的构造函数可以改写为：

```
public StudentLeader(string a, string b, int c, string d):base(a, b, c)
{
    Duty = d;
}
```

其中，base(a, b, c)表示调用基类构造函数 Student(a, b, c)。

7.7.2 多态

"多态性"这个词的含义指同一事物在不同的条件下可以表现出不同的形态。这一点在对象之间进行通信时非常有用,如一个对象发送消息到其他对象,它并不一定要知道接收消息的对象属于哪一类。接收到消息后,不同类型的对象可以做出不同的解释,执行不同的操作,从而产生不同的结果。

1. 虚拟方法和重写方法

前面提到过,派生类很少一成不变地去继承基类中的所有成员。一种情况是派生类中的方法成员可以隐藏基类中同名的方法成员,这时通过关键字 new 对成员加以修饰;另一种更为普遍和灵活的情况是将基类的方法成员定义为虚拟方法,而在派生类中对虚拟方法进行重写。后者的优势在于它可以实现运行时的多态性,即程序可以在运行过程中确定应该调用哪一个方法成员。

基类的虚拟方法通过关键字 virtual 进行定义,而派生类的重写方法则通过关键字 override 进行定义。

【例 7-10】 修改例 7-9,要求使用虚拟方法和重写方法。

程序代码如下:

```
using System;
namespace P7_10
{
    class Program
    {
        static void Main(string[] args)
        {
            StudentLeader sl = new StudentLeader("990001", "liming", 80, "Moniter");
            sl.PrintInfo();
        }
    }

    class Student
    {
        protected string No;
        protected string Name;
        protected int Score;

        public Student()
        {
        }

        public Student(string a, string b, int c)
        {
```

```
            No = a;
            Name = b;
            Score = c;
        }
        public virtual void PrintInfo()
        {
            Console.WriteLine(No);
            Console.WriteLine(Name);
            Console.WriteLine(Score);
        }
    }

    class StudentLeader : Student
    {
        private string Duty;

        public StudentLeader(string a, string b, int c,
            string d) : base(a, b, c)
        {
            Duty = d;
        }


        public override void PrintInfo()
        {
            base.PrintInfo();
            Console.WriteLine(Duty);
        }
    }
}
```

这里要说明的是，如果在派生类中使用 override 关键字定义了重写方法，那么也就允许该类自己的派生类继续重写这个方法，因此重写方法默认也是一种虚拟方法，但不能同时使用 virtual 和 override 修饰一个方法。此外，在基类中定义虚拟方法，实际上暗示了希望在派生类中继承并重写实现该方法，因此虚拟方法不能是私有的。而且在基类和派生类中，对同一个虚拟方法和重写方法的访问限制应当相同，即要么都使用 public 修饰符；要么都使用 protected 修饰符。

另外，要注意重写和重载的区别：重写是派生类具有和基类同名的方法，即用派生类同名(可以同形参和返回值)重写基类的同名方法，所以也称为覆盖，属于运行时多态；而重载(见 7.5.4 节)是同一个类中具有同名的方法，其形参列表不能够相同，属于编译时多态。

2. 抽象类和抽象方法

基类中的虚拟方法允许在派生类中进行重写，并在调用时动态地决定是执行基类的方法代码,还是执行哪一个派生类的方法代码。此外,C#中还可以为基类定义抽象方法,强制性地要求所有派生类必须重写该方法。

抽象方法使用关键字 abstract 定义,并且不提供方法的执行体,如:

```
//抽象方法
public abstract void Area();
```

包含抽象方法的类必须是抽象类,它也需要使用关键字 abstract 加以定义,如:

```
public abstract class Shape
{
    ⋮                                              //类的成员定义
}
```

抽象类表达的是抽象的概念,本身不与具体的对象相联系,其作用是为派生类提供一个公共的界面。例如,"图形"就可以是一个抽象类,因为每一个具体的图形对象必然是其派生类的实例,如"四边形"对象、"圆形"对象等;但"四边形"不是一个抽象类,因为"四边形"对象既可以是其派生的"平行四边形"、"正方形"等特殊四边形对象,也可以是一般的四边形对象。

对于抽象类,不允许创建类的实例,例如在定义了抽象类 Shape 之后,下面的代码是错误的:

```
Shpae s = new Shape();
```

抽象类之间也可以进行继承。抽象类要求其所有派生类都继承它的抽象方法;而如果派生类不是抽象类,它就必须重写这些抽象方法并提供实现代码。和虚拟方法类似,派生类中对抽象方法的重写也通过 override 关键字进行。抽象方法不能是私有的,而且抽象方法及其重写方法的访问限制应当相同。最后,抽象方法不能同时使用 virtual 关键字进行修饰。

【例 7-11】 抽象类和抽象方法。

程序代码如下:

```
//程序清单 P7_11
using System;
namespace P7_11
{
    class Program
    {
        static void Main(string[] args)
        {
            Rectangle rect = new Rectangle(5, 6);
            Console.WriteLine("Area of rect = " + rect.area());
            Circle cir = new Circle(2.0);
            Console.WriteLine("Area of cir = " + cir.area());
        }
    }
```

```csharp
public abstract class Shape                    //定义 Shape 抽象类
{
    public const double PI = 3.14;
    public abstract double area();             //抽象方法,不需要定义处理
}

public class Circle : Shape
{
    private double radius;
    public Circle(double r)                    //构造方法
    {
        radius = r;
    }
    public override double area()
    {
        return (Shape.PI * radius * radius);
    }
}

public class Rectangle : Shape
{
    int width, height;
    public Rectangle(int w, int h)             //构造方法
    {
        width = w;
        height = h;
    }
    public override double area()
    {
        return (width * height);
    }
}
```

3. 密封类和密封方法

抽象类本身无法创建实例,而强制要求通过派生类实现功能。与之相反的是,在 C#中还可以定义一种密封类,它不允许从中派生出其他的类。密封类通常位于类的继承层次的最低层,或是在其他一些不希望类被继承的情况下使用。

密封类使用关键字 sealed 定义,例如:

```csharp
public sealed class Circle : Shape
{
    ...                                        //类的成员定义
```

}
```

有趣的是，尽管密封类和抽象类是截然相反的两个概念，但它们并不冲突，一个类可以同时被定义为密封类和抽象类，这意味着该类既不能被继承、也不能被实例化。这只出现在一种情况下，那就是该类的所有成员均为静态成员，Console 类就是这样的一个类。

类似的，如果方法在定义中使用了关键字 sealed，就成为密封方法。与密封类的不同之处在于，密封类指不允许有派生类的类，而密封方法则指不允许被重写的方法。密封方法所在的类不一定是密封类（这一点与抽象方法不同），而如果该类存在派生类，那么在派生类中就必须原封不动地继承这个密封方法。此外，密封方法本身也要求是一个重写方法（即 sealed 和 override 必须在方法定义中同时出现），如可以在 Rectangle 类中将重写 area() 为密封的：

```
public sealed override double area()
{
    return (width * height);
}
```

这样在 Rectangle 类的所有派生类中，就不允许重写该方法的实现。如果要在派生类中定义同名的方法，就必须使用关键字 new 隐藏基类的方法。例如：

```
public class square : rectangle
{
    public new double area()
    {
        return (width * width);
    }
}
```

由于不存在动态调用的问题，密封类和密封方法通常能够实现较好的性能。

小结

本章介绍了面向对象程序设计的基础，内容包括面向对象的基本概念、类、对象、构造函数和析构函数、方法、字段和属性、继承和多态。

类是面向对象程序设计的基本单元，是 C# 中最重要的一种数据结构。这种数据结构可以包含字段成员、方法成员以及其他的嵌套类型。

构造函数、析构函数、属性、索引指示器、事件和操作符都可以视为方法成员，具有普通方法的大部分特性，但在使用中又都有着各自的特点。类的构造函数用于对象的初始化，而析构函数用于对象的销毁。对象的生命周期从构造函数开始，到析构函数结束。

利用属性提供的访问方法，可以隐藏数据处理的细节，更好地实现对象的封装性。

继承是面向对象的程序设计方法中实现可重用性的关键技术。C# 语言提供了一整套设计良好的继承机制，包括派生类对基类的继承、成员的继承、重载和重写。

同一操作作用于不同的对象，可以有不同的解释，产生不同的执行结果，这就是多态
```

性。多态性通过派生类重载基类中的虚拟方法来实现。

C#中还提供了抽象和密封的概念,给继承和多态性的实现带来了更大的灵活性。抽象类和接口都把方法成员交给派生类去实现。而密封类不允许被继承,密封方法不允许被重载。

习题 7

1. 选择题

(1) 下列关于面向对象的程序设计的说法中,_____是不正确的。
    A. "对象"是现实世界的实体或概念在计算机逻辑中的抽象表示
    B. 在面向对象程序设计方法中,其程序结构是一个类的集合和各类之间以继承关系联系起来的结构
    C. 对象是面向对象技术的核心所在,在面向对象程序设计中,对象是类的抽象
    D. 面向对象程序设计的关键设计思想是让计算机逻辑来模拟现实世界的物理存在

(2) MyClass 类定义如下:

```
class MyClass
{
    public MyClass(int x)
    {
    }
}
```

    使用如下方式创建对象,_____是正确的。
    A. MyClass myobj = new MyClass;
    B. MyClass myobj = new MyClass( );
    C. Myclass myobj = new MyClass(1);
    D. MyClass myobj = new MyClass(1,2);

(3) 现在有两个类: Person 与 Chinese,要使 Chinese 继承 Person 类,_____写法是正确的。
    A. class Chinese:Person{ }   B. class Chinese::Person{ }
    C. class Chinese extends Person{ }   D. class Chinese extends Person{ }

(4) 在 C#中,以_____关键字定义的类不能派生出子类。
    A. final   B. sealed   C. private   D. const

(5) 以下代码中,this 是指_____。

```
class bird{
    int x,y;
    void fly(int x,int y){
        this.x = x;
```

```
            this.y = y;
        }
    }
```

  A. bird   B. fly   C. bird 或 fly   D. 不一定

(6) 下述_____说法是不正确的。

  A. 实例变量是用 static 关键字声明的   B. 实例变量是类的成员变量

  C. 方法变量在方法执行时创建   D. 方法变量在使用之前必须初始化

(7) 下列各种 C#中的方法的定义，_____是正确的。

  A. void myFun(int X = 1){}   B. void myFun(int & X){}

  C. void myFun(int X){}   D. void myFun(int * X){}

(8) 为 AB 类的一个无形式参数无返回值的方法 method 书写方法头，使得使用 AB.method 就可以调用该方法。则下列_____方法的书写形式是正确的。

  A. static void method( )   B. public void method( )

  C. final void method( )   D. abstract void method( )

(9) 假设 A 类有如下定义，设 a 是 A 类的一个实例，下列语句调用_____是错误的。

```
class A
{   public int i;
    public static String s;
    public void method1() { }
    public static void method2() { }
}
```

  A. Console.WriteLine(a.i);   B. a.method1( );

  C. A.method1( );   D. A.method2( );

(10) 下面关于构造方法的说法不正确的是_____。

  A. 构造方法没有返回值

  B. 构造方法不可以重载

  C. 构造方法一定要和类名相同

  D. 构造方法也属于类的方法，用于创建对象的时候给成员变量赋值

(11) 类 ABC 定义如下：

```
1  public class ABC
2  {public int max(int a, int b) { }
3
4  }
```

将以下_____方法插入行 3 是不合法的。

  A. public float max(float a, float b, float c){}

  B. public int max(int c, int d){}

  C. public float max(float a, float b){}

  D. private int max(int a, int b, int c){}

（12）以下关于继承的叙述正确的是_____。
　　A．在 C#中类只允许单一继承
　　B．在 C#中一个类只能实现一个接口
　　C．在 C#中一个类不能同时继承一个类和实现一个接口
　　D．在 C#中接口只允许单一继承
（13）调用方法结束后，_____不再存在。
　　A．值传递的形式参数及其值　　B．引用传递的实际参数及其值
　　C．用 ref 修饰的参数及其值　　D．用 out 修饰的参数及其值
（14）调用方法传递参数时，形式参数和实际参数的_____必须匹配。
　　A．类型　　　B．名称　　　C．地址　　　D．访问修饰符
（15）以下关于 params 参数的说法，不正确的是_____。
　　A．形参数组必须位于该列表的最后
　　B．形参数组必须是一维数组类型
　　C．params 修饰符可以用 out 修饰
　　D．params 一定是引用传递的参数

2. 填充题

（1）已知有类 MyClass，则其默认的构造函数为_____，析构函数为_____。
（2）C#中通过_____和_____访问器来对属性的值进行读写。
（3）get 访问器必须用_____语句来返回。
（4）当顶级类没有指定访问修饰符时，默认的访问修饰符是_____。
（5）派生类中使用关键字_____来重写基类的同名方法，或者使用关键字_____来覆盖基类的同名方法。
（6）所有接口成员都隐式地具有_____访问修饰符。
（7）在实例化类对象时，系统自动调用该类的_____进行初始化。
（8）类的数据封装可以通过类中的_____实现，而类的行为封装通过_____实现。
（9）在类的成员声明时，若使用了_____修饰符则该成员只能在该类或其派生类中使用。
（10）类的静态成员属于_____所有，非静态成员属于类的实例所有。
（11）C#方法的参数 4 四种，分别是值参数、引用参数、输出参数和参数数组，在形参中声明参数数组时应使用_____关键字。
（12）在声明类时，在类名前用_____修饰符，则声明的类只能作为其他类的基类，不能被实例化。

3. 编程题

（1）编写一个矩形类，私有数据成员为举行的长（len）和宽（wid），无参构造函数将 len 和 wid 设置为 0，有参构造函数设置 len 和 wid 的值，另外，类还包括求矩形的周长、求矩形的面积、取矩形的长度、取矩形的宽度、修改矩形长度和宽度为对应的形参值等公用方法。

(2) 建立三个类：居民、成人、官员。居民包含身份证号、姓名、出生日期，而成人继承自居民，多包含学历、职业两项数据；官员则继承自成人，多包含党派、职务两项数据。要求每个类中都提供数据输入输出的功能。

(3) 编写出一个通用的人员类(Person)，该类具有姓名(Name)、年龄(Age)、性别(Sex)等域。然后对 Person 类的继承得到一个学生类(Student)，该类能够存放学生的5门课的成绩，并能求出平均成绩，要求对该类的构造函数进行重载，至少给出三个形式。最后编程对 student 类的功能进行验证。

第 8 章 文 件 操 作

应用程序是在内存中运行的,应用程序之间、应用程序与用户之间的交互信息也都存储在内存中,这些数据将随着程序或系统的关闭而丢失。一个完整的应用程序,必然要涉及系统、程序和用户等各种信息的存储,这就是本章所要讨论的文件输入输出(IO)操作。输入输出操作是内存和持久性存储设备之间的一座桥梁。

本章将对.NET 类库中提供的与输入输出操作相关的各种类型进行介绍,并说明如何通过流的读写来实现文件的输入输出。

8.1 文件系统概述

计算机系统的重要作用之一是能快速处理大量信息,因此数据的组织和存取成为极为重要的内容。文件是数据的一种组织形式,文件系统的目标就是提高存储器的利用率,接受用户的委托实施对文件的操作。

文件系统是操作系统的一个重要组成部分。文件系统所要解决的问题包括管理存储设备,决定文件的存放位置和方式,提供共享能力,保证文件安全性,提供友好的用户接口等。通过文件系统,用户和应用程序能够方便地进行数据存储,而不必关心底层存储设备的实现细节。

Windows 支持多种文件系统,包括 FAT、FAT32、NTFS 等。这些文件系统在操作系统内部有不同的实现方式,然而它们提供给用户的接口是一致的。如果应用程序不涉及操作系统的具体特性,那么只要按照标准方式来编写代码,生成的应用程序就可以运行在各个文件系统上,甚至可以不经改动而移植到其他操作系统(如 UNIX 和 Linux)上。.NET 框架中的输入输出处理部分就封装了文件系统的实现细节,提供给开发人员一个标准化的接口。Windows 操作系统对文件的管理采用多级目录结构,并且提供了一组命令用于文件和目录的管理。可以使用.NET 类库提供的标准方法进行目录管理、文件控制和文件存取等工作,公共语言运行时会在程序执行时自动调用相关的系统命令。

C#将文件视为一个字节序列,以流的方式对文件进行操作。流是字节序列的抽象概念,文件、输入输出设备、内部进程通信管道以及 TCP/IP 套接字等都可以视为一个流。.NET 对流的概念进行了抽象,为这些不同类型的输入和输出提供了统一的视图,使程序员不必了解操作系统和基础设备的具体细节。

文件和流既有区别又有联系。文件是在各种驱动器上(硬盘、可移动磁盘、CD-ROM等)永久或临时存储的数据的有序集合,是进行数据读写操作的基本对象。Windows 中的文件按照树状目录进行组织,每个文件通常都具有文件名、所在路径、创建时间、访问权限等基本属性。

从概念上讲,流类似于单独的磁盘文件,同时也是进行数据读取操作的对象。流提供了连续的字节存储空间,通过流可以向后备存储器写入数据以及从后备存储器读取数据。虽然数据实际的存储位置可以不连续,甚至可以分布在多个磁盘上,但是用户看到的是封装以后的数据结构,是连续的字节流。和磁盘文件直接相关的流叫做文件流,流还有其他多种类型,如网络流、内存流和磁带流等。

文件中的数据可以有不同的编码格式,最根本的两种是 ASCII 编码和二进制编码。采用 ASCII 编码的文件又称为文本文件,它的每一个字节对应一个 ASCII 码,代表一个字符。二进制文件则是把内存中的二进制数据按原样写入文件。例如整数 10000 在内存中占 2 个字节,那么它在二进制文件也只占 2 个字节;而以 ASCII 文件保存时每位数字各占 1 个字节,共 5 个字节,两种编码的存储如图 8-1 所示。使用 ASCII 文件格式便于处理字符,编程也较简单,但占用的存储空间和处理时间较多;使用二进制文件格式则更节省空间和时间。可根据需要在不同的场合下使用合适的文件格式。

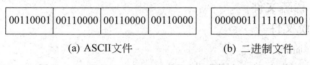

图 8-1　整数 1000 的存储

.NET 类库的 System.IO 命名空间中提供了完整的对文件和流的访问支持。利用它所提供的功能,可以在程序中同步或异步地访问数据文件和数据流。这些文件和流既可以存储在本地硬盘上,也可以存储在远程机器上,或是各式各样的移动设备中,甚至可以存在于某个内存地址或网络通道中。

8.2　驱动器、目录和文件

Windows 操作系统对文件采用目录管理方式,文件和目录则存储在驱动器上。相应地,.NET 类库中提供了 DriveInfo 类、Directory 类和 File 类,分别对驱动器、目录和文件进行了封装。这 3 个类都是密封类,无法从中派生出其他类;而且,Directory 和 File 类属于抽象类,无法创建它们的实例,而只能通过类的原型调用其公有的静态方法成员。

8.2.1　与 IO 操作相关的枚举

首先介绍一些在文件 IO 操作中常用到的枚举定义。

1. FileAccess

FileAccess 枚举类型表示对文件的访问权限,可以是以下值:

- Read：对文件拥有读权限。
- ReadWrite：对文件同时拥有读写权限。
- Write：对文件拥有写权限。

2. FileAttributes

FileAttributes 枚举类型表示文件的类型，可以是以下值：
- Archive：存档文件。
- Compressed：压缩文件。
- Device：设备文件。
- Directory：目录。
- Encrypted：加密文件。
- Hidden：隐藏文件。
- Normal：普通文件。
- NotContentIndexed：无索引文件。
- Offline：脱机文件。
- ReadOnly：只读文件。
- ReparsePoint：重分析文件。
- SparseFile：稀疏文件。
- System：系统文件。
- Temporary：临时文件。

上述枚举值可以按位组合使用，如 FileAttributes. System | FileAttributes. ReadOnly 表示系统只读文件。当然，一些相互排斥的类型是不能进行组合的，如一个文件不能既是普通文件，又是隐含文件。

3. FileMode

FileMode 枚举类型表示文件的打开方式，可以是以下值：
- Append：以追加方式打开文件，如果文件存在则到达文件末尾；否则创建一个新文件。
- Create：创建并打开一个新文件，如果文件已经存在则覆盖旧文件。
- CreateNew：创建并打开一个新文件，如果文件已经存在发生异常。
- Open：打开现有文件，如果文件不存在发生异常。
- OpenOrCreate：打开或新建一个文件，如果文件已经存在则打开它；否则创建并打开一个新文件。
- Truncate：打开现有文件，并清空文件内容。

4. FileShare

FileShare 枚举类型表示文件的共享方式，可以是以下值：
- None：禁止任何形式的共享。
- Read：读共享，打开文件后允许其他进程对文件进行读操作。

- ReadWrite：读写共享，打开文件后允许其他进程对文件进行读和写操作。
- Write：写共享，打开文件后允许其他进程对文件进行写操作。

5. SeekOrigin

SeekOrigin 枚举类型表示以什么为基准来表示文件流中的偏移量，可以是以下值：
- Begin：从文件流的起始位置计。
- Current：从文件流的当前位置计。
- End：从文件流的结束位置计。

6. NotifyFilters

NotifyFilters 枚举类型用于指定对文件或目录中哪些属性的修改进行监视，可以是以下值：
- Attributes：对属性的变化进行监视。
- CreationTime：对创建时间的变化进行监视。
- DirectoryName：对目录名称的变化进行监视。
- FileName：对文件名称的变化进行监视。
- LastAccess：对最后一次访问时间的变化进行监视。
- LastWrite：对最后一次写入时间的变化进行监视。
- Security：对安全性设置的变化进行监视。
- Size：对文件大小的变化进行监视。

上述枚举值可以按位组合使用，如 NotifyFilters.FileName | NotifyFilters.Size 表示同时对文件名称和大小的变化进行监视。

7. DriveType

DriveType 枚举类型用于定义与驱动器类型有关的常量，可以是以下值：
- CDRom：CD-ROM 驱动器。
- Fixed：固定磁盘驱动器。
- NetWork：网络驱动器。
- NoRootDirectory：不含根目录的驱动器。
- Ram：RAM 闪盘驱动器。
- Removable：可移动存储设备。
- Unknown：驱动器设备类型未知。

8.2.2 驱动器

通过 DriveInfo 类可以访问某个驱动器的相关信息。在创建一个 DriveInfo 对象时，需要将指定的盘符传递给该类的构造函数。盘符的范围是字母 a～z，与大小写无关。DriveInfo 类提供的公有属性如表 8-1 所示。

表 8-1 DriveInfo 类共有属性表

属 性 名	类 型	含 义
AvailableFreeSpace	long	驱动器上的剩余可用空间
DriveFormat	string	驱动器上的文件系统格式
DriveType	DriveType	驱动器的类型
IsReady	bool	驱动器是否已准备好(针对软驱、CD-ROM、可移动设备等)
Name	string	驱动器的名称
RootDirectory	string	驱动器上的根目录
TotalFreeSpace	long	驱动器上总的剩余空间
TotalSize	long	驱动器上总的空间
VolumeLabel	string	驱动器的卷标

在表 8-1 中,除了驱动器卷标 VolumeLabel 属性是可以设置的以外,其他的属性都是只读的。所有与磁盘空间相关的属性,其值都以字节为单位。属性 AvailableFreeSpace 和 TotalFreeSpace 的差别在于前者将磁盘配额考虑在内。

如果 DriveInfo 对象所代表的驱动器未就绪(即 IsReady 属性值为 false),那么在读取 AvailableFreeSpace、DriveFormat、TotalFreeSpace、TotalSize 和 VolumeLabel 这些属性时,都将引发一个 IOException 异常。另外,在访问 VolumeLabel 属性时,如果访问者没有足够的权限,将引发一个 SecurityException 异常。

DriveInfo 类还提供了一个公有的静态方法 GetDrives,该方法返回一个 DriveInfo[ ]类型的数组,表示当前计算机上所有逻辑驱动器的列表。如果该方法的调用者没有足够的权限,将引发一个 UnauthorizedAccessException 异常。

【例 8-1】 显示当前计算机上所有驱动器的相关信息。

程序代码如下:

```
//程序清单 P8_1
using System;
using System.IO;
namespace P8_1
{
    class DriveInfoSample
    {
        static void Main()
        {
            DriveInfo[] drivers = DriveInfo.GetDrives();
            foreach (DriveInfo drv in drivers)
            {
                try
                {
                    ShowDriveInfo(drv);
                }
                catch (System.Security.SecurityException)
```

```csharp
            {
                Console.WriteLine("您对此驱动器没有足够的访问权限");
            }
            catch (Exception exp)
            {
                Console.WriteLine("访问意外失败,原因:{0}", exp.Message);
            }
        }
    }
    public static void ShowDriveInfo(DriveInfo drv)
    {
        if (drv.IsReady)
        {
            Console.WriteLine("驱动器名:{0} 已就绪", drv.Name);
            Console.WriteLine("类型:{0}",
                GetTypeDescription(drv.DriveType));
            Console.WriteLine("文件格式:{0}", drv.DriveFormat);
            Console.WriteLine("卷标:{0}", drv.VolumeLabel);
            Console.WriteLine("根目录:{0}", drv.RootDirectory);
            Console.WriteLine("总容量:{0} KB", drv.TotalSize/1024);
            Console.WriteLine("可用空间:{0} KB", drv.TotalFreeSpace/1024);
            Console.WriteLine("有效可用空间:{0} KB",
                        drv.AvailableFreeSpace/1024);
        }
        else
        {
            Console.WriteLine("驱动器名:{0} 未就绪", drv.Name);
            Console.WriteLine("类型:{0}",
                GetTypeDescription(drv.DriveType));
            Console.WriteLine("根目录:{0}", drv.RootDirectory);
        }
        Console.WriteLine();
    }
    public static string GetTypeDescription(DriveType dt)
    {
        switch (dt)
        {
            case DriveType.Fixed:
                return "本地硬盘";
            case DriveType.Removable:
                return "可移动磁盘";
            case DriveType.CDRom:
                return "CD Rom";
            case DriveType.Network:
```

```
                    return "网络磁盘";
                case DriveType.Ram:
                    return "Ram闪盘";
                default:
                    return "未知类型";
            }
        }
    }
}
```

程序运行如图 8-2 所示。

8.2.3 目录

使用 Directory 类提供的目录管理功能,不仅可以创建、移动和删除目录,还可以获取和设置目录的有关信息。表 8-2 所示为 Directory 类提供的常用公有静态方法。

图 8-2 例 8-1 运行结果

表 8-2 Directory 类的公有静态方法

方 法 标 识	返回类型	用　　途
CreateDirectory(string)	DirectoryInfo	指定路径名创建目录,并返回目录信息
Delete(string)	void	删除指定的目录
Exists(string)	bool	指定路径名,判断目录是否存在
GetCurrentDirectory( )	string	获取当前所在的工作目录
SetCurrentDirectory( )	string	设置当前所在的工作目录
GetDirectories(string)	string[ ]	获取指定目录下的子目录列表
GetDirectoryRoot(string)	string	获取指定目录所在的根目录信息
GetFiles(string)	string[ ]	获取指定目录下的文件列表
GetFileSystemEntries(string)	string[ ]	获取指定目录下的所有子目录及文件列表
GetCreationTime(string)	DateTime	获取指定目录被创建的时间
SetCreationTime(string, DateTime)	void	设置指定目录被创建的时间
GetLastAccessTime(string)	DateTime	获取指定目录最近一次被访问的时间
SetLastAccessTime(string, DateTime)	void	设置指定目录最近一次被访问的时间
GetLastWriteTime(string)	DateTime	获取指定目录最近一次被修改的时间
SetLastWriteTime(string, DateTime)	void	设置指定目录最近一次被修改的时间
GetLogicalDrives( )	string[ ]	获取当前计算机上的逻辑驱动器列表
GetParent(string)	DirectoryInfo	获取指定目录的父目录信息
Move(string, string)	void	给定源路径名和目标路径名,移动目录

下面说明 Directory 类的基本用法。

1. 路径名的使用

目录管理中的一个重要问题是路径名的使用。

(1) 在使用目录和文件的路径名时,注意一定要使用转义符"\\"替代字符串中的字符"\",或者使用@取消转义,如@"C:\MyDirectory"。

(2)在目录和文件操作中,可以使用全路径名,也可以使用部分路径名。如果使用的是部分路径名,则默认操作都在当前目录下进行。当前目录是操作系统中的一个概念,可以在系统配置中设定,一般是 C 盘根目录或操作系统所在的目录(如"C:\Windows")。如果没有指定,则默认当前目录为应用程序可执行文件所在的目录。例如,对于下面的代码:

```
Directory.CreateDirectory("MyDirectory");
```

如果当前目录是 C 盘根目录,那么所创建目录的全路径名就是"C:\MyDirectory";而如果当前目录是 C:\Windows,那么所创建目录的全路径名就是 C:\Windows\MyDirectory。

2. 目录操作例

下面举几个目录操作的例子。

(1)在 C 盘根目录下创建了一个名为 MyDirectory 的目录,并将其移动到 C 盘 Windows 子目录下,最后删除该目录,代码为:

```
Directory.CreateDirectory("C:\\MyDirectory");
Directory.Move(@"C:\MyDirectory", @"C:\Windows\MyDirectory");
Directory.Delete(@"C:\Windows\MyDirectory");
```

(2)获取当前目录下的所有子目录,如读出 C:\Dir1\目录下的所有子目录,并将其存储到字符串数组中,代码为:

```
string [] Directorys;
Directorys=Directory.GetDirectories(@"C:\Dir1");
```

(3)获得所有逻辑盘符,如:

```
string[] AllDrivers=Directory.GetLogicalDrives();
```

(4)获取当前目录下的所有文件,如读出 C:\Dir1\目录下的所有文件,并将其存储到字符串数组中。

```
string [] Files;
Files=Directory.GetFiles (@"C:\Dir1",);
```

(5)可以使用 Directory 的 GetCurrentDirectory 和 SetCurrentDirectory 方法获取和设置当前目录。

3. 关于 DirectoryInfo 类

Directory 类中一些静态方法的返回类型为 DirectoryInfo 类,它封装了目录的有关信息。DirectoryInfo 类的功能有很多地方与 Directory 重叠,如它使用 Create 和 Delete 方法创建和删除目录,使用 GetDirectories 和 GetFiles 方法获取子目录和文件列表,而且可以通过 Name、Parent 和 Root 等属性获取目录的名称、上层目录和根目录等信息。不过

DirectoryInfo 类不是抽象类,可以指定目录的路径名来创建一个 DirectoryInfo 对象,并通过对象来调用其方法和属性。

8.2.4 文件

使用 File 类提供的文件管理功能,不仅可以创建、复制、移动和删除文件,还可以打开文件,以及获取和设置文件的有关信息。File 类同时也是创建流对象的基本要素。表 8-3 所示为 File 类提供的常用公有静态方法。

表 8-3 File 类的公有静态方法

方法标识	返回类型	用途
Create(string)	FileStream	指定文件名创建文件,并返回一个流对象
CreateText(string)	StreamWriter	指定文件名,以文本方式创建文件,并返回一个流对象
Copy(string,string)	void	给定源路径名和目标路径名,复制文件
Move(string,string)	void	给定源路径名和目标路径名,移动文件
Replace(string,string,string)	void	给定源路径名和目标路径名,替换文件
Delete(string)	void	删除指定的文件
Exists(string)	bool	指定路径名,判断文件是否存在
Open(string)	FileStream	指定文件名打开文件,并返回一个流对象
OpenRead(string)	FileStream	指定文件名,打开文件用于读操作,并返回一个流对象
OpenWrite(string)	FileStream	指定文件名,打开文件用于写操作,并返回一个流对象
OpenText(string)	StreamReader	指定文件名,以文本方式打开文件,并返回一个流对象
AppendAll(string,string)	void	指定文件名,打开文件并向其追加内容
AppendText(string)	StreamWriter	指定文件名,以文本方式打开文件用于追加内容,并返回一个流对象
ReadAll(string)	string	指定文件名,打开文件并读取全部内容
WriteAll(string,string)	void	指定文件名,打开文件并写入新内容
ReadAllBytes(string)	byte[ ]	指定文件名打开文件,将全部内容读取到一个字节数组当中
WriteAllBytes(string,byte[ ])	void	指定文件名打开文件,将一个字节数组作为新内容写入
ReadAllLines(string)	string[ ]	指定文件名打开文件,将全部内容读取到一个字符串数组当中
WriteAllLines(string,string[ ])	void	指定文件名打开文件,将一个字符串数组作为新内容写入
GetAttributes(string)	FileAttributes	获取指定文件的属性对象

续表

方法标识	返回类型	用途
SetAttributes(string,FileAttributes)	void	设置指定文件的属性对象
GetCreationTime(string)	DateTime	获取指定文件被创建的时间
SetCreationTime(string,DateTime)	void	设置指定文件被创建的时间
GetLastAccessTime(string)	DateTime	获取指定文件最近一次被访问的时间
SetLastAccessTime(string,DateTime)	void	设置指定文件最近一次被访问的时间
GetLastWriteTime(string)	DateTime	获取指定文件最近一次被修改的时间
SetLastWriteTime(string,DateTime)	void	设置指定文件最近一次被修改的时间
GetLogicalDrives()	string[]	获取当前计算机上的逻辑驱动器列表
GetParent(string)	DirectoryInfo	获取指定目录的父目录信息
Move(string,string)	void	给定源路径名和目标路径名,移动目录
Encrypt(string)	void	给指定的文件加密
Decrypt(string)	void	给指定的文件解密

使用文件对象时,一定要注意文件的并发操作问题。当另一个程序或进程正在使用文件时,对文件进行的读写、移动等操作都可能会失败;在使用完文件对象之后,也一定要注意关闭文件,以免其他的程序或进程不能访问。

下面举例说明 File 类的基本用法。

1. 文件打开方法——File.Open

该方法的声明如下:

```
public static FileStream Open(string path, FileMode mode)
```

例如,打开存放在 C:\Ex 目录下名称为 e1.txt 文件,并在该文件中写入 cat:

```
FileStream fs = File.Open(@"C:\Ex\e1.txt",FileMode.Append);
byte [] Info = {(byte)'c',(byte)'a',(byte)'t'};
fs.Write(Info,0,Info.Length);
fs.Close();
```

2. 文件创建方法——File.Create

该方法的声明如下:

```
public static FileStream Create(string path)
```

例如,在 C:\Ex 下创建名为 e1.txt 的文件:

```
FileStream fs = File.Create(@"C:\Ex\e1.txt");
fs.Close();
```

3. 文件删除方法——File.Delete

该方法声明如下：

例如，删除 C:\Ex 目录下的 e1.txt 文件：

```
File.Delete(@"C:\Ex\e1.txt");
```

4. 文件复制方法——File.Copy

该方法声明如下：

```
public static void Copy(string sourceFileName,string destFileName,
bool overwrite);
```

例如，将 C:\Ex\e1.txt 复制到 C:\Ex\e2.txt：

```
File.Copy(@"C:\Ex\e1.txt",@"C:\Ex\e2.txt",true);
```

由于 Cope 方法的 OverWrite 参数设为 true，所以如果 e2.txt 文件已存在的话，将会被复制过去的文件所覆盖。

5. 文件移动方法——File.Move

该方法声明如下：

```
public static void Move(string sourceFileName,string destFileName);
```

例如，将 C:\Ex 下的 e1.txt 文件移动到 c 盘根目录下：

```
File.Move(@"C:\Ex\BackUp.txt",@"C:\BackUp.txt");
```

注意：只能在同一个逻辑盘下进行文件转移。如果试图将 C 盘下的文件转移到 D 盘，将发生错误。

6. 设置文件属性方法——File.SetAttributes

方法声明如下：

```
public static void SetAttributes(string path,FileAttributes fileAttributes);
```

例如，设置文件 C:\Ex\e1.txt 的属性为只读、隐藏：

```
File.SetAttributes(@"C:\Ex\e1.txt",
    FileAttributes.ReadOnly|FileAttributes.Hidden);
```

文件除了常用的只读和隐藏属性外，还有 Archive（文件存档状态），System（系统文件），Temporary（临时文件）等。关于文件属性的详细情况请参看 8.2.1 节中 FileAttributes 的描述。

7. 判断文件是否存在的方法——File.Exist

该方法声明如下：

```csharp
public static bool Exists(string path);
```

例如,判断是否存在 C:\Ex\e1.txt 文件:

```csharp
if(File.Exists(@"C:\Ex\e1.txt"))            //判断文件是否存在
{…}                                          //处理代码
```

8. FileInfo 类的文件管理功能

和目录类似,.NET 类库中也提供了一个 FileInfo 类,其功能与 File 类有很多重叠的地方,如对文件的创建、修改、复制、移动和删除等操作,以及创建新的流对象。FileInfo 类同样不是抽象类,可以指定文件的路径名来创建一个 FileInfo 对象,并通过对象来调用其方法和属性。

9. 获得文件类型信息的方法

要获得文件的类型信息(如隐藏文件、只读文件等),可以通过 File 类的 GetAttributes 方法或 FileInfo 类的 Attributes 属性所返回的 FileAttributes 枚举值进行判断。遗憾的是,无论 File 类还是 FileInfo 类都不能提供有关文件大小和打开方式的信息。

【例 8-2】 列表输出当前目录下所有文件的时间信息。

程序代码如下:

```csharp
//程序清单 P8_2
using System;
using System.IO;
namespace P8_2
{
    class FileSample
    {
        static void Main(string[] args)
        {
            string sPath;
            if (args.Length == 0)
                sPath = Directory.GetCurrentDirectory();
            else
                sPath = args[0];
            ShowFileDetail(sPath);
        }
        public static void ShowFileDetail(string sPath)
        {
            string[] files = Directory.GetFiles(sPath);
            foreach (string sFile in files)
            {
                Console.WriteLine(GetRelativeName(sFile));
                string sTime1 = File.GetCreationTime(sFile).ToString();
```

```
            string sTime2 = File.GetLastAccessTime(sFile).ToString();
            string sTime3 = File.GetLastWriteTime(sFile).ToString();
            Console.WriteLine("{0}创建 {1}访问 {2}修改",
                    sTime1, sTime2, sTime3);
        }
    }
    public static string GetRelativeName(string sPath)
    {
        int pos;
        for (pos = sPath.Length - 1; pos > 0; pos--)
        {
            if (sPath[pos] == '\\')
                break;
        }
        if (pos == sPath.Length - 1)
            return sPath;
        else
            return sPath.Substring(pos + 1, sPath.Length - pos - 1);
    }
}
```

程序运行结果如图 8-3 所示。

图 8-3 例 8-2 运行结果

8.3 文件流和数据流

不同的流可能有不同的存储介质，如磁盘、内存等。.NET 类库中定义了一个抽象类 Stream，表示对所有流的抽象，而每种具体的存储介质都可以通过 Stream 的派生类实现自己的流操作。

FileStream 是对文件流的具体实现。通过它可以以字节方式对流进行读写，这种方式是面向结构的，控制能力较强，但使用起来稍显麻烦。

此外，System.IO 命名空间中提供了不同的读写器来对流中的数据进行操作，这些类通常成对出现，一个用于读；另一个用于写。例如，TextReader 和 TextWriter 以文本方式（即 ASCII 方式）对流进行读写；而 BinaryReader 和 BinaryWriter 采用的则是二进制方式。

TextReader 和 TextWriter 都是抽象类，它们各有两个派生类：StreamReader、StringReader 以及 StreamWriter、StringWriter。

8.3.1 抽象类 Stream

Stream 支持同步和异步的数据读写。它和它的派生类共同组成了 .NET Framework 上 IO 操作的抽象视图，这使得开发人员不必去了解 IO 操作的细节，就能够以统一的方式处理不同介质上的流对象。Stream 类提供的公有属性如表 8-4 所示。

表 8-4 Stream 类的公有属性

属 性 名	类型	含 义	属 性 名	类型	含 义
CanRead	bool	是否可以读取流中的数据	Length	long	流的长度
CanWrite	bool	是否可以修改流中的数据	Position	long	流的当前位置
CanSeek	bool	是否可以在流中进行定位	ReadTimeout	int	读超时限制
CanTimeout	bool	流是否支持超时机制	WriteTimeout	int	写超时限制

其中，前 4 个布尔类型的属性都是只读的。也就是说，一旦建立了一个流对象之后，流的这些特性就不能被修改了。由于流是以序列的方式对数据进行操作，因而支持长度和当前位置的概念。在同步操作中，一个流对象只有一个当前位置，不同的程序或进程都在当前位置进行操作；而在异步操作中，不同的程序或进程可以在不同位置上进行操作，当然这需要文件的共享支持。最后，流的超时机制指在指定的时间限制内没有对流进行读或写操作，当前流对象将自动失效。

Stream 类提供的公有方法则用于流的各项基本操作，如表 8-5 所示。

表 8-5 Stream 类的公有方法

方法标识	返回类型	用 途
Read(byte[], int, int)	int	从流中读取一个字节序列
Write(byte[], int, int)	void	向流中写入一个字节序列
ReadByte()	int	从流中读取一个字节
WriteByte(byte)	void	向流中写入一个字节
Seek(long, SeekOrigin)	long	设置流的当前位置
SetLength(long)	void	设置流的长度
Flush()	void	强制清空流的所有缓冲区
Close()	void	关闭流
BeginRead(byte[], int, int, AsyncCallBack)	IAsyncResult	开始流对象的异步读取
EndRead(IAsyncResult)	int	结束流对象的异步读取
BeginWrite(byte[], int, int, AsyncCallBack, object)	IAsyncResult	开始流对象的异步写入
EndWrite(IAsyncResult)	void	结束流对象的异步写入

在不同的情况下，Stream 的派生类可能只支持这些成员的部分实现。例如，网络流一般不支持位置的概念，系统也可能禁止对缓冲区的使用。

新建一个流时，当前位置位于流的开始，即属性 Position 的值为 0。每次对流进行读写，都将改变流的当前位置。可以将流的当前位置理解成"光标"的概念，它类似于字处理软件中的光标。读操作从流的当前位置开始进行,读入指定的字节数,光标就向后移动对应的字节数。写操作也是从流的当前位置开始进行,写入指定的字节数,光标然后停留在写完的地方。

根据需要,可以使用 Position 属性或 Seek 方法改变流的当前位置。不过 Position 属性指的都是流的绝对位置,即从流的起始位置开始计算。该值为 0 时表示在起始位置,等于 Length 的值减 1 时表示在结束位置。Seek 方法则需要通过 SeekOrigin 枚举类型来指定偏移基准,即是从开始位置、结束位置还是当前位置进行偏移。如果指定为 SeekOrigin.End,那么偏移量就应该为负数,表示将当前位置向前移动。看下面的代码:

```
//打开流,当前位置为 0
Stream s = File.Open(@"C:\bootlog.txt",
FileMode.Open, FileAccess.Read);
//将当前位置移动到 5
s.Seek(5, SeekOrigin.Begin);
//读取 1 个字节后,当前位置移动到 6
s.ReadByte();
//读取 10 个字节后,当前位置移动到 16
s.Read(new byte[20], 6, 10);
//将当前位置向前移动 3 个单位,移动到 13
s.Seek(-3, SeekOrigin.Current);
//关闭流
s.Close();
```

如果指定的读写操作位置超出了流的有效范围,将引发一个 EndOfStreamException 异常。

8.3.2　文件流 FileStream

作为文件流,FileStream 支持同步和异步文件读写,也能够对输入输出进行缓存以提高性能。

FileStream 类提供了多达 14 个构造函数,能够以多种方式来构造 FileStream 对象,并在构造的同时指定文件流的多个属性。当然,其中有一些构造函数是为了兼容旧版本的程序而保留的。对于文件的来源,可以使用文件路径名,也可以使用文件句柄来指定。以文件路径名为例,构造 FileStream 对象时至少需要指定文件的名称和打开方式两个参数,其他参数如文件的访问权限、共享设置以及使用的缓存区大小等,则是可选的;如不指定则使用系统的默认值,如默认访问权限为 FileAccess.ReadWrite,共享设置为 FileShare.Read。

下面的代码以只读方式打开一个现有文件,并且在关闭文件之前禁止任何形式的共享。如果文件不存在,将引发一个 FileNotFoundException:

```
FileStream fs = new FileStream(@"c:\MyFile.txt", FileMode.Open,
                    FileAccess.Read, FileShare.None);
fs.Close();
```

除了使用 FileStream 的构造函数，也可以使用 File 的静态方法获得文件流对象。File 类的静态方法 Open 和 FileStream 构造函数的参数类型基本一致，使用效果相同。例如上面的代码等价于：

```
FileStream fs = File.Open(@"c:\MyFile.txt", FileMode.Open,
                 FileAccess.Read, FileShare.None);
fs.Close();
```

File 类的静态方法 OpenRead 和 OpenWrite 也能够返回一个 FileStream 对象，但它们只接受文件名这一个参数。对于 OpenRead 方法，文件的打开方式为 FileMode. Open，共享设置为 FileShare. Read，访问权限为 FileAccess. Read；而对于 OpenWrite 方法，打开方式为 FileMode. OpenOrCreate，共享设置为 FileShare. None，访问权限为 FileAccess. Write。下面两行代码是等价的：

```
FileStream fs = new FileStream(@"c:\MyFile.txt",
    FileMode.OpenOrCreate, FileAccess.Write, FileShare.None);
FileStream fs = File.OpenWrite(@"c:\MyFile.txt");
```

FileStream 类的 ReadByte 和 WriteByte 方法都只能用于单字节操作。要一次处理一个字节序列，需要使用 Read 和 Write 方法，而且读写的字节序列都位于一个 byte 数组类型的参数中。

【例 8-3】 按字节把字符串写入文件 C:\MyFile. txt，程序运行结果如图 8-4 所示。程序代码如下：

图 8-4 例 8-3 运行结果

```
//程序清单 P8_3
using System;
using System.IO;

namespace P8_3
{
    class Program
    {
        static void Main(string[] args)
        {
            //创建一个文件流
            FileStream fs = new FileStream(@"c:\MyFile.txt", FileMode.Create);
            //将字符串的内容放入缓冲区
            string str = "Welcome to the China!";
            byte[] buffer = new byte[str.Length];
            for (int i = 0; i < str.Length; i++)
            {
                buffer[i] = (byte)str[i];
            }
            //写入文件流
            fs.Write(buffer, 0, buffer.Length);
            string msg = "";
```

```csharp
        //定位到流的开始位置
        fs.Seek(0, SeekOrigin.Begin);
        //读取流中前7个字符
        for (int i = 0; i < 7; i ++)
        {
            msg += (char)fs.ReadByte();
        }
        //显示读取的信息和流的长度
        Console.WriteLine("读取内容为：{0}", msg);
        Console.WriteLine("文件长度为：{0}", fs.Length);
        //关闭文件流
        fs.Close();
    }
}
```

注意：使用完 FileStream 对象后，一定不能忘记使用 Close 方法关闭文件流；否则不仅会使别的程序不能访问该文件，还可能导致文件损坏。

8.3.3 流的文本读写器

StreamReader 和 StreamWriter 主要用于以文本方式对流进行读写操作，它们以字节流为操作对象，支持不同的编码格式。

StreamReader 和 StreamWriter 通常成对使用，它们的构造函数形式也一一对应。可以通过指定文件名或指定另一个流对象来创建 StreamReader 和 StreamWriter 对象。如有必要，还可以指定文本的字符编码、是否在文件头查找字节顺序标记，以及使用的缓存区大小。

文本的字符编码默认为 UTF-8 格式。在命名空间 System.Text 中定义的 Encoding 类对字符编码进行了抽象，它的 5 个静态属性分别代表了 5 种编码格式：

- ASCII。
- Default。
- Unicode。
- UTF-7。
- UTF-8。

不过，Encoding 类的 Default 属性表示系统的编码，默认为 ANSI 代码页的编码，这和 StreamReader 和 StreamWriter 中默认的 UTF-8 编码是不一样的。通过 StreamReader 和 StreamWriter 类的公有属性 Encoding 可以获得当前使用的字符编码。StreamReader 类还有一个布尔类型的公有属性 EndOfStream，用于指示读取的位置是否已经到达流的末尾。

下面的代码从一个文件流构造了一个 StreamReader 对象和 StreamWriter 对象，还为 StreamWriter 对象指定了 Unicode 字符编码。不过在实际应用中，为同一文件进行读写操作所构造的两个对象通常使用同样的字符编码格式：

```csharp
FileStream fs = new FileStream(@"c:\Test.txt", FileMode.Create);
```

```
StreamReader sr = new StreamReader(fs);
StreamWriter sw = new StreamWriter(fs, System.Text.Encoding.Unicode);
sw.Close();
sr.Close();
fs.Close();
```

注意：在关闭文件时，要先关闭读写器对象，再关闭文件流对象。如果对同一个文件同时创建了 StreamReader 和 StreamWriter 对象，则应先关闭 StreamWriter 对象，再关闭 StreamReader 对象；否则将引发 ObjectDisposedException 异常。

即使是直接使用文件名来构造 StreamReader 或 StreamWriter 对象，或使用 File 类的静态方法 OpenText 和 AppendText 创建 StreamReader 或 StreamWriter 对象，过程中系统都会自动生成隐含的文件流，读写器对文件的读写还是通过流对象进行的。该文件流对象可以通过 StreamReader 或 StreamWriter 对象的 BaseStream 属性获得。

不通过文件流而直接创建 StreamReader 对象时，默认的文件流对象是只读的。以同样的方式来创建 StreamWriter 对象的话，默认的文件流对象是只写的。

【例 8-4】 StreamReader 和 StreamWriter 的使用，程序的输出结果如图 8-5 所示。程序代码如下：

```
//程序清单 P8_4
using System;
using System.IO;
namespace P8_4
{
    class Program
    {
        static void Main(string[] args)
        {
            StreamReader sr = new StreamReader(@"c:\MyFile.txt");
            Console.WriteLine("CanRead:{0}", sr.BaseStream.CanRead);
            Console.WriteLine("CanWrite:{0}", sr.BaseStream.CanWrite);
            sr.Close();
            StreamWriter sw = new StreamWriter(@"c:\MyFile.txt");
            Console.WriteLine("CanRead:{0}", sw.BaseStream.CanRead);
            Console.WriteLine("CanWrite:{0}", sw.BaseStream.CanWrite);
            sw.Close();
        }
    }
}
```

图 8-5 例 8-4 运行结果

由于使用的是不同的流对象，此时就不能同时使用 StreamReader 和 StreamWriter 对象来打开同一个文件。在例 8-4 的代码中，如果不关闭 StreamReader 对象就创建 StreamWriter 对象，将引发一个 IOException 异常。使用 File 类的静态方法 OpenText 和 AppendText 时，情况也一样。

StreamReader 中可以使用 4 种方法对流进行读操作：

- Read,该方法有两种重载形式,在不接受任何输入参数时,它读取流的下一个字符;当在参数中指定了数组缓冲区、开始位置和偏移量时,它读入指定长度的字符数组。
- ReadBlock,从当前流中读取最大数量的字符,并将数据输出到缓冲区。
- ReadLine,从当前流中读取一行字符,即一个字符串。
- ReadToEnd,从流的当前位置开始,一直读取到流的末尾,并把所有读入的内容都作为一个字符串返回;如果当前位置位于流的末尾,则返回空字符串。

StreamReader 最常用的是 ReadLine 方法,该方法一次读取一行字符。这里"行"的定义是指一个字符序列,该序列要么以换行符("\n")结尾,要么以换行回车符("\r\n")结尾。

StreamWriter 则提供了 Write 和 WriteLine 方法对流进行写操作。不过这两个方法可以接受的参数类型则丰富得多,包括 char、int、string、float、double、object 等,甚至可以对字符串进行格式化。看下面这段代码:

```
//创建一个文件流
FileStream fs = new FileStream("C:\\MyFile.txt", FileMode.Create,
                               FileAccess.Write);
StreamWriter sw = new StreamWriter(fs);
sw.WriteLine(25);                                //写入整数
sw.WriteLine(0.5f);                              //写入单精度浮点数
sw.WriteLine(3.1415926);                         //写入双精度浮点数
sw.WriteLine("A");                               //写入字符
sw.Write ("写入时间:");                           //写入字符串
int hour = DateTime.Now.Hour;
int minute = DateTime.Now.Minute;
int second = DateTime.Now.Second;
//写入格式化字符串
sw.WriteLine("{0}时{1}分{2}秒", hour, minute, second);
//关闭文件
sw.Close();
fs.Close();
```

执行上述代码,输出文本文件内容是:

```
25
0.5
3.1415926
A
写入时间:20 时 30 分 18 秒
```

Write 和 WriteLine 方法的使用读者应该很熟悉,因为它们所提供的重载形式和 Console.Write 以及 Console.WriteLine 方法完全一样。这些重载方法只是为了使用方便,实际上写入任何类型的对象时,都调用了对象的 ToString 方法,然后将字符串写入流中。不同的是,WriteLine 方法在每个字符串后面加上了换行符,而 Write 方法则没有。

StringReader 和 StringWriter 同样是以文本方式对流进行 IO 操作,但以字符串为操作对象,功能相对简单,而且只支持默认的编码方式。

8.3.4 流的二进制读写器

BinaryReader 和 BinaryWriter 以二进制方式对流进行 IO 操作。它们的构造函数中需要指定一个 Stream 类型的参数,如有必要还可以指定字符的编码格式。和文本读写器不同的是,BinaryReader 和 BinaryWriter 对象不支持从文件名直接进行构造。

类似的,可以通过 BinaryReader 和 BinaryWriter 对象的 BaseStream 属性获得当前操作的流对象。BinaryReader 类提供了多个读操作方法,用于读入不同类型的数据对象,这些方法请参见表 8-6。

表 8-6　BinaryReader 类的读操作方法

方法标识	返回类型	用途
Read(byte[ ], int, int)	int	指定位置和偏移量,从流中读取一组字节到缓冲区
ReadBoolean( )	bool	从流中读取一个布尔值
ReadByte( )	byte	从流中读取一个字节
ReadBytes( )	byte[ ]	从流中读取一个字节数组
ReadChar( )	char	从流中读取一个字符
ReadChars( )	char[ ]	从流中读取一个字符数组
ReadDecimal( )	decimal	从流中读取一个十进制数值
ReadDouble( )	double	从流中读取一个双精度浮点型数值
ReadInt16( )	short	从流中读取一个短整型整数值
ReadInt32( )	int	从流中读取一个整数值
ReadInt64( )	long	从流中读取一个长整型整数值
ReadSByte( )	sbyte	从流中读取一个有符号字节
ReadSingle( )	float	从流中读取一个单精度浮点型数值
ReadString( )	string	从流中读取一个字符串
ReadUInt16( )	ushort	从流中读取一个无符号短整型整数值
ReadUInt32( )	uint	从流中读取一个无符号整数值
ReadUInt64( )	ulong	从流中读取一个无符号长整型整数值

使用这些方法时,注意方法名称中指代的都是数据类型在 System 空间的原型。例如,读取单精度浮点型数值,方法名称是 ReadSingle 而不是 ReadFloat,另外读取 short、int、long 类型的整数值,方法名称也分别是 ReadInt16、ReadInt32 和 ReadInt64。而 BinaryWriter 则只提供了一个方法 Write 进行写操作,但提供了多种重载形式,用于写入不同类型的数据对象。各种重载形式中的参数类型和个数与 StreamWriter 中基本相同。

下面的代码演示了使用 BinaryReader 和 BinaryWriter 对象进行对应的读写操作:

```
//创建文件流和二进制读写器对象
FileStream fs = new FileStream(@"c:\MyFile.bin", FileMode.OpenOrCreate);
BinaryWriter bw = new BinaryWriter(fs);
BinaryReader br = new BinaryReader(fs);
//依次写入各类型数据
```

```
bw.Write(25);
bw.Write(0.5f);
bw.Write(3.1415926);
bw.Write("A");
bw.Write("写入时间:");
bw.Write(DateTime.Now.ToString());
//定位到流的开始位置
fs.Seek(0, SeekOrigin.Begin);
//依次读出各类型数据
int i = br.ReadInt32();
float f = br.ReadSingle();
double d = br.ReadDouble();
char c = br.ReadChar();
string s = br.ReadString();
DateTime dt = DateTime.Parse(br.ReadString());
//关闭文件
bw.Close();
br.Close();
fs.Close();
```

8.3.5 常用的其他流对象

除了 FileStream 类之外，代表具体流的 Stream 类的常用派生类还有：
- MemoryStream，表示内存流，支持内存文件的概念，不需要使用缓冲区。
- UnmanagedMemoryStream，和 MemoryStream 类似，但支持从可控代码访问不可控的内存文件内容。
- NetworkStream，表示网络流，通过网络套接字发送和接收数据，支持同步和异步访问，但不支持随机访问。
- BufferStream，表示缓存流，为另一个流对象维护一个缓冲区。
- GZipStream，表示压缩流，支持对数据流的压缩和解压缩。
- CryptoStream，表示加密流，支持对数据流的加密和解密。

同样，可以由这些流对象构造出文本读写器或二进制读写器，并进行相应方式的读写操作。

8.4 应用实例

本节将给出一个实用性较强的 IO 程序示例——文件加密器。

通过 .NET 类库中定义的 CryptoStream 类，以及 File 类的静态方法 Encrypt 和 Decrypt，都能够实现对文件流的加密和解密操作，但相应的算法被封装在类的内部，开发人员无须了解算法的细节就可以实现这些功能。

本小节的示例程序将使用简单的异或算法实现对文件流的加密，加密功能封装在自定义的 FileStream 类的派生类 CzCryptStream 中。异或加密算法的原理是,把数据码和密钥码进行二进制位的异或运算得到密文。由于把一个数同另一个数进行两次异或运算,结果还是原来的数,这就使得对明文进行两次加密就可以还原,也就是说异或法的加密密钥和解密密钥是相同的。例如:

明文 1101 1011
密钥 1001 1101
密文 0100 0110
密钥 1001 1101
明文 1101 1011

该算法加解密速度较快,其安全程度取决于密钥的长度。如果密钥与原文长度相同且只使用一次,那么就是不可破译的了。

【例 8-5】 文件加密和解密。

程序代码如下:

```
//程序清单 P8_5
using System;
using System.IO;
namespace P8_5
{
    class Program
    {
        static void Main(string[] args)
        {
            //采用加密流写入文件内容
            FileStream fs = new CzCryptStream("EncyptLetter.txt",
                        FileMode.Create, "rose");
            StreamWriter sw = new StreamWriter(fs);
            sw.WriteLine("Mr George Bush:");
            sw.WriteLine("This is a letter from Hollywood,");
            sw.WriteLine("We expect the next meeting at 4pm, ");
            sw.WriteLine("June 4, 2005");
            sw.WriteLine();
            sw.WriteLine("Yours Mary");
            sw.WriteLine("April 1, 2005");
            sw.Close();
            //采用普通流读取文件内容
            fs = new FileStream("EncyptLetter.txt", FileMode.Open);
            StreamReader sr = new StreamReader(fs);
            Console.WriteLine("加密文件内容: ");
            while (!sr.EndOfStream)
                Console.WriteLine(sr.ReadLine());
            sr.Close();
            //采用加密流读取文件内容
```

```csharp
            fs = new CzCryptStream("EncyptLetter.txt", FileMode.Open,
"rose");
            sr = new StreamReader(fs);
            Console.WriteLine("\n解密文件内容: ");
            while (!sr.EndOfStream)
                Console.WriteLine(sr.ReadLine());
            sr.Close();
            fs.Close();
        }
    }

    public class CzCryptStream : FileStream
    {
        private byte[] m_key;
        public CzCryptStream(string sPath, FileMode fMode, string sKey) :
            base(sPath, fMode)
        {
            m_key = new byte[sKey.Length];
            for (int i = 0; i < sKey.Length; i++)
                m_key[i] = (byte)sKey[i];
        }
        public override int ReadByte()
        {
            return base.ReadByte() ^ m_key[this.Position % m_key.Length];
        }
        public override void WriteByte(byte value)
        {
            value ^= m_key[this.Position % m_key.Length];
            base.WriteByte(value);
        }
        public override int Read(byte[] buffer, int offset, int count)
        {
            int iLen = base.Read(buffer, offset, count);
            for (int i = 0; i < iLen; i++)
            {
                buffer[i] ^= m_key[(offset + i) % m_key.Length];
            }
            return iLen;
        }
        public override void Write(byte[] buffer, int offset, int count)
        {
            for (int i = 0; i < buffer.Length; i++)
            {
                buffer[i] ^= m_key[(offset + i) % m_key.Length];
            }
```

```
            base.Write(buffer, offset, count);
        }
    }
}
```

程序在 CzCryptStream 类中对文件流的读写方法进行了重载。当进行读取时,先读出文件的加密内容,然后与密钥进行异或解密;当进行写入时,则先将内容与密钥进行异或加密,然后写入加密后的内容。在程序的主方法中,先采用加密算法写入了文件内容,然后分别使用 FileStream 对象和 CzCryptStream 对象打开文件,显示解密前后的文件内容。例 8-5 的输出如图 8-6 所示。

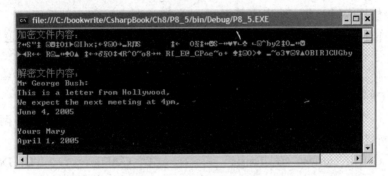

图 8-6　例 8-5 输出结果

小结

.NET 中的 IO 操作以流为基本处理对象。利用.NET 类库中提供的相关类型,既可以直接对流进行操作,也可以用面向对象的方式处理流中的数据,还可以站在文件系统的角度上管理文件和目录。

本章介绍的内容中,最常用的部分就是以文本方式和二进制方式进行文件和流的操作,这也是开发人员必须掌握的一个基本内容。

习题 8

1. 选择题

(1) 在使用 FileStream 打开一个文件时,通过使用 FileMode 枚举类型的_____成员,可以指定操作系统打开一个现有文件并把文件读写指针定位在文件尾部。
　　　A. Append　　　B. Create　　　C. CreateNew　　　D. Truncate
(2) 用 FileStream 打开一个文件时,可用 FileShare 参数控制_____。
　　　A. 对文件执行覆盖、创建、打开等选项中的哪些操作
　　　B. 对文件进行只读、只写还是读/写

C. 其他 FileStream 对同一个文件所具有的访问类型
D. 对文件进行随机访问时的定位参考点

(3) 下面对 Read 和 ReadLine 方法的描述,哪些是正确的_____。
A. Read 方法一次只能从输入流中读取一个字符
B. 使用 Read 方法读取的字符不包含回车和换行符
C. ReadLine 方法读取的字符不包含回车和换行符
D. 只有当用户按下回车键时,Read 和 ReadLine 方法才会返回

(4) 下面对 Write 和 WriteLine 方法的描述,哪些是正确的_____。
A. WriteLine 方法在输出字符串的后面添加换行符
B. 使用 Write 方法输出字符串时,光标将会位于字符串的后面
C. 使用 Write 和 WriteLine 方法输出数值变量时,必须要先把数值变量转换成字符串
D. 使用不带参数的 WriteLine 方法时,将不会产生任何输出

(5) 在 C#的代码中使用_____分割目录,子目录和文件。
A. 一个斜杠　　　B. 一个反斜杠　　　C. 两个斜杠　　　D. 两个反斜杠

(6) 判断目录是否存在可以使用 Directory 类中的(　　)方法。
A. GetDirectories　　B. Exists　　C. GetFiles　　D. Delete

(7) 一个文件的属性为 Normal,表明_____。
A. 这个文件正常,没有设置其他属性
B. 这个文件是隐藏文件,正常情况下看不到该文件
C. 这个文件是系统文件,不可以更改文件的数据
D. 这个文件是临时文件

(8) _____是使用 System.IO 命名空间类 Move 方法的错误代码。
A. Directory.Move("E:\\C#","E:\\.NET\\C#");
B. Directory.Move("E:\\C#","C:\\C#");
C. Directory.Move("E:\\C#","E:\\.File");
D. File.Move("E:\\C#\\2006\\2006.txt","C:\\2006.txt');

(9) 下面的代码中_____是读取顺序文件的代码。
A. StreamReader r = new StreamReader("E:\\C#\\text.txt")
r.ReadLine();
r.close();
B. StringReader r = new StringReader("E:\\C#\\text.txt")
r.ReadLine();
r.close();
C. BinaryReader r = new BinaryReader("E:\\C#\\text.txt")
r.ReadLine();
r.close();
D. StringWrite r = new Stringwriter("E:\\C#\\text.txt")
r.ReadLine();

    r.close( );
 （10）使用 StringReader 类和 Stringwriter 类的作用是_____。
   A．使用 StringReader 类读取文件中的字符串，而使用 StringWriter 类向文件中写入字符串
   B．使用 StringReader 类读取顺序文件中的数据信息，而使用 StringWriter 类可以实现顺序文件的写操作
   C．使用 StringReader 类可以从字符串的介质流中读取数据，而使用 StringWriter 类向以 StringBuilder 为存储介质的流中写入数据
   D．使用 StringReader 类读取二进制文件中的数据信息，而使用 StringWriter 类可以实现二进制文件的写操作

2．填充题

 （1）文件中的数据可以有不同的编码格式，最根本的两种是 ASCII 编码和二进制编码。采用 ASCII 编码的文件又称为_____，_____则是把内存中的二进制数据按原样写入文件。

 （2）如果文件为 FileAttributes.System | FileAttributes.ReadOnly 类型文件，则表示该文件为_____文件。

 （3）DriveInfo 类提供了一个公有的静态方法_____，该方法返回一个 DriveInfo[ ] 类型的数组，表示当前计算机上所有逻辑驱动器的列表。

 （4）在代码中使用目录和文件的路径名时，注意一定要使用转义符"_____"来替代字符串中的字符"\"。或者使用_____取消转义。

 （5）要获得文件的类型信息（如隐藏文件、只读文件等），可以通过 File 类的_____方法或 FileInfo 类的_____属性所返回的 FileAttributes 枚举值进行判断。

 （6）TextReader 和 TextWriter 以_____对流进行读写；而 BinaryReader 和 BinaryWriter 采用的则是_____。

3．编程题

 （1）Windows 的控制台提供了 Copy 命令，用于复制文件。编写程序实现与该命令类似的功能。

 （2）设书籍包含书名、作者、出版社、出版时间、定价等信息。编写程序，实现书籍信息的查看、编辑和修改，每本书籍对应一个文本文件进行保存。

 （3）编写程序，实现两个文件的合并。

 （4）创建一个程序，它使用二进制文件方法写文件。创建一个用于存储人的姓名、年龄、会员资格的结构。将这些信息写入文件中（提示：年龄可以是整数，会员资格可以是布尔型）。

第 9 章 GDI + 与图形编程

图形设备接口(Graphics Device Interface,GDI)的主要任务是负责系统与绘图程序之间的信息交换,处理所有 Windows 程序的图形输出。

在 Windows 操作系统下,绝大多数具备图形界面的应用程序都离不开 GDI,利用 GDI 所提供的众多函数就可以方便地在屏幕、打印机及其他输出设备上输出图形、文本等。GDI 的出现使程序员无须关心硬件设备及设备驱动,就可以将应用程序的输出转化为硬件设备上的输出,实现了程序开发者与硬件设备的隔离,方便了开发工作。

GDI + 是新一代的二维图形接口,完全面向对象。GDI + 提供了多种画笔、画刷、图像等图形对象,此外还包括一些新的绘图功能,如 Alpha 混色、渐变色、纹理、消除锯齿以及使用包括位图在内的多种图像格式。如果要设计.NET Framework 图形应用程序,就必须使用 GDI +。

9.1 GDI + 绘图基本知识

GDI + 是 GDI 的改进产品,是.NET Framework 的绘图技术,可将应用程序和绘图硬件分离,能够编写与设备无关的应用程序。可以调用 GDI + 类提供的方法,然后这些方法会适当地调用特定的设备驱动程序,完成绘图。

9.1.1 GDI + 绘图命名空间

用户使用的 GDI + 函数都保存在 System.Drawing.dll 程序集中。在 C#的图形编程中,最常使用的命名空间是 System.Drawing。该命名空间提供了对 GDI + 基本图形功能的访问,其中一些子命名空间提供了更高级的功能,该命名空间中的常用类和结构如表 9-1 和表 9-2 所示。

9.1.2 坐标系统

在绘图过程中,经常会遇到坐标系的问题。窗体、控件都包含坐标,通常的情况是二维图形绘制,即具有 X 和 Y 坐标。默认情况下,X 坐标代表从绘图区左边边缘(Left)到某一点的距离,Y 坐标代表从绘图区上边边缘(Top)到某一点的距离。

表 9-1 System.Drawing 命名空间中的常用类

类	说 明
Bitmap	封装 GDI+位图,此位图由图形图像及其属性的像素数据组成。Bitmap 是用于处理由像素数据定义的图像的对象
Brush	定义用于填充图形形状(如矩形、椭圆)的内部对象
Font	定义特定的文本格式,包括字体、字号等
Graphics	封装一个 GDI+绘图图面,无法继承此类
Pen	定义用于绘制直线和曲线的对象,无法继承此类
Region	指示由矩形和路径构成的图形形状的内部,无法继承此类

表 9-2 System.Drawing 命名空间中的常用结构

结 构	说 明
Color	表示 RGB 颜色
Point	表示在二维平面中定义的点、整数 X 和 Y 坐标的有序对
Rectangle	存储一组整数,共 4 个,表示一个矩形的位置和大小
Size	存储一个有序整数对,通常为矩形的宽度和高度

(1) 坐标原点:在窗体或控件的左上角,坐标为(0,0)。

(2) 正方向:X 轴正方向为水平向右,Y 轴正方向为垂直向下。

(3) 单位:在设置时,一般以像素为单位,像素是用来计算数码影像的一种单位。对显示器而言,像素是指屏幕上的亮点,即显示器能分辨的最小单元。每个像素都有一个坐标点与之对应。

9.1.3 Graphics 类

使用 GDI+创建图形图像时,首先需要画板,即在哪里画图。Graphics 类封装了一个 GDI+绘图界面,提供将对象绘制到显示设备的方法。在 C#中可以通过 Graphics 类创建图形对象,即创建了画板。

Graphics 类不能直接实例化。创建图形对象的方法有 3 种:

(1) 利用窗体或控件的 Paint 事件的参数 PaintEventArgs

当响应窗体或控件的 Paint 事件时,传回的事件参数 PaintEventArgs 中包含着窗体或控件的 Graphics 对象,可以在其上进行绘图工作。

```
private void Form1_Paint(object sender, PaintEventArgs e)
{
    Graphics g = e.Graphics;                    //声明一个 Graphics 对象 g
}
```

(2) 使用窗体或控件的 CreateGraphics 方法

窗体或控件都有一个 CreateGraphics 方法,通过该方法可以在程序中生成此窗体或控件的 Graphics 对象,这种方法一般用于对象已经存在的情况下。

```
Graphics g;
g = this.CreateGraphics();
```

(3) 使用 Image 的派生类创建 Graphics 对象

使用 Image 的任何派生类均可以生成相应的 Graphics 对象。这种方法一般适用于在 C#中对图像进行处理的场合,如:

```
Bitmap b = new Bitmap("mybmp.bmp");
Graphics g = Graphics.FromImage(b);
```

Graphics 有很多绘图方法,将在后面介绍。

9.2 绘图工具类

有了画板,得有绘图工具。绘图工具有多种,如铅笔用来画线条,画刷用于封闭图形的填充。在 C#中可以用 Pen、Brush、Color 类或结构实现画线条、填充和选用颜料等功能。

9.2.1 Pen 类

Pen 类可以设置笔的颜色,线条的粗细和线条的样式(实线、虚线)等。笔是绘图的工具,Graphics 对象是绘图的场所,这样,就可以在允许的界面上绘制各种图形。

1. Pen 对象的创建

Pen 类的构造函数有 4 个,使用方法如下:
1)创建某一颜色的 Pen 对象

```
Public Pen(Color)
```

2)创建某一刷子样式的 Pen 对象

```
Public Pen(Brush)
```

3)创建某一刷子样式并具有相应宽度的 Pen 对象

```
Public Pen(Brush,float)
```

4)创建某一颜色和相应宽度的 Pen 对象

```
Public Pen(Color,float)
```

下面的语句创建两个不同的 Pen 对象:

```
Pen mypen1 = new Pen(Color.Blue);         //创建一个颜色为蓝色,像素宽度为 1 的画笔
Pen mypen2 = new Pen(Color.Blue,100);     //创建一个颜色为蓝色,像素宽度为 100 的画笔
```

【例 9-1】 使用 Graphics 类和 Pen 类直接在窗体上绘制各种基本形状。

(1)新建 Windows 应用程序,项目名为 s09-1。

(2)在窗体上添加名为 button1、button2、button3 的 3 个按钮,其 Text 属性分别为

"直线"、"矩形"和"圆形",如图9-1(a)所示。

(a) 设计界面

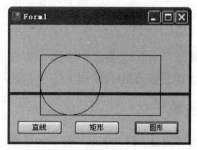
(b) 运行界面

图 9-1　绘制基本图形

(3) 打开代码窗口,输入程序代码如下:

```
private void button1_Click(object sender, EventArgs e)
{
    Graphics g = this.CreateGraphics();
    Pen p = new Pen(Color.Black);
    g.DrawLine(p, 0, this.Height/2, this.Width, this.Height/2);
    p.Dispose();
    g.Dispose();
}

private void button2_Click(object sender, EventArgs e)
{
    Graphics g = this.CreateGraphics();
    Pen p = new Pen(Color.Black);
    g.DrawRectangle(p, 50, 50, 200, 100);
    p.Dispose();
    g.Dispose();
}

private void button3_Click(object sender, EventArgs e)
{
    Graphics g = this.CreateGraphics();
    Pen p = new Pen(Color.Black);
    g.DrawEllipse(p, 50, 50, 100, 100);
    p.Dispose();
    g.Dispose();
}
```

(4) 启动调试,然后驱动有关事件:
① 单击"直线"按钮,则窗体正中画出一条和窗体相同长度的直线。
② 单击"矩形"按钮,则窗体上画出一个宽100像素、高200像素的矩形。
③ 单击单击"圆形"按钮,则窗体上部画出一个半径为50像素的圆。
程序运行界面如图9-1(b)所示。

(5)单击工具栏中的"全部保存"按钮,保存有关文件。

9.2.2 常用图形的绘制方法

前面讲过 Graphics 类有很多画图方法,利用这些方法可以实现简单几何图形的绘制,现在就来看看这些方法的使用。

1. 画直线

画直线可以使用 Graphics 的 DrawLine 方法,该方法主要有如下两种格式。

格式1:

public void DrawLine(Pen pen,int x1,int y1,int x2,int y2);

功能:在由(x1,y1)和(x2,y2)指定的点之间画一条直线。

说明:参数 pen 为画笔,参数 x1 和 y1 为所画直线起始点的横坐标和纵坐标,参数 x2 和 y2 为所画直线终点的横坐标和纵坐标。

格式2:

public void DrawLine(Pen pen,Point pt1,Point pt2);

功能:在 pt1 和 pt2 指定的两个点之间画一条直线。

说明:参数 pen 为画笔,参数 pt1 是 Point 结构的数据,表示所画直线的起始点,参数 pt2 也是 Point 结构的数据,表示所画直线的终点。

例如:

```
private void button1_Click(object sender, EventArgs e)
{
    Graphics g = this.CreateGraphics();        //生成图形对象
    Pen p = new Pen(Color.Blue,5);             //生成画笔,蓝色,5个像素
    g.DrawLine(p, 1,1,30,30);                  //画线
    Point pt1 = new Point(1,30);               //生成起点
    Point pt2 = new Point(30,1);               //生成终点
    g.DrawLine(p, pt1, pt2);                   //画线
    p.Dispose();                               //释放资源
    g.Dispose();
}
```

执行上述代码,窗体上将画出两条交叉的直线。

2. 画矩形

画矩形可以使用 Graphics 的 DrawRectangle 方法,该方法主要有如下两种格式。

格式1:

public void DrawRectangle(Pen pen,int x1,int y1,int width,int height);

功能:绘制一个由左上角坐标、宽度和高度指定的矩形。

说明：参数 pen 为画笔，参数 x 和 y 为所画矩形左上角的横坐标和纵坐标，参数 width 和 height 为所画矩形的宽度和高度。

格式 2：

```
public void DrawRectangle(Pen pen,Rectangle rect);
```

功能：绘制一个矩形。

说明：参数 pen 为画笔，参数 rect 为要绘制矩形的 Rectangle 结构。

例如：

```
private void button1_Click(object sender, EventArgs e)
{
    Graphics g = this.CreateGraphics();           //生成图形对象
    Pen p = new Pen(Color.Blue,2);                //生成画笔
    g.DrawRectangle(p, 5, 5,80, 40);              //画矩形
    Rectangle rect = new Rectangle(85, 15, 140, 50);   //生成矩形边界
    g.DrawRectangle(p, rect);                     //画矩形
    p.Dispose();
    g.Dispose();
}
```

执行上述代码，窗体上将画出两个矩形。

3. 画椭圆

使用 Graphics 对象的 DrawEllipse 方法可以绘制椭圆或圆，绘制椭圆的常用格式如下。

格式 1：

```
public void DrawEllipse(Pen pen,int x1,int y1,int width,int height);
```

功能：绘制一个由边框（该边框由一对坐标、高度和宽度指定）定义的椭圆。

说明：参数 pen 为画笔，参数 x 和 y 分别定义椭圆外接边框的左上角的横坐标和纵坐标，参数 width 定义椭圆的边框的宽度，参数 height 定义椭圆的边框的高度。当高度和宽度相同时，画出的是圆。

格式 2：

```
public void DrawEllipse(Pen pen,Rectangle rect);
```

功能：绘制边界由 rect 指定的椭圆。

说明：参数 pen 为画笔，参数 rect 为 Rectangle 结构型数据，它定义了椭圆的外接矩形。

例如：

```
private void button1_Click(object sender, EventArgs e)
{
    Graphics g = this.CreateGraphics();           // 生成图形对象
```

```
        Pen p = new Pen(Color.Blue,2);                    //生成画笔
        g.DrawEllipse(p, 1, 1,80, 40);                    //画椭圆
        Rectangle rect = new Rectangle(85, 1, 165, 40);   //生成矩形边界
        g.DrawEllipse(p, rect);                           //画椭圆
        p.Dispose();
        g.Dispose();
    }
```

执行上述代码,窗体上将画出两个椭圆。

9.2.3　Brush 类

Brush 类(画刷),用于填充图形。该类是一个抽象基类,不能直接实例化,可以通过派生类设置笔刷的样式、颜色及线条的粗细。Brush 类的派生类如表 9-3 所示。

表 9-3　Brush 类的派生类

名　　称	说　　明
ImageBrush	图像绘制区域
LinearGradientBrush	线性渐变绘制区域
RadialGradientBrush	径向渐变绘制区域,焦点定义渐变的开始,椭圆定义渐变的终点
SolidColorBrush	单色绘制区域
VideoBrush	视频内容绘制区域

【例 9-2】　在窗体上为各种形状填充不同的颜色。

本例的目标是使用图形与画刷类为窗体上绘制的基本形状填充颜色。

(1) 新建 Windows 应用程序,项目名为 s09-2。

(2) 在窗体上添加名为 button1、button2 的两个按钮,其 Text 属性分别为"矩形"、和"圆形",如图 9-2(a)所示。

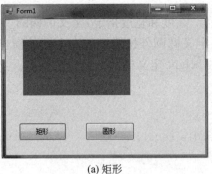
(a) 矩形

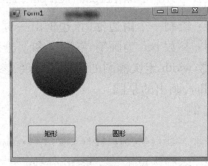
(b) 圆形

图 9-2　填充各种图形

(3) 打开代码窗口,输入程序代码如下:

```
using System.Drawing.Drawing2D;
private void button1_Click(object sender, EventArgs e)
{                       //使用矩形画笔作为笔刷,设置红色单色刷,填充矩形图形。
```

```
        Graphics g = this.CreateGraphics();
        Pen p = new Pen(Color.Red,3);
        Brush b = p.Brush;
        g.DrawRectangle(p, 50, 50, 200, 100);
        g.FillRectangle(b,50,50,200,100);
        p.Dispose();
        g.Dispose();
}
private void button2_Click(object sender, EventArgs e)
{                       //绘制一红色圆,并用线性渐变色画刷填充圆形图形
        Graphics g = this.CreateGraphics();
        Pen p = new Pen(Color.Red,3);
        g.DrawEllipse(p, 50, 50, 100, 100);
        Rectangle r = new Rectangle(50,50,100,100);
        LinearGradientBrush brush = new LinearGradientBrush(r, Color.Orange,
        Color.Purple, 90);
        g.FillEllipse(brush, r);
        p.Dispose();
        g.Dispose();
}
```

提示：Graphics 对象的 FillEllipse、FillRectangle 方法可以填充椭圆、矩形, FillEllipse 方法的常用格式为 public void FillEllipse(Brush brush, Rectangle rect); FillRectangle 方法与此类似。

(4) 启动调试,然后驱动有关事件:

① 单击"矩形"按钮,则窗体上画出一个矩形,并用红色填充。

② 单击单击"圆形"按钮,则窗体上部画出一个圆,并用线性渐变色画刷填充。

程序运行效果如图 9-2(b)所示。

(5) 单击工具栏中的"全部保存"按钮,保存有关文件。

9.3 绘制相关图形

9.3.1 绘制曲线

对于基本形状的绘制,可以从图形类中提供的方法中找到解决方案,如三角形为三条相互相连的直线,心形为几个半圆形组合,关键问题是找准其中的连接点位置。但一些数学曲线的处理就比较烦琐,不是标准的形状组合,需要两点一线逐一绘制,下面以一些常用曲线及图表为例进行介绍。

【例 9-3】 绘制正弦曲线 $y = \sin(x)$。

本例的目标是掌握绘制曲线的基本要领。可以在任意窗体或控件上找到各相关点,计算绘制曲线,以正弦曲线为例,首先应找到坐标原点,然后找到每一个曲线上对应点的坐标,在两点之间画一条直线,如此反复直到曲线终点。

曲线绘制步骤如下：

（1）绘制坐标轴，确定坐标原点，依次画两条直线分别作为 X，Y 轴。因为窗体的左上角坐标为(0,0)，在代码中使用的坐标定位都是相对于窗体的左上角的。为了看得清楚，在窗体的四周留出一部分边缘，这里使用绝对像数值，将坐标原点定位在(30,窗体高度-100)。随着窗体大小的变化，横坐标轴根据窗体绘制在不同位置，如图9-3(a)所示。

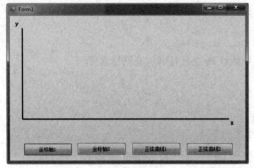
(a) 坐标轴1

(b) 坐标轴2

图 9-3　坐标轴的绘制

绘制坐标轴的相关代码如下：

```
private void button1_Click(object sender, EventArgs e)
{
    Graphics g = this.CreateGraphics();
    Pen p = new Pen(Color.Black, 3);
    Point p1 = new Point(30, this.ClientSize.Height - 100);
    Point p2 = new Point(this.ClientSize.Width - 50,
    this.ClientSize.Height - 100);
    g.Clear(this.BackColor);
    g.DrawLine(p, p1, p2);
    Point p3 = new Point(30, 30);
    g.DrawLine(p, p1, p3);
    Font f = new Font("宋体", 12, FontStyle.Bold);
    g.DrawString("x", f, p.Brush, p2);
    g.DrawString("y", f, p.Brush, 10, 10);
}
```

因为窗体中纵坐标的正方向是垂直向下的，和在数学中画坐标轴的方向相反，因此，需对纵坐标的值做一些修改，使 X 轴上移，如图9-3(b)所示。上面的代码修改如下：

```
private void button2_Click(object sender, EventArgs e)
{
    Graphics g = this.CreateGraphics();
    Pen p = new Pen(Color.Black, 3);
    Point p1 = new Point(30, (this.ClientSize.Height - 100)/2);
    Point p2 = new Point(this.ClientSize.Width - 50,
    (this.ClientSize.Height - 100)/2);
```

```
        g.Clear(this.BackColor);
        g.DrawLine(p, p1, p2);
        Point p3 = new Point(30, 30);
        g.DrawLine(p, p1, p3);
        Font f = new Font("宋体", 12, FontStyle.Bold);
        g.DrawString("x", f, p.Brush, p2);
        g.DrawString("y", f, p.Brush, 10, 10);
        float x1 = 0;
        float x2 = 0;
        double y1 = 0;
        double y2 = this.ClientSize.Height - 200;
}
```

（2）接着在坐标轴上画出一个周期的正弦曲线，以坐标轴的原点为起点，如图9-4所示。

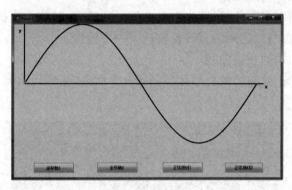

图9-4　正弦曲线

程序代码如下：

```
private void button3_Click(object sender, EventArgs e)
{
        Graphics g = this.CreateGraphics();
        Pen p = new Pen(Color.Black, 3);
        Point p1 = new Point(30, (this.ClientSize.Height - 100)/2);
        Point p2 = new Point(this.ClientSize.Width - 50,
        (this.ClientSize.Height - 100)/2);
        g.Clear(this.BackColor);
        g.DrawLine(p, p1, p2);
        Point p3 = new Point(30, 30);
        g.DrawLine(p, p1, p3);
        Font f = new Font("宋体", 12, FontStyle.Bold);
        g.DrawString("x", f, p.Brush, p2);
        g.DrawString("y", f, p.Brush, 10, 10);
        float x1 = 0;
        float x2 = 0;
        double y1 = 0;
```

```
            double y2 = this.ClientSize.Height - 200;
            for (x2 = 0; x2 < this.ClientSize.Width - 100; x2 ++)
            {
                double a = 2 * Math.PI * x2/(this.ClientSize.Width - 100);
                y2 = Math.Sin(a);
                y2 = (1 - y2) * (this.ClientSize.Height - 100)/2;
                g.DrawLine(p, x1 + 30, (float)y1, x2 + 30, (float)y2);
                x1 = x2;
                y1 = y2;
            }
        }
```

其中,取 a = 2πx/坐标轴宽度,实现对坐标轴的放大。因为直接根据 y = sinx 中的 x 范围画图,画出的正弦曲线很窄,x 取值范围是从以 0 ~ 2π 为一个周期,也就是几个像素,因此需通过改变横坐标来将曲线拉宽。

一般绘制曲线的基本方法是,首先根据曲线的计算公式,确定坐标原点,从原点开始,循环绘制直线,不同点与点之间的直线就构成了一个曲线。

(3) 绘制多个周期的正弦曲线。

绘制多个周期的正弦曲线的程序运行如图 9-5 所示,相应代码如下,请读者分析代码含义。

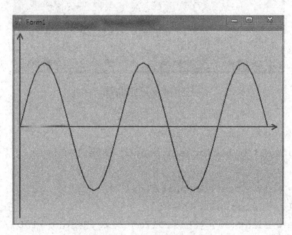

图 9-5 多周期正弦曲线

程序代码如下:

```
private void button4_Click(object sender, EventArgs e)
{
    int w = this.ClientSize.Width;
    int h = this.ClientSize.Height;
    int x0 = 10, y0 = h/2;
    int yunit = h/3;
    int xunit = w/50;
    int i;
```

```
int x1 = 0, y1 = 0, x2, y2;
bool ht = false;
Graphics g = this.CreateGraphics();
Pen p = new Pen(Color.Blue, 2);
g.Clear(this.BackColor);
g.DrawLine(p, 10, 5, 10, h - 10);
g.DrawLine(p, 5, 15, 10, 5);
g.DrawLine(p, 15, 15, 10, 5);
g.DrawLine(p, x0, y0, w - 10, y0);
g.DrawLine(p, w - 20, y0 - 5, w - 10, y0);
g.DrawLine(p, w - 20, y0 + 5, w - 10, y0);
for (i = 0; i <= 50; i ++)
{
    if (ht == false)
    {
        x1 = x0 + i * xunit;
        y1 = (int)(y0 - yunit * Math.Sin(i * 36.0/360 * 3.1415926));
        ht = true;
    }
    else
    {
        x2 = x0 + i * xunit;
        y2 = (int)(y0 - yunit * Math.Sin(i * 36.0/360 * 3.1415926));
        g.DrawLine(p, x1, y1, x2, y2);
        x1 = x2;
        y1 = y2;
    }
}
}
```

9.3.2 绘制统计图

统计图的绘制是常见的,下面以饼图的绘制为例介绍其基本绘制方法。

【例9-4】 按百分比绘制饼图。

本实例的目标是掌握绘制统计图形的基本要领。饼图可以直接使用类库中的方法填充图形,不同之处在于统计类图形需和数据关联,如何获取数据并按不同数据绘制不同比例的饼图是实现的关键。

饼图绘制步骤如下:

(1) 绘制简单的饼图,各部分比例由界面输入或直接指定,按比例生成饼图,多次创建画刷,不同部分使用不同颜色填充,具体代码如下:

```
private void button1_Click(object sender, EventArgs e)
{
    Graphics g = this.CreateGraphics();
    g.Clear(this.BackColor);
    Pen p = new Pen(Color.Green);
    Rectangle r = new Rectangle(50, 50, 200, 200);
    Brush b = new SolidBrush(Color.Blue);
    g.FillPie(p.Brush, r, 0, 60);
    g.FillPie(b, r, 60, 150);
    b = new SolidBrush(Color.Yellow);
    g.FillPie(b, r, 210, 150);
    p.Dispose();
    g.Dispose();
}
```

执行上述代码,绘制图形效果如图 9-6 所示,这里是二维饼图,有兴趣的读者可以思考如何绘制立体效果的图形。

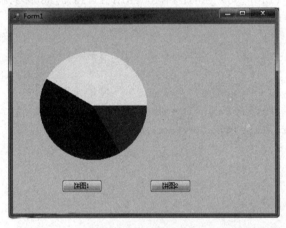

图 9-6 平面饼图

(2) 从上面的代码可以看出,画饼图直接使用方法 FillPie,饼图的各部分主要由参数 3 和参数 4 确定位置,是饼图各部分的角度的关键参数。如果每一部分不确定,或从其他对象中获取数据来动态生成饼图,饼图绘制可以改为用循环语句实现。同样,每一部分的颜色也可以通过获取数据确定。程序代码如下:

```
private void Fill(int[] percent, Color[] percolor)
{
    Graphics g = this.CreateGraphics();
    g.Clear(this.BackColor);
    Rectangle r = new Rectangle(50, 50, 200, 100);
    Brush b;
    int beginAngle = 0;
    for (int i = 0; i <= percent.GetUpperBound(0); i++)
    {
```

```
            b = new SolidBrush(percolor[i]);
            g.FillPie(b, r, beginAngle, percent[i]);
            beginAngle += percent[i];
        }
        g.Dispose();
}
```

其中,定义了一个方法,接受的输入参数分别为饼图的划分比例和颜色的设置,方法的参数类型还可以根据需要调整。输入的参数可以从数据库表中的指定列获取,也可以通过从文件中的数据获取。在调用时确定将饼图切割成几份。

小结

本章重点介绍了在 C#中如何实现图形的处理技术,特别要求掌握绘制矢量图形的基本工具和基本方法。本章要掌握的知识点和难点如下:

(1) 了解.NET Framework 对于 GDI+图形图像编程的支持情况。
(2) 掌握主要绘图的工具类,如 Pen、Brush 等使用方法和技巧。
(3) 掌握绘制曲线的基本方法。
(4) 掌握饼状图的绘制方法和技巧。

习题 9

1. 选择题

(1) 在 GDI+的所有类中,_____类是核心,在绘制任何图形之前,一定要先用它创建一个对象。
  A. Graphics   B. Pen   C. Brush   D. Font
(2) 要设置 Pen 对象绘制线条的宽度,应使用它的_____属性。
  A. Color   B. Width   C. DashStyle D. PenType
(3) 如果要绘制扇形,应使用 Graphics 对象的_____方法绘制
  A. DrawPie   B. DrawArc C. DrawEllHipse D. FillPie

2. 填空题

(1) 如果创建一个画线颜色为蓝色,像素宽度为 100 的画笔,画笔为 mypen,使用的语句是_____。
(2) 在 C#的图形编程中,最常用的命名空间是_____。
(3) 画多边形应使用 Graphics 对象的_____方法。
(4) GDI 是_____的英文缩写。

3. 问答题

(1) 简述 GDI+绘制图形的基本步骤。

(2) 怎样绘制带箭头的 X 轴？试举例说明。

4. 编程题

(1) 编写一个利用鼠标在窗体上画图的程序，无论何时用户按下并拖动鼠标均会画出一条线。

(2) 编程绘制一个余弦曲线，要求在窗体初始化事件中绘制出坐标轴，当单击"余弦曲线"按钮时，绘制出从坐标轴原点画起的余弦曲线。

第 10 章 数据库应用

当前,人类已经进入信息社会,而社会的信息量正以惊人的速度增长,信息已成为重要的资源和财富。对企业或各种组织来说,为适应信息社会,建立一个行之有效的信息系统,已成为其生存和发展的重要条件。数据库技术作为信息系统的基础和核心技术,正在得到越来越广泛的应用。

C#.NET 提供了功能强大的数据库处理功能存取能力,将 Windows 的各种先进特征与强大的数据库管理功能有机的结合在一起。C#语言中对数据库的访问是通过.NET 框架中的 ADO.NET 实现的,ADO.NET 是重要的应用程序级接口。

本章介绍有关数据库的基本概念、ADO.NET 基础和 SQL 语句的使用。

10.1 数据库基本概念

在应用程序和数据库连接之前,首先要对数据库有一定的了解,本节将介绍数据库的相关内容,以便更好地掌握数据访问技术。

10.1.1 数据库系统简介

数据库系统(DataBase System,DBS)提供了一种将信息集合在一起的方法。数据库系统主要由数据库管理系统(DataBase Management System,DBMS)、数据库(DataBase,DB)、数据库应用程序(DataBase Application Program,DBAP)三部分组成。

1. 数据库管理系统

在数据库系统中,如何科学地组织和存储数据,如何高效地获取和处理数据?完成这个任务的是专门的管理软件——数据库管理系统。

不同的数据库管理系统采用不同的数据模型,常用的数据模型有 3 种:层次模型、网状模型、关系模型,目前常用的 Microsoft Access、Microsoft SQL Server、Oracle、Sybase 等都是关系数据库管理系统。数据库管理系统是针对所有应用的。

2. 数据库

顾名思义,数据库是存放数据的仓库,只不过这个仓库是在硬盘上,而且数据是按一定的格式存放的。所以,数据库是长期存储在计算机内有结构的大量的共享的数据集合。它可以供各种用户共享、具有最小冗余度和较高的数据独立性。在数据库中,所有的数据被独立出来集中管理,按数据本身的内在联系组织、存放和管理。

目前最流行,应用最广泛的是按照关系模型建立的关系数据库。关系数据库以行和列的形式来组织信息,一个关系数据库由若干表组成;一个表就是一组相关的数据按行排列,如一个通讯录就是这样一个表;表中的每一行称为一条记录,每一列叫做一个字段,姓名、地址、电话等都是字段。字段包括字段名及具体的数据,每个字段都有相应的描述信息,如数据类型,数据宽度等。

数据库可分为本地数据库和远程数据库。本地数据库又称为单层数据库,一般不能通过网络访问,本地数据库往往和数据库应用程序在同一系统中。远程数据库通常位于远程计算机上,用户通过网络访问远程数据库中的数据。远程数据库可以采用两层、三层和四层结构。两层结构一般采用 C/S(Client/Server 客户端和服务器)模式;三层模式一般采用 B/S(Browser/Server)模式,用户用浏览器访问 Web 服务器,Web 服务器用 CGI、ASP、PHP、JSP 等技术访问数据库服务器,生成动态网页返回给用户;四层模式是在 Web 服务器和数据库服务器中增加一个应用服务器。

3. 数据库应用程序

数据库是计算机应用程序开发中重要的组成部分,几乎所有的应用程序都离不开数据的存取操作,而这种存取操作往往是通过数据库实现的。

数据库应用程序是指基于数据库的、主要针对某一具体应用编制的应用程序。数据库应用程序按照数据库方法对数据进行集中管理,获取、显示和更新数据库存储的数据,向应用系统提供数据支持。

在 C#.NET 中,数据库处理的基本方法是通过 ADO.NET 中提供的数据访问类实现的。利用这些数据访问类,用户可以在程序中浏览、编辑各种数据库的数据。

ADO.NET 不仅为用户的数据库提供了一个面向对象的视点,并且是独立于任何单一的数据库开发商的,即它使用户可以开发出在各种不同的数据库系统中使用的应用程序。

10.1.2 结构化查询语句 SQL

结构化查询语言(Structured Query Language,SQL)在关系数据库领域中被称为标准数据库语言,它不仅具有丰富的数据操纵功能,而且具有数据定义和数据控制功能,是集数据操纵、数据定义、数据控制功能为一体的关系数据语言。

通过 SQL 访问数据库中的数据,使用 SQL 语句对数据库进行数据查询,插入、删除记录,修改记录中的数据。

几乎所有的数据库都支持 SQL 语言,编写数据库应用程序必须学习 SQL 语言。

为讨论方便,假设使用 Microsoft Access 创建了一个名为 STU.dbf 的数据库,其中有数据库表

student(StudentNum,StudentName,StudentSex)

并已输入若干记录。下面以此数据库为例,介绍常用的数据库操作语句。

1. Select 语句

Select 语句是最常用的语句,可以从数据库的表中获得满足一定条件的数据集。常见的 Select 语句如下:

```
select * from student
//从表 Student 中选择所有字段的所有记录
select StudentNum,StudentName from student
//从表 Student 中选择字段 StudentNum 和字段 StudentName 的所有记录
select * from score where StudentNum=1
//从表 score 中查找学号 StudentNum=1 同学的所有课程的成绩
```

2. Insert 语句

用于向数据库表中插入一个新记录。例如,向表 student 中插入一个新纪录的语句如下:

```
Insert student (StudentNum,StudentName,StudentSex)Value(5,"田七","男")
```

3. Update 语句

更新数据库的 Student 表中学号为 1 的学生名字为"陈七":

```
Update Student Set StudentName="陈七" Where StudentNum=1
```

4. Delete 语句

用于删除数据库表中的一个记录。例如,删除 student 表中学号为 1 的学生,语句如下:

```
Delete From student where StudentNum=1
```

10.2 ADO.NET 基础

微软公司用于访问多个提供程序中数据的微软策略称为通用数据访问。通用数据访问的目标是可从任意类型计算机上的任意应用程序中访问任意类型的数据。数据源可包括关系数据库、文本文件、电子数据表、电子邮件或地址簿,数据可被存储在台式机、局域网、大型机、内联网或 Internet 上。

10.2.1 ADO.NET 简介

ADO.NET(ActiveX Data Objects for the .NET Framework)是为.NET 框架而创建的,是.NET Framework 中用于数据访问的组件。微软公司认为,它是对早期 ADO 技术的"革命性改进"。应该说,它确实是一个非常优秀的数据访问技术,对于使用

.NET Framework 进行软件开发的程序员来说，它是必须掌握的技术之一。

ADO.NET 提供对 Microsoft Access、Microsoft SQL Server、Oracle 等数据源以及通过 OLE DB 和 XML 公开的数据源的一致访问。应用程序可以使用 ADO.NET 来连接到这些数据源，并检索、操作和更新数据。

由于 ADO.NET 的使用，设计单层数据库或多层数据库应用程序使用的方法基本一致，极大地方便了程序设计。

ADO.NET 能有效地从数据操作中将数据访问分解为多个可以单独使用或一前一后使用的不连续组件。ADO.NET 包含用于连接到数据库、执行命令和检索结果的.NET Framework 数据提供程序。可以直接处理检索到的结果，或将其放入 ADO.NET DataSet 对象，以便与来自多个源的数据或在层之间进行远程处理的数据组合在一起，以特殊方式向用户公开。ADO.NET DataSet 对象也可以独立于.NET Framework 数据提供程序使用，以管理应用程序本地的数据或源自 XML 的数据。

ADO.NET 有如下一些优点：

（1）互用性：ADO.NET 使用 XML 为数据传输的媒质。

（2）易维护性：使用 N 层架构分离业务逻辑与其他应用层次，易于增加其他层次。

（3）可编程性：ADO.NET 对象模型使用强类型数据，使程序更加简练易懂。

（4）高性能：ADO.NET 使用强类型数据取得高性能。

（5）可扩展性：ADO.NET 鼓励程序员使用 Web 方式，由于数据是保存在本地缓存中的，不需要解决复杂的并发问题。

10.2.2　ADO.NET 对象模型

要想掌握 ADO.NET，必须要熟悉它的对象模型，ADO.NET 的对象结构如图 10-1 所示。

ADO.NET 的对象模型由两部分组成：数据提供程序（Data Provider，有时也称托管提供程序）和数据集（DataSet）。数据提供程序负责与物理数据源的连接，数据集代表实际的数据。这两个部分都可以和数据使用程序通信，如 Web Form 和 Win Form。

1. 数据提供程序

数据提供程序组件属于数据源（DataSource）。在.NET 框架下的数据提供程序具有功能相同的对象，但这些对象的名称、部分属性或方法可能不同，如 SQL Server 对象名称以 SQL 为前缀（如 SqlConnection 对象），而 OLE DB 对象名称以 OleDb 为前缀（如 OleConnection 对象），ODBC 对象则以 Odbc 为前缀（如 OdbcConnection 对象）。

（1）Connection 对象表示与一个数据源的物理物理连接，它的属性决定了数据提供程序（使用 OLE DB 数据提供程序时）、数据源、所连接到的数据库和连接期间用到的字符串。Connection 对象的方法比较简单：打开和关闭连接，改变数据库和管理事务。

（2）Command 对象代表在数据源上执行一条 SQL 语句或一个存储过程。对于一个 Connection 对象来说，可以独立地创建和执行不同的 Command 对象，也可以使用 DataAdapter 对象（包含 4 个 Command 对象成员）操作数据源中的数据。

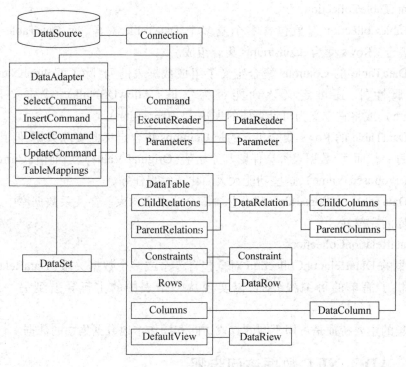

图 10-1 ADO.NET 的对象结构

(3) DataReader 对象是一种快速、低开销的对象，用于从数据源中获取仅转发的、只读的数据流，往往用来显示结果。DataReader 不能用代码直接创建，只能通过调用 Command 对象的 ExecuteReader 方法来实现。

(4) DataAdapter(数据适配器)对象是功能最复杂的对象，它是 Connection 对象和数据集之间的桥梁。DataAdapter 对象包含 4 个 Command 对象：SelectCommand 对象、InsertCommand 对象、UpdateCommand 对象、DeleteCommand 对象，完成对数据库中的数据的选择、插入、更新、删除等功能。

DataAdapter 对象隐藏了 Connection 对象和 Command 对象沟通的细节，方便使用。在许多数据库应用中，都使用 DataAdapter 对象。使用 DataAdapter 对象例子如下：

```
String txtConn = "Provider = Microsoft.Jet.OLEDB.4.0;
Data Source = D:\\VC#\\studentI.mdb";
OleDbConnection conn = new OleDbConnection(txtConn);        //建立连接
string txtCommand = "SELECT * FROM student";
    OleDbDataAdapter da = new OleDbDataAdapter(txtCommand,conn);
```

2. 数据集

数据集是记录在内存中的数据。数据集像是一个简化的关系数据库,包含了表、表与表的关系。要注意的是,在 ADO.NET 中,数据集和数据源并没有连接在一起,数据集不知道自身所包含的数据来自何处,这些数据可能来自于多个数据源。

数据集由两个基本对象组成：DataTableCollection 和 DataRelationCollection。

1）DataTableCollection

DataTableCollection 对象包含零个或多个 DataTable 对象,而 DataTable 对象又由 Columns 集合、Rows 集合、Constraints 集合组成。

（1）DataTable 的 Columns 集合定义了组成数据表的列,除了 ColumnName 属性和 DataType 属性外,还可定义该列能否为空值（AllowDBNull）,或定义最大长度（MaxLength）,或将它定义为可计算值的表达式（Expression）。

（2）DataTable 的 Rows 集合包含的是 Columns 集合定义的实际数据,但其中可能为空。对于每一行而言,数据表都会保留其原始值（Original Value）、当前值（Current Value）和建议值（Proposed Value）,这些功能大大简化了编程任务。

（3）DataTable 的 Constraints 集合包含零个或多个约束。在关系数据库中,约束用来维护数据库的完整性。

2）DataRelationCollection

数据集的 DataRelationCollection 对象包含零个或多个数据关系（DataRelation）。数据关系提供了简单的可编程界面,以实现从一个表中的主行导航到另一表中相关的行。

数据集的主要特征是可用不同的方式访问和操作本地数据集中的数据。

10.2.3 ADO.NET 数据访问步骤

不论从语法来看,还是从风格和设计目标来看,ADO.NET 都和 ADO 有显著的不同。

1. ADO 技术访问数据库

通过 ADO 访问数据库,一般要经过以下 4 个步骤:
（1）创建一个到数据库的连接,即 ADO.Connection。
（2）查询一个数据集合,即执行 SQL,产生一个 Recordset。
（3）对数据集合进行需要的操作。
（4）关闭数据连接。

2. ADO.NET 技术访问数据库

在 ADO.NET 里,这些步骤有很大的变化。ADO.NET 的最重要概念之一是 DataSet。DataSet 是不依赖于数据库的独立数据集合。所谓独立,指的是即使断开数据连接,或者关闭数据库,DataSet 依然是可用的。有了 DataSet,那么,ADO.NET 访问数据库的步骤就相应地改变了:
（1）创建一个数据库连接。
（2）请求一个记录集合。
（3）把记录集合暂存到 DataSet。
（4）如果需要,返回（2）（DataSet 可以容纳多个数据集合）。
（5）关闭数据库链路。
（6）在 DataSet 上作所需要的操作。

DataSet 在内部是用 XML 描述数据的。由于 XML 是一种平台无关、语言无关的数据描述语言，而且可以描述复杂数据关系的数据，比如父子关系的数据，所以 DataSet 实际上可以容纳具有复杂关系的数据。

10.2.4 ADO.NET 命名空间

ADO.NET 主要在 System.Data 命名空间层次结构中实现，该层次结构在物理上存在于 System.Data.dll 程序集文件中。部分 ADO.NET 是 System.Xml 命名空间层次结构的一部分。

在 C#.NET 文件中通过 ADO.NET 访问数据需要引入几个命名空间，ADO.NET 命名空间如表 10-1 所示。

表 10-1 ADO.NET 命名空间

ADO.NET 命名空间	说 明
System.Data	提供 ADO.NET 构架的基类
System.Data.OleDB	针对 OLE DB 数据源所设计的数据存取类
System.Data.SqlClient	针对 Microsoft SQL Server 数据源所设计的数据存取类

10.3 使用 ADO.NET 访问数据库

本节以 Microsoft Access 数据库为对象，介绍如何使用 ADO.NET 访问数据库。

10.3.1 连接 Microsoft Access 数据库

访问 Access 数据库的第一步是连接数据库，这时需要使用 OLE DB 数据提供程序。

OLE DB(Object Linking and Embedding DataBase)，一个基于 COM 的数据存储对象，能提供对所有类型的数据的操作，甚至能在离线的情况下存取数据。OLE DB.NET 数据提供程序在 System.Data.OleDb 命名空间中定义，也包含在 System.Data.dll 文件中。

目前在网络上很流行的小型数据库 Access，就应该使用 OLE DB.NET 数据提供程序访问。

OleDbConnection 定义了两个构造函数，一个没有参数；另一个接受字符串。使用 OLE DB.NET 数据提供程序时需要指定底层数据库特有的 OLE DB Provider，如连接到 Access 数据库的连接字符串格式为：

```
Provider=Microsoft.Jet.OLEDB.4.0;Data Source=mydb.mdb;user Id=;
password=;
```

其中，Provider 和 Data Source 是必须项。

下面是连接到 Access 数据库的例子：

```
String ConnectionString;
```

```
ConnectionString = "Provider =Microsoft.Jet.OLEDB.4.0;Data Source =
studb.mdb";
OleDbConnection conn = new OleDbConnection(ConnectionString);
conn.Open();
...
//添加访问、操作数据库的事件
...
conn.Close();
```

10.3.2 连接 Microsoft Access 数据库实例

假定以下数据库操作对象均为名为 book.mdb 的 Microsoft Access 数据库。

【例 10-1】 编写一个应用程序连接名为 book 的 Access 数据库,并根据连接结果输出一些信息。

步骤如下:

(1) 启动 Microsoft Visual Studio 2008,进入 Microsoft Visual Studio 起始页,如图 10-2 所示。

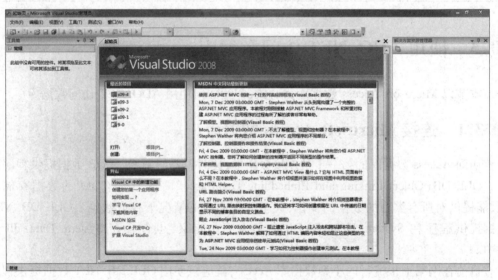

图 10-2 Microsoft Visual Studio 起始页

(2) 从图 10-2 的左上侧"最近的项目"列表中单击"创建"中的"项目"选项,进入"新建项目"对话框。在"名称"框中输入项目名"例 10-1",在"位置"后面的组合框中输入新建项目的路径名,如图 10-3 所示。

(3) 单击"确定"按钮,新项目例 10-1 创建成功。选择窗体 form1 上,在窗体上创建标签控件 Label 和按钮控件 Button1。将 Button1 控件的 Text 属性设置为"连接数据库",如图 10-4 所示。

(4) 切换到代码窗口,添加如下命名空间:

```
using System.Data.OleDb;
```

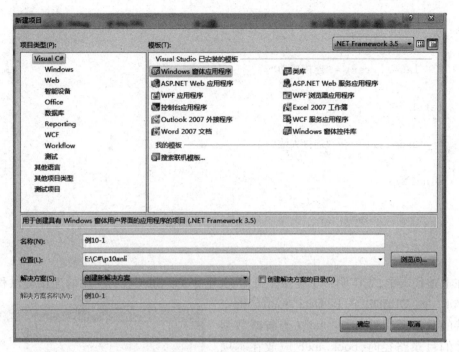

图 10-3　新建项目

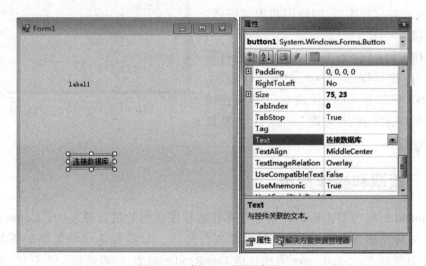

图 10-4　例 10-1 的设计界面

（5）在设计窗口上双击 Button1，进入代码窗口，系统自动添加了与该按钮的 Click 事件相关处理程序 Button1_Click。在事件处理程序 Button1_Click 中添加如下代码：

```
private void button1_Click(object sender, EventArgs e)
{
    string connstr;
    connstr = "Provider=Microsoft.Jet.OLEDB.4.0;Data Source=book.mdb";
    OleDbConnection conn = new OleDbConnection(connstr);
```

```
try
{
    conn.Open();
    label1.Text = "连接成功";
}
catch
{
    label1.Text = "连接失败";
}
finally
{
    conn.Close();
}
```

在上述代码中,先声明一个连接字符串,关键字 Provider 表明使用的连接提供程序为 Microsoft.Jet.OLEDB.4.0,Data Source 指定要连接的数据源文件 book.mdb(当省略数据源文件的目录路径时,book.mdb 应放在本项目的 bin 文件夹内),使用该字符串建立连接对象实例 conn,并打开连接,当使用数据完毕后,应关闭连接。

(6) 按 Ctrl + F5 键(启动调试),在运行页面中单击"连接数据库"按钮,如果连接成功,则显示 label 标签显示"连接成功";如果连接不成功,则显示"连接失败"。运行结果如图 10-5 所示。

图 10-5　例 10-1 运行结果

10.3.3　读取和操作数据

Command 对象与 DataReader 对象是操作数据库数据的最直接方法。Command 对象根据程序员所设置的 SQL 语句对数据库进行操作。对需要返回结果集的 SQL 语句,Command 对象的 ExecuteReader 方法生成 DataReader 对象,后者提供一个只读、单向的游标,从而使程序员能够以行为单位获取结果集中的数据。作为数据提供程序的一部分,Command 对象和 DataReader 对象对应着特定的数据源,如 System.Data.OleDb 命名空间中的 OleDbCommand 和 OleDbDataReader,以及 System.Data.SqlClient 命名空间中的 SqlCommand 和 SqlSqlDataReader。

1. 建立 Command 对象

首先创建一个 Command 对象。如果要通过代码运行时创建 Command 对象,可以使用 4 个版本的构造函数,如表 10-2 所示。

表 10-2　Command 对象的构造函数

原　　型	含　　义
Command()	创建一个默认数据命令实例
Command(cmdTxt)	创建一个数据命令实例并设置 CommandText 为参数 cmdTxt 中指定的字符串
Command(cmdTxt,conn)	创建一个数据命令实例，CommandText 为参数 cmdTxt 中指定的字符串，设置 Connection 属性为 conn 中指定的数据连接对象
Command(cmdTxt,conn,trans)	创建一个数据命令实例，CommandText 为参数 cmdTxt 中指定的字符串，设置 Connection 属性为 conn 中指定的数据连接对象，设置 Transaction 属性为 trans 中指定的事务对象

下面是构造函数使用的几个例子：

（1）构造函数不带任何参数。

```
OleDBCommand cmd = new OleDBCommand();
cmd.Connection = ConnectionObject;
cmd.CommandText = CommandText;
```

这里的 CommandText 可以是从数据库检索数据的 SQL Select 语句：

```
String CommandText = "select * from S";
```

（2）构造函数可以接受一个命令文本。

```
OleDBCommand cmd = new SqlCommand(CommandText);
cmd.Connection = ConnectionObject;
```

上面代码实例化 Command 对象，传递 CommandText，并对 Command 对象的 CommandText 属性初始化，然后对 Connection 属性赋值。

（3）构造函数接受一个 Connection 对象和一个命名文本。

```
OleDBCommand cmd = new OleDBCommand (CommandText,ConnectionObject);
```

其中，第一个参数为 string 型的命令文本，第二个为 Connection 对象。

2. Command 对象的属性

可以看出，不同构造函数的区别在于对 Command 对象不同属性的默认设置，这些属性也是 Command 对象较为重要的几个属性。

（1）CommandText 属性：是字符串属性。包含要执行的 SQL 语句或数据源中存储过程的名字。

（2）Connection 属性：指定要执行数据命令的连接对象，即指定要执行数据操作的数据源。

（3）Transaction 属性：指定执行数据命令登记的事务对象。

此外，Command 对象还有其他一些属性。Command 的常用属性如表 10-3 所示。

表 10-3 Command 的常用属性

属　性	说　　明
CommandText	获取或设置要对数据源执行的 Transact-SQL 语句或存储过程
CommandTimeout	获取或设置在终止执行命令的尝试并生成错误之前的等待时间
CommandType	获取或设置一个值,该值指示如何解释 CommandText 属性
Connection	数据命令对象所使用的连接对象
Parameters	参数集合(OleDbParameterCollection 或 SqlParameterCollection)

其中 CommandText 属性存储的字符数据依赖于 CommandType 属性的类型,例如当 CommandType 属性设置为 StoreProcedure 时,表示 CommandText 属性的值为存储过程的名称;而当 CommandType 属性设置为 TableDirect 时,CommandText 属性应设置为要访问的一个或多个表的名称;如果 CommandType 设置为 Text,CommandText 则为 SQL 语句。CommandType 默认为 Text。如表 10-4 所示,列举了 CommandType 的所有值。

表 10-4 CommandType 枚举

成员名称	说　明	成员名称	说　明
StoredProcedure	存储过程的名称	Text	SQL 文本命令(默认)
TableDirect	表的名称		

3. 执行数据命令

调用 Command 对象的相关方法,就可以实现对数据源的操作。Command 对象提供了用于执行命令的 4 种方法,选择何种方法取决于要从命令中返回什么数据。Command 对象用于执行命令的相关方法如表 10-5 所示。

表 10-5 Command 对象用于执行命令的方法

原　型	含　义
ExecuteNonQuery( )	执行一个命令但不返回结果集
ExecuteScalar( )	执行一个命令返回一个值
ExecuteReader( )	执行一个命令返回一个 DataReader 对象
ExecuteXMLReader( )	SqlCommand 专有的方法,执行一个命令,XmlReader 对象可用于传送数据库中返回的 XML 代码

下面介绍 ExecuteNonQuery 方法和 ExecuteScalar 方法。

(1) ExecuterNonQuery 方法。

ExecuteNonQuery 方法主要用来更新数据。通常使用数据执行 Update、Insert 和 Delete 语句。

Command 对象通过 ExecuteNonQuery 方法更新数据库的过程非常简单,需要进行的步骤如下:

① 创建数据库连接。

② 创建 Command 对象,并指定一个 Insert、Update、Delete 查询或存储过程

SQL 语句。

③ 把 Command 对象依附到数据库连接上。

④ 调用 ExecuteNonQuery 方法。

⑤ 关闭连接。

可以使用 EcecuteNonQuery 方法向数据表中插入、删除、更新记录。例如，在表 S 里插入一条记录，SNO = 'S12'，SNAME = '李四'，代码如下：

```
string createdb = "use studb INSERT INTO S(SNO,SNAME) VALUES('S12','李四');";
string connstr;
connstr = "Provider=Microsoft.Jet.OLEDB.4.0;Data Source=studb.mdb";
OleDbConnection conn = new OleDbConnection(connstr);
OleDBCommand cmd = newOleDBCommand (createdb,conn);
conn.Open();
int RecordsAffected = cmd.ExecuteNonQuery();
conn.Close();
```

（2）ExecuteScalar 方法。

ExecuteScalar 方法执行返回单个值的命令。下面通过一个例子演示 ExecuteScalar 方法。

【例 10-2】 用 ExecuteScalar 方法获取 book 数据库 bokname 表中图书的总数目。

① 新建一个名为例 10-2 的项目。

② 打开 form1 的设计页面，从工具箱中拖出 2 个 Label 和 1 个 Button 控件到设计界面，设置这些控件的 Text 属性，如图 10-6 所示。

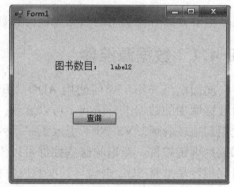

图 10-6　例 10-2 的设计界面

③ 双击窗体切换到代码窗口，添加如下命名空间：

```
using System.Data.OleDb;
```

④ 在事件规程 Button1_Click 中添加如下代码：

```
private void button1_Click(object sender, EventArgs e)
{
    string createdb = " Select count(*) From bookname;";
    string connstr;
    connstr = "Provider=Microsoft.Jet.OLEDB.4.0;Data Source=book.mdb";
    OleDbConnection conn = new OleDbConnection(connstr);
    OleDbCommand cmd = new OleDbCommand(createdb, conn);
    try
    {
        conn.Open();
        string number = cmd.ExecuteScalar().ToString();
        conn.Close();
```

```
        label2.Text = number;
    }
    catch
    {
        label2.Text = "查询失败";
    }
}
```

⑤ 按 Ctrl + F5 键运行,在运行的界面上单击"查询"命令按钮,如果查询成功,则显示实际的图书数目,如图 10-7 所示;如果连接不成功,显示"查询失败"。

图 10-7　例 10-2 运行结果

10.4　数据源控件和数据绑定控件

本节介绍方便实用的数据源控件和数据绑定控件的使用。

10.4.1　数据源控件

前面已经介绍了如何使用 ADO.NET 中的相关对象如 connecting、command 等对象对数据库中的数据进行访问。可以看到,要想访问数据,必须编写相关代码进行连接,因此用起来较麻烦。VS.NET 引入了一系列可以改善数据访问的新工具,包括数据源控件和数据绑定控件。新增的这些控件可以消除以前版本中要求的大量重复性代码。例如,可以很容易地将 SQL 语句与数据源控件相关联,并且帮它们绑定到数据绑定控件。本节就以 BindingSource 数据源控件为例介绍。

1. BindingSource 控件简介

BindingSource 是一个专门访问数据库的控件,该控件可以很快地连接 Access、SQL Server 等数据库,而且不用写任何代码。此外,该控件还可以使用 SQL 语句对数据库记录实行操作。

BindingSource 控件不用设置连接属性,所要做的只是使用 DataSource 属性设置 Access 数据库文件的位置,该控件将负责维护数据库的基础连接。应该将 Access 数据库放在项目的 bin 目录中,并且使用相对路径引用它们。

2. 访问 Access 数据库文件

下面将应用一个实例说明 AccessDataSource 访问 Access 数据库。

在连接 Access 数据库文件前,应首先建立一个数据库文件。设数据库文件名为 book.mdb,有数据库表 bookname(bkid、bkname、bkauthor、bkcompany),并添加相关数据。数据库保存在当前项目的 bin 文件夹的 Debug 文件夹中,如图 10-8 和图 10-9 所示。

【例 10-3】　建立一个项目,在窗体上创建数据源控件 BindingSource1,将其连接到 book.mdb。

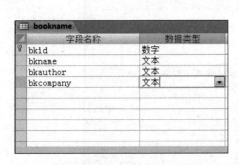

图 10-8　表的字段

图 10-9　表的位置

操作步骤如下：

（1）新建一个项目例 10-3，在 form1 上创建一个控件 BindingSource1，并选择 DataSource 属性，如图 10-10 所示。

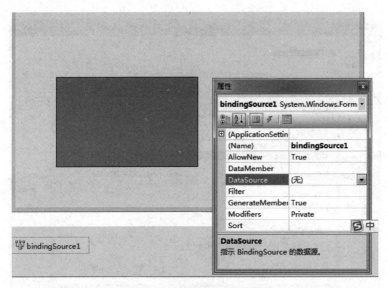

图 10-10　选择 DataSource 属性

（2）单击 DataSource 属性行右边的下拉按钮，从显示框中选择"添加项目数据源"后，弹出如图 10-11 所示的窗口，这是一个用于配置数据库数据源的向导。

（3）在"应用程序从哪里获取数据？"栏中选择"数据库"项，单击"下一步"按钮，在随后显示的对话框中单击"新建连接"按钮，弹出"选择数据源"对话框。

（4）选择"Microsoft Access 数据库文件"，"数据提供程序"框中显示"用于 OLE DB 的.NET Framework 数据提供程序"，如图 10-12 所示。图中可选项有多个，这里选择第一个选项"Microsoft Access 数据库文件"，指定来自 Access 数据库。

（5）单击"继续"按钮，在"添加连接"对话框单击"浏览"按钮，在随后的"选择

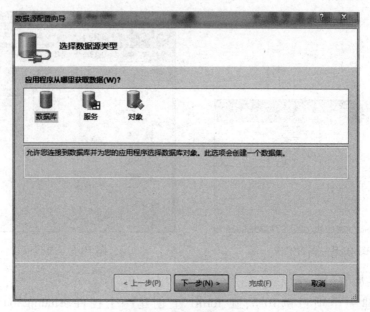

图 10-11　配置数据源

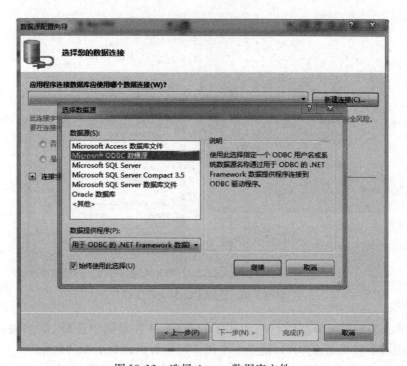

图 10-12　选择 Access 数据库文件

Microsoft Access 数据库文件"对话框中选择文件 book.mdb,单击"打开"按钮,返回"添加连接"对话框。

(6) 在"添加连接"对话框单击"测试连接"按钮,如果连接成功,则消息框显示"测试连接成功",单击"确定"按钮,返回"添加连接"对话框。

(7) 单击"下一步"按钮,返回数据源配置向导,如图10-13所示。

图10-13　完成数据源配置

(8) 选中表 book.mdb,最后单击"完成"按钮,完成数据源配置。

至此,配置 BindingSource 控件数据源基本完成,下面将介绍如何结合其他控件使配置的数据库源内容显示在页面上。

10.4.2　数据绑定控件

之前介绍了如何使用 ADO.NET 的相关对象在页面上显示相关数据表中的相关记录,但如果想要更进一步或者按照一定表格的方式来显示数据,仅仅使用这些对象实现是十分麻烦的。VS.NET 提供了很多数据绑定控件,通过这些数据绑定控件就可以很轻松地实现各种显示方式。常用的数据绑定控件有 DataGridView 控件等。这里以最常用的 DataGridView 控件为例介绍如何使用数据绑定控件。

DataGridView 控件的功能十分强大,它以表格的方式显示数据源中的数据,其中每列表示数据中的一个字段,每行表示数据中的一条记录。可以使用 DataGridView 控件显示少量数据的只读视图,也可以对其进行缩放以显示特大数据集的可编辑视图。通过选择一些属性,可以轻松的自定义 DataGridView 控件的外观。可以将许多类型的数据存储区用作数据源,也可以在没有绑定数据源的情况下操作 DataGridView 控件。DataGridView 控件可绑定到数据源控件。

下面继续在例10-3建立的项目中介绍 DataGridView 控件的使用。

【例10-4】　在项目"例10-3"的窗体上设置数据绑定控件 DataGridView1,将其与数据源 BindingSource1 连接。

前面已经对 BindingSource 控件进行了配置,现在在此基础上,继续完成设置。

(1) 首先在 form1 窗体上创建一个数据绑定控件 DataGridView1,并选择 DataGridView 控件的相关属性,设计该控件的界面,如图10-14所示。

(2) 然后单击 DataGridView 控件右上角的按钮 ,选择"选择数据源-

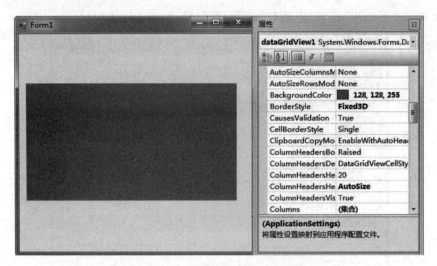

图 10-14 配置 DataGridView1 控件

BindingSource1"下的 bookname BindingSource，自此 DataGridView 控件已基本配置成功。

（3）单击 F5 键，启动程序调试，窗口显示如图 10-15 所示。可以看到，在 BindingSource1 控件中配置的 SQL 语句的内容在页面上显示出来了。

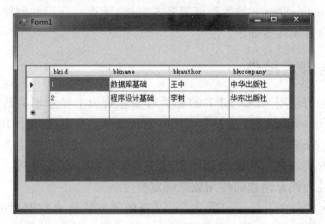

图 10-15 DataGridView 控件显示效果

如果事先没有配置过数据源，在 DataGridView 控件中也可立即配置数据源，方法如上小节所讲，效果等同。

小结

通过对本章的学习，可以通过相关控件对数据库的数据进行显示、操作，可以任选一种方式进行操作。本章知识点多，涉及面广，知识结构复杂，这里只是选择其中一小部分进行简单介绍，主要掌握数据访问技术的步骤及常用的数据控件，如想进一步学习，可参考更详细的相关书籍。

习题 10

1. 选择题

(1) 与 Microsoft Access 数据库连接,一般采用 ADO.NET 中的_____数据对象。
  A. ADOConnection   B. OleDbConnection
  C. SqlConnection   D. OracleConnection

(2) 为了检索数据,通常应把 DataAdapter 对象的_____属性设置为某个 Command 对象的名称,该 Command 对象执行 Select 语句。
  A. SelectCommand   B. InsertCommand
  C. UpdateCommand   D. DeleteCommand

(3) 一个 DataSet 对象包括一组_____对象,该对象代表创建在 DataSet 中的表。
  A. DataTable   B. DataRelation   C. DataColumn   D. DataRow

2. 填空题

(1) ADO.NET 包括两大核心控件:.NET Framework 数据提供程序和_____。

(2) OLEDB.NET 数据提供程序类位于_____命名空间。

(3) 为了使 Connection 对象与数据源相连接,应根据一定的格式创建连接字符串,然后把连接字符串赋值给 Connection 对象的_____属性。

(4) 可使用 DataAdapter 对象的_____方法从数据源中提取数据以填充数据集。

3. 问答题

(1) 简述使用 ADO.NET 技术访问数据库的步骤。

(2) 简述数据绑定控件的作用。

(3) 简述 SQL 中常用的 Select 语句的基本格式和用法。

4. 编程题

编写一个程序,首先利用 Access 2003 建立一个用户数据库 users,并建立表 userinfo(username, password, address, email),并输入记录(admin, 123, 信息系, 123@126.com)。然后设计一用户登录界面,当用户输入相关信息单击"登录"按钮时,从 userinfo 表中查找是否有该用户记录,如果有就显示"登录成功";否则显示"用户名或密码错误"。界面如图 10-16 所示。

图 10-16 用户登录界面

第 11 章 综合应用实例

本章介绍几个具体实例,力图将前面各章节的知识加以综合运用,以解决实际问题。例中的分析设计方法及源代码对读者解决实际问题有一定的参考价值。

11.1 飘动动画窗体

11.1.1 实例运行及技术要点

本实例利用 Timer 计时器控件实现窗体的水平移动、垂直移动和斜向移动等动画特效。程序运行后的初始界面如图 11-1 所示。

图 11-1 运行效果

(1) 单击"水平移动"按钮,就可以看到自左向右水平移动窗体的动画效果。当移动窗体到达屏幕右端时,则返回屏幕左端继续移动。

(2) 单击"垂直移动"按钮,就可以看到自上向下垂直移动窗体的动画效果。当移动窗体到达屏幕下端时,则返回屏幕上端继续移动。

(3) 单击"移动窗体"按钮,就可以看到窗体自左上方向右下方移动的特效。当移动窗体到达屏幕右下端时,则返回屏幕左上端继续移动。

(4) 单击"停止移动"按钮,停止窗体的移动。

该实例的技术要点有计时器控件的应用;获取屏幕的宽度和高度;表示二维空间内的

point 对象的应用;IF 条件语句的应用。

11.1.2 实现过程

(1)选择"文件"→"新建"→"项目"命令,输入项目名 s11-1,选择保存的路径名,单击"确定"按钮,如图 11-2 所示。

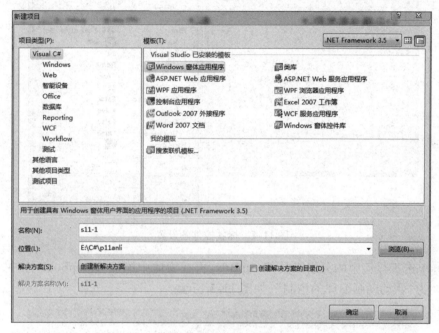

图 11-2 "新建项目"对话框

(2)设置窗体属性。在"属性"面板中,设置 Text 属性为"飘动动画窗体",如图 11-3 所示。

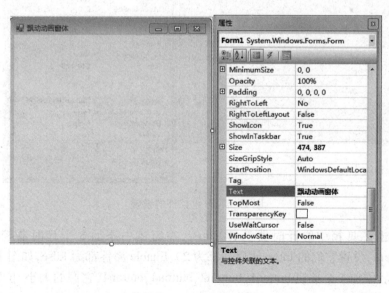

图 11-3 设置属性窗体

（3）单击工具箱中的标签工具 Label,再在窗体中添加 Label1 控件,并设置 Text 属性为"飘动动画窗体",AutoSize 属性为 false,BorderStyle 属性为 Fixed3D,如图 11-4 所示。

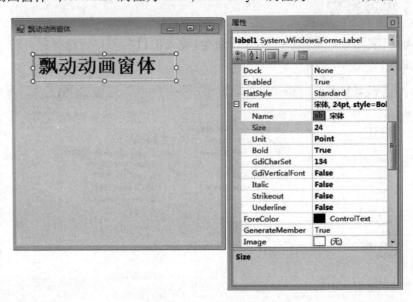

图 11-4　标签控件的设置

（4）单击工具箱中的分组工具 GroupBox,再在窗体中添加 GroupBox1 控件,并设置 Text 属性为"飘动动画窗体的控制",如图 11-5 所示。

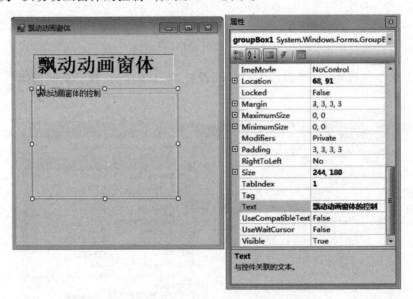

图 11-5　分组控件的设置

（5）单击工具箱中的计时器工具 Timer,在窗体中添加 3 个计时器控件 Timer1、Timer2、Timer3,设置它们的 interval 属性都为 20,Enable 属性都为 false,如图 11-6 所示。

（6）最后添加 4 个按钮 button1、button2、button3、button4,它们的大小、位置及属性设置如图 11-7 所示。

图 11-6　计时器控件的设置

图 11-7　程序最终设计效果

（7）编写程序代码如下：

```
namespace s11_1
{
    public partial class Form1 : Form
    {
        int swidth = SystemInformation.PrimaryMonitorMaximizedWindowSize
            .Width;                              //屏幕的宽度
        int sheight = SystemInformation.PrimaryMonitorMaximizedWindowSize
```

```csharp
       .Height;                                    //屏幕的高度
public Form1()
{
    InitializeComponent();
}

private void Form1_Load(object sender, EventArgs e)
{
    this.timer1.Enabled = false;
}

private void timer1_Tick(object sender, EventArgs e)
{
    Point mypos = new Point(this.DesktopLocation.X,
    this.DesktopLocation.Y);                       //定义点对象并获取窗体的当前位置
    if (mypos.X + Width < swidth)                  //若窗体超出屏幕范围则自动返回
    {
        this.DesktopLocation = new Point(mypos.X + 1, mypos.Y);
    }
    else
    {
        this.DesktopLocation = new Point(0, 0);
    }
}

private void button1_Click(object sender, EventArgs e)
{
    this.timer1.Enabled = true;
    this.timer2.Enabled = false;
    this.timer3.Enabled = false;
}

private void timer2_Tick(object sender, EventArgs e)
{
    Point mypos = new Point(this.DesktopLocation.X,
    this.DesktopLocation.Y);
    if (mypos.Y + Height < sheight)
    {
        this.DesktopLocation = new Point(mypos.X, mypos.Y + 1);
    }
    else
    {
        this.DesktopLocation = new Point(0, 0);
    }
}

private void button2_Click(object sender, EventArgs e)
```

```
            {
                this.timer1.Enabled = false;
                this.timer2.Enabled = true;
                this.timer3.Enabled = false;
            }

            private void timer3_Tick(object sender, EventArgs e)
            {
                Point mypos = new Point(this.DesktopLocation.X,
                this.DesktopLocation.Y);
                if (mypos.X + Width < swidth || mypos.Y + Height < sheight)
                {
                    this.DesktopLocation = new Point(mypos.X + 1, mypos.Y + 1);
                }
                else
                {
                    this.DesktopLocation = new Point(0, 0);
                }
            }

            private void button3_Click(object sender, EventArgs e)
            {
                this.timer1.Enabled = false;
                this.timer2.Enabled = false;
                this.timer3.Enabled = true;
            }

            private void button4_Click(object sender, EventArgs e)
            {
                this.timer1.Enabled = false;
                this.timer2.Enabled = false;
                this.timer3.Enabled = false;
            }
        }
    }
```

(8) 调试和保存文件。

需要说明,本例程序运行时尚有不足,读者可考虑改进。

11.2 总在最前的登录窗体

11.2.1 实例运行及技术要点

本实例利用窗体的 Topmost 属性设置登录窗口。程序运行后的初始界面如图 11-8(a)所示。

(a) 登录窗体　　　　　　　　　　(b) 提示对话框

图 11-8　程序运行初始界面和提示对话框

（1）程序运行后,就会显示总在最前面的登录窗口,如果用户不输入用户名和密码,直接单击"登录"按钮,就会弹出相应的提示对话框,如图 11-8(b)所示。

（2）当输入用户名和密码信息时,如果用户名不正确或密码不正确,就会显示出相应的对话框;如果正确,就会弹出可以成功登录的提示对话框。

（3）单击"取消"按钮,清空文本框中的内容。

（4）单击"退出"按钮,退出程序。

该实例的技术要点有窗体的 TopMost 属性的应用;文本框控件的应用;消息对话框 MessageBox 的应用;if 条件语句的应用。

11.2.2　实现过程

（1）新建项目,输入项目名 s11-2,选择保存的路径名,单击"确定"按钮。

（2）设置窗体的 Text 属性为"登录窗体"。

（3）在窗体中添加 3 个标签、2 个文本框和 3 个按钮,它们的大小及位置、属性设置如图 11-9 所示。注意要把密码对应的文本框的 PasswordChar 属性设置为 *。

图 11-9　程序设计界面

（4）编写程序代码如下:

```
namespace s11_2
{
    public partial class Form1 : Form
    {
        public Form1()
        {
            InitializeComponent();
        }

        private void Form1_Load(object sender, EventArgs e)
        {
```

```csharp
            this.TopMost = true;                              //窗体总在最前
            this.StartPosition = FormStartPosition.CenterScreen;
                                                              //设置窗体的位置
}

private void button1_Click(object sender, EventArgs e)
{
    if (textBox1.Text == "" || textBox1.Text == "")
    {
        MessageBox.Show(this, "输入的登录信息不完整,请重新输入!",
        "提示对话框", MessageBoxButtons.OK, MessageBoxIcon.Warning);
    }
    else
    {
        if (textBox1.Text == "张三")             //设定用户名为张三
        {
            if (textBox2.Text == "123456")       //设定密码名为123456
            {
                MessageBox.Show(this, "恭喜你,成功登录", "提示对话框",
                MessageBoxButtons.OK, MessageBoxIcon.Information);
            }
            else
            {
                MessageBox.Show(this, "密码不正确,请重新输入!",
                "提示对话框", MessageBoxButtons.OK,
                MessageBoxIcon.Information);
            }
        }
        else
        {
            MessageBox.Show(this, "用户名不正确,请重新输入!",
            "提示对话框", MessageBoxButtons.OK,
            MessageBoxIcon.Information);
        }
    }
}

private void button2_Click(object sender, EventArgs e)
{
    this.textBox1.Text = "";
    this.textBox2.Text = "";
}

private void button3_Click(object sender, EventArgs e)
{
    this.Close();
    Application.Exit();
```

        }
    }
}

（5）调试和保存文件。

11.3 飞舞的雪花

11.3.1 实例运行及技术要点

本实例利用 Random 对象和 for 循环语句实现飞舞的雪花动画效果。程序运行后，如图 11-10 所示。单击窗体，就可退出程序。

该实例的技术要点有 Graphics 对象的应用；二维数组的应用；Random 对象的使用。

11.3.2 实现过程

（1）新建项目，输入项目名 s11-3，选择保存的路径名，单击"确定"按钮。

（2）设置窗体的 BackColor 属性为 Black，FormBorderStyle 属性为 None，如图 11-11 所示。

图 11-10 程序运行效果

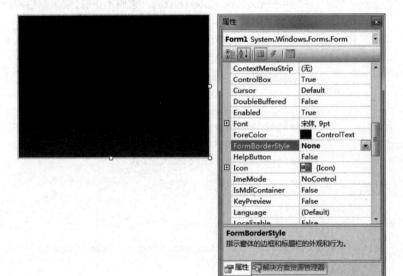

图 11-11 设置属性窗体

（3）特别地，还可以设置 WindowState 属性为 Maximized，这样程序运行后就会全屏显示。

（4）产生雪花的程序相关代码如下：

```csharp
private void Form1_Load(object sender, EventArgs e)
```

```csharp
{
    Graphics g = this.CreateGraphics();
    int[,] snows = new int[10000, 4];
    int amounty = 1000;
    Random rand = new Random();
    for (int j = 1; j <= amounty; j++)
    {
        snows[j, 1] = rand.Next(this.Width);
        snows[j, 2] = rand.Next(this.Height);
        snows[j, 3] = rand.Next(3);
    }
    for (int ls = 10; ls <= 500; ls++)
        for (int i = 1; i <= amounty; i++)
        {
            int oldx = snows[i, 1];
            int oldy = snows[i, 2];
            snows[i, 2] = snows[i, 2] + snows[i, 3];
            if (snows[i, 2] > this.Height)
            {
                snows[i, 2] = 0;
                snows[i, 3] = rand.Next(3);
                snows[i, 1] = rand.Next(this.Width);
                oldx = 0;
                oldy = 0;
            }
            g.FillEllipse(Brushes.White, oldx, oldy, snows[i, 3], snows[i, 3]);
            g.FillEllipse(Brushes.White, snows[i, 3], snows[i, 3], 2, 2);
        }
}
```

(5) 选择窗体,单击属性面板上的事件按钮,然后选择 Click 事件。双击 Click 事件,添加相关代码如下:

```csharp
private void Form1_Click(object sender, EventArgs e)
{
    this.Close();
    Application.Exit();
}
```

(6) 调试和保存文件。

11.4　动态打开、显示和缩放图像

11.4.1　实例运行及技术要点

本实例实现了动态加载和显示图像,并且还可以动态放大和缩小图像。程序运行后的初始界面如图 11-12(a)所示。

(a) 程序运行初始界面

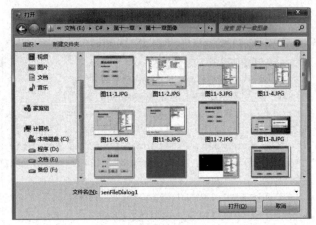
(b) "打开"对话框

图 11-12　程序运行初始界面和"打开"对话框

（1）单击"打开图像"按钮，弹出"打开"对话框，如图 11-12(b) 所示。

（2）选择要打开的图像，然后单击"打开"按钮，就会把图像加载到 PictureBox 控件上。

（3）单击"缩小图像"按钮，就会缩小图像，当图像的宽度值小于 50 时，则会弹出提示对话框，效果如图 11-13 所示。

（4）单击"放大图像"按钮，就可以放大图像，当图像的宽度值大于 500 时，就会弹出提示对话框，效果如图 11-14 所示。

图 11-13　缩小图像相关显示　　　　图 11-14　放大图像相关显示

说明：该实例为了动态打开图像并显示在控件上，使用 OpenFileDialog 控件。该实例的技术要点是通用对话框的使用，包含 OpenFileDialog 控件的 Name、Filename 属性使用；OpenFileDialog 控件的 Filter、Title 属性使用；OpenFileDialog 控件的 InitialDirectory、DefaultExt 属性使用。

11.4.2 实现过程

(1) 新建项目,输入项目名 s11-4,选择保存的路径名,单击"确定"按钮。

(2) 设置窗体的 Text 属性为"打开、显示和缩放图像"。

(3) 单击工具箱中的 GroupBox 工具,再在窗体中单击添加控件 GroupBox1,并设置 Text 属性为"图像的显示与缩放",如图 11-15 所示。

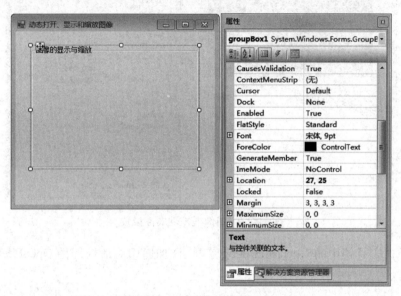

图 11-15 添加分组控件

(4) 单击工具箱中的 PictureBox 工具,在窗体上绘制图像控件 PictureBox1,如图 11-16 所示。

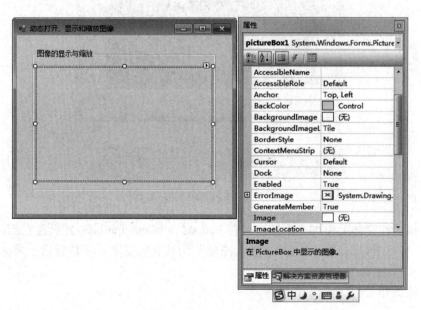

图 11-16 添加图像框控件

（5）选择 PictureBox1 控件，设置 SizeMode 属性为 stretchImage，BorderStyle 属性为 Fixed3D，BackColor 属性为"淡蓝色"，如图 11-17 所示。

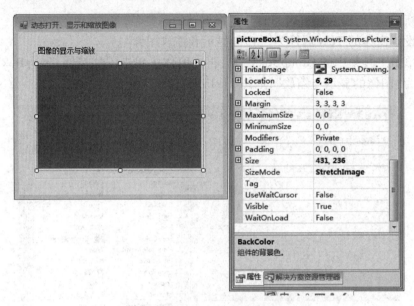

图 11-17　图像框控件属性设置

（6）单击工具箱中的 OpenFileDialog 工具，添加通用对话框控件 OpenFileDialog1，如图 11-18 所示。

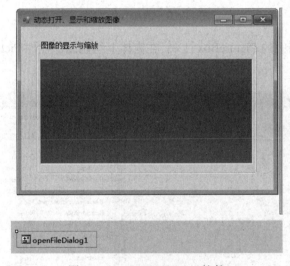

图 11-18　OpenFileDialog 控件

（7）最后在窗体上添加 3 个按钮控件 button1、button2、button3，并设置它们的 Text 属性分别为"打开图像"、"缩小图像"、"放大图像"，调整它们的大小及位置后效果如图 11-19 所示。

（8）添加相关程序代码如下：

```
private void button1_Click(object sender, EventArgs e)
```

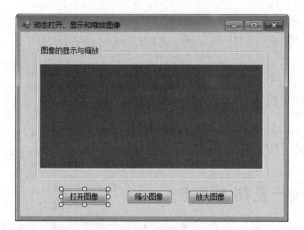

图 11-19 最终界面效果

```
{
    string myname;
    openFileDialog1.Filter = "*.jpg,*.jpeg,*.bmp,*.gif,*.ico,*.png,
    *.tif,*.wmf|*.jpg,*.jpeg,*.bmp,*.gif,*.ico,*.png,*.tif,*.wmf";
    openFileDialog1.ShowDialog();
    myname = openFileDialog1.FileName;
    pictureBox1.Image = Image.FromFile(myname);         //显示打开图像
}

private void button2_Click(object sender, EventArgs e)
{
    if (pictureBox1.Width >= 50)
    {
        pictureBox1.Width = Convert.ToInt32(pictureBox1.Width * 0.8);
        pictureBox1.Height = Convert.ToInt32(pictureBox1.Height * 0.8);
    }
    else
    {
        MessageBox.Show(this, "图像已经最小了,不能再缩了!", "提示对话框",
        MessageBoxButtons.OK, MessageBoxIcon.Warning);
    }
}

private void button3_Click(object sender, EventArgs e)
{
    if (pictureBox1.Width < 500)
    {
        pictureBox1.Width = Convert.ToInt32(pictureBox1.Width * 1.2);
        pictureBox1.Height = Convert.ToInt32(pictureBox1.Height * 1.2);
    }
    else
    {
```

```
            MessageBox.Show(this,"图像已经最大了,不能再放大了!","提示对话框",
            MessageBoxButtons.OK,MessageBoxIcon.Warning);
        }
    }
```

(9) 调试和保存文件。

11.5 在图像上动态加载文字

11.5.1 实例运行及技术要点

本实例利用 Graphics 对象的 DrawString 方法在图像上动态加载文字。

(1) 程序运行后,单击"打开图像"按钮,在弹出的"打开"对话框中选择要打开的图像,然后单击"打开"按钮,就会把图像加载到 PictureBox 控件上,如图 11-20(a)所示。

(a) 程序运行效果　　　　　　　　　　(b) "打开"对话框

图 11-20　程序运行效果及"打开"对话框

(2) 如果在文本框中不输入任何文字,就单击"单色文字"按钮,就会弹出相应的"提示对话框",如图 11-21 所示。

图 11-21　加载图像和提示对话框

(3) 在文本框中输入要加载的文字内容,单击"单色文字"按钮,就会在图像上显示相关文字,如图 11-22 所示。同样,文本框中输入要加载的文字内容后单击"渐变文字"按钮,可以看到图像加上了渐变文字。

图 11-22　添加文字效果

(4) 单击"退出程序"按钮,结束程序运行。

该实例的技术要点有 PictureBox 控件的应用;Graphics 对象的使用;SolidBrush 对象的应用;Font 对象的使用;LinearGradientBrush 对象的使用。

11.5.2　实现过程

(1) 新建工程,输入项目名 s11-5,选择保存的路径名,单击"确定"按钮。
(2) 设置窗体的 Text 属性为"在图像上动态加载文字"。
(3) 在窗体中添加 2 个分组控件 GroupBox1 和 GroupBox2,并分别设置 Text 属性为"图像加载文字"和"请输入要加载的文字",如图 11-23 所示。

图 11-23　分组控件的设置

(4) 分别在 GroupBox1 和 GroupBox2 中添加图像控件 PictureBox1 和 PictureBox2。
(5) 添加打开通用对话框控件 OpenFileDialog1。

(6) 在窗体上添加 4 个按钮控件 button1、button2、button3、button4，并设置它们的 Text 属性分别为"打开图像"、"单色文字"、"渐变文字"、"退出程序"，调整它们的大小及位置后效果如图 11-24 所示。

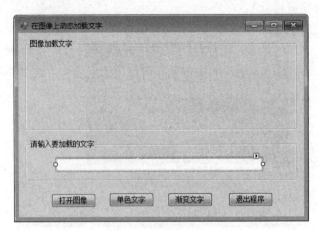

图 11-24　最终界面效果

(7) 双击窗体，进入代码部分，导入命名空间：

using System.Drawing.Drawing2D;

以备调用直线渐变笔刷类 LinearGradientBrush。

(8) 添加相关程序代码如下：

```
private void button1_Click(object sender, EventArgs e)      //打开图像
{
    string myname;
    openFileDialog1.ShowDialog();
    myname = openFileDialog1.FileName;
    pictureBox1.Image = Image.FromFile(myname);
}

private void button2_Click(object sender, EventArgs e)      //添加单色文字
{
    if (textBox1.Text != "")
    {
        Graphics myg = pictureBox1.CreateGraphics();         //创建 Graphics 对象
        SolidBrush mybrush = new SolidBrush(Color.Red);       //定义笔刷
        Font myfont = new Font("黑体", 20);                   //设置字体类型及颜色
        myg.DrawString(textBox1.Text, myfont, mybrush,
            new Rectangle(120, 5, 280, 120));
    }
    else
    {
```

```csharp
            MessageBox.Show(this, "请输入文字!", "提示对话框",
            MessageBoxButtons.OK, MessageBoxIcon.Warning);
        }
    }

    private void button3_Click(object sender, EventArgs e)    //添加渐变文字效果程序
    {
        if (textBox1.Text != "")
        {
            Graphics myg = pictureBox1.CreateGraphics();
            LinearGradientBrush mybrush = new LinearGradientBrush(ClientRectangle,
            Color.Yellow, Color.Red, LinearGradientMode.BackwardDiagonal);
            //定义渐变型笔刷
            Font myfont = new Font("隶书", 20);
            myg.DrawString(textBox1.Text, myfont, mybrush,
            new Rectangle(120, 5, 280, 120));
        }
        else
        {
            MessageBox.Show(this, "请输入文字!", "提示对话框",
            MessageBoxButtons.OK, MessageBoxIcon.Warning);
        }
    }

    private void button4_Click(object sender, EventArgs e)
    {
        this.Close();
    }
```

(9) 调试和保存文件。

11.6 校园歌手评分

11.6.1 实例运行及技术要点

某学校要举办校园歌手大赛,现在要用计算机为选手评分。评分原则是,从若干个评委的打分中去掉一个最高分和一个最低分,剩下的得分取平均分即是选手的最后得分。本实例主要是使用数组来实现相关的计算。程序的运行界面如图 11-25 所示。

实例的实现方法及技术要点:

(1) 编写的方法应能够接收多个评委的打分,可把评委的打分存放在一个一维数组中,故方法应有一个数组作为形参。

(2) 方法对评委的打分进行加工得到选手的得分,可把得分作为方法的返回值返回,故方法的返回值类型应为实型。

图 11-25　程序运行效果

（3）当单击"得分"按钮时，从界面上读入各评委的打分并存入到评委组中，再调用编写的方法求得选手得分，最后输出选手得分。

11.6.2　实现过程

（1）新建项目，输入项目名 s11-6，选择保存的路径名，单击"确定"按钮。
（2）设置窗体的 Text 属性为"校园歌手大赛"。
（3）在窗体上添加 7 个标签控件 Label1 ~ Label7、6 个文本框控件 TextBox1 ~ TextBox6、2 个按钮控件 button1 和 button2，并设置相应的属性，设计的界面如图 11-26 所示。

图 11-26　程序设计界面

（4）添加相关代码：

```
public double pingfen(double[] pf, int n)        //自定义函数
{
```

```
    double maxv, minv, sum;
    int i;
    sum = pf[0];
    maxv = minv = pf[0];                    //首先认定第一个评委为最高分也为最低分
    for(i = 1;i < n;i ++)
    {
        if (maxv < pf[i]) maxv = pf[i];     //如果有大于第一个评委的值,则记下它的值
        if (minv > pf[i]) minv = pf[i];
        sum = sum = pf[i];
    }
    return ((sum - maxv - minv)/(n - 2));   //返回选手的最后得分
}

private void button1_Click(object sender, EventArgs e)
{
    const int N = 6;                        //常量表示评委的人数
    double[] pf = new double[N];            //定义数组用来存放评委的评分
    double df;
    pf[0] = Convert.ToSingle(textBox1.Text);
    pf[1] = Convert.ToSingle(textBox2.Text);
    pf[2] = Convert.ToSingle(textBox3.Text);
    pf[3] = Convert.ToSingle(textBox4.Text);
    pf[4] = Convert.ToSingle(textBox5.Text);
    pf[5] = Convert.ToSingle(textBox6.Text);
    df = pingfen(pf, N);
    textBox7.Text = Convert.ToString(df);
}
private void button2_Click(object sender, EventArgs e)
{
    this.Close();
}
```

(5) 调试和保存文件。

11.7 多文档 MDI 窗体

11.7.1 实例运行及技术要点

多文档 MDI 窗体是一种应用广泛的窗体类型,即在主窗体中包含多个子窗体,并且子窗体不会显示在主窗体的外面。当子窗体不能完全显示在主窗体中时,主窗体就会显示滚动条来调整可视范围。

(1) 程序运行后,执行"文件"→"新建"命令,就可以新建一个子窗体,如图 11-27 所示。

(2) 单击子窗体右上角的关闭按钮,就可以关闭子窗体。

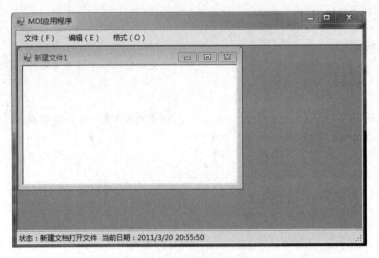

图 11-27　新建子窗体

（3）执行"文件"→"打开"命令,弹出"打开"对话框,选择要打开的文件,就可以打开相关文件,如图 11-28 所示。

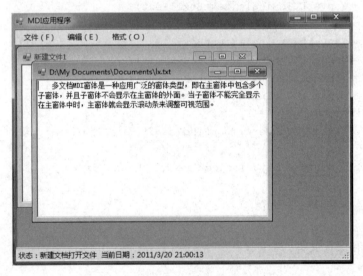

图 11-28　打开文件

（4）在打开的文件中选择文本,选择"格式"→"字体"命令,弹出"字体"对话框,就可以对相关文字进行设置,如图 11-29 所示。

该实例的技术要点有窗体的 IsMdiContainer 属性的应用;下拉菜单 MenuStrip 控件的应用;字体对话框 FontDialog 的应用。

11.7.2　实现过程

（1）新建项目,输入项目名 s11-7,选择保存的路径名,单击"确定"按钮。
（2）设置窗体 Form1 的 Text 属性为"MDI 应用程序"。

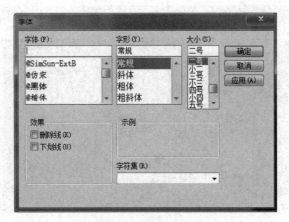

图 11-29　设置文字格式

（3）为了把窗体 Form1 设置成多文档应用程序的主窗体，就要把该窗体的 IsMdiContainer 属性设置为 True，设计的界面如图 11-30 所示。

图 11-30　主窗体的设置

（4）添加下拉菜单控件 MenuStrip1，单击文字"请在此处键入"，直接输入菜单项 "文件(F)"，如图 11-31 所示。同样地，在"文件(F)"菜单项右边输入菜单项"编辑(E)" 和菜单项"格式(O)"。

（5）在菜单项"文件"的下方添加子菜单项，包含"新建"、"打开"、"保存"和"退 出"，下拉菜单"文件"菜单如图 11-32 所示。

注意：

① 如果菜单项需要热键，则在热键字符之前加一个"&"符号，如设置"文件"菜单的 热键，则输入"文件(&F)"即可。

② 如果要设置菜单的快捷键，只需设置该菜单的 shortcutKeys 属性即可。

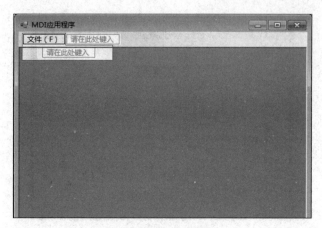

图 11-31　输入菜单名

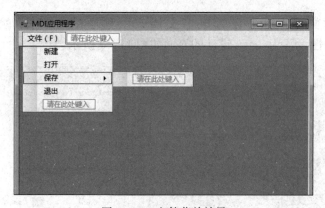

图 11-32　文件菜单效果

（6）同样，添加"编辑"菜单的子菜单项，包含"剪切"、"复制"、"粘贴"、"全选"；添加"格式"菜单，包含"字体"。

（7）在窗体上添加状态栏控件 StatusStrip1，单击其左下角的下拉菜单，从中选择 StatusLabel 命令，单击该命令，就可以添加状态栏标签，这里共添加两个状态栏标签，如图 11-33 所示。

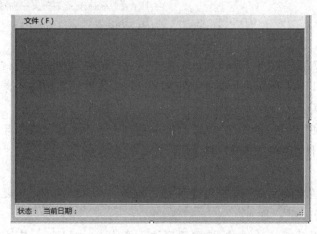

图 11-33　状态栏的设置

(8) 为了实现文件的动态打开,要添加 OpenFileDialog 控件。为了实现文件的动态保存,要添加 SaveFileDialog 控件。为了实现选择文本的格式化设置,要添加 FontDialog 控件。添加 3 个通用对话框控件后的设计界面如图 11-34 所示。

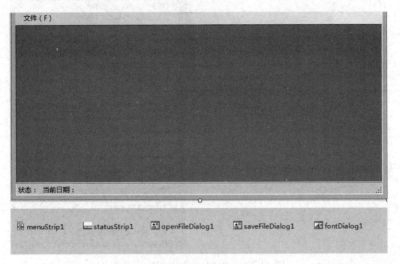

图 11-34　添加控件

(9) 执行 "项目" → "添加 Windows 窗体" 命令,弹出 "添加新项" 对话框,选择 "Windows 窗体" 项,单击 "添加" 按钮,为应用程序添加新的窗体 Form2,并设置其 Text 属性为 "子窗体",如图 11-35 所示。

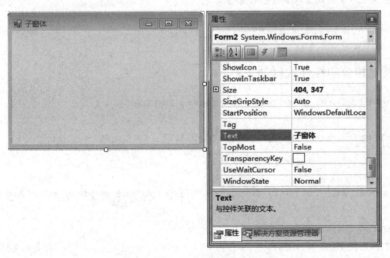

图 11-35　新建子窗体窗口

(10) 单击工具箱中的 RichTextBox 工具,然后在窗体上添加控件 RichTextBox1。为了使其能充满整个窗体,设置 Dock 属性为 Fill,最后还要设置 Modifiers 属性为 Public,这样在新建 Form2 窗体对象实例时,就可以利用该控件。添加 RichTextBox 控件和设置有关属性的界面如图 11-36 所示。

(11) 进入 Form1 窗体并双击,进入代码窗口。导入 System.IO 命名空间,以便调用

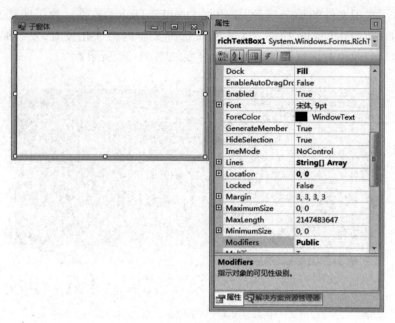

图 11-36　添加 RichTextBox 控件

StringReader 类实现文件的打开与保存，代码如下：

```
using System.IO;
```

（12）定义公用变量，具体代码如下：

```
public StringReader mysreader;
public int x = 1;
```

（13）其他相应的控件代码如下：

```
private void Form1_Load(object sender, EventArgs e)
{
    toolStripStatusLabel2.Text = "当前日期：" + DateTime.Now.ToString();
}

private void 新建ToolStripMenuItem_Click(object sender, EventArgs e)
{
    Form2 myf = new Form2();
    myf.MdiParent = this;                              //设置子窗体
    myf.Text = "新建文件" + x.ToString();              //设置子窗体的标题
    toolStripStatusLabel1.Text = "状态：新建文档";
    x = x + 1;
    myf.Show();                                        //显示子窗体
}

private void 打开ToolStripMenuItem_Click(object sender, EventArgs e)
{
```

```csharp
        openFileDialog1.Title = "打开";
        if (openFileDialog1.ShowDialog() == DialogResult.OK)
        {
            string strname = openFileDialog1.FileName;        //提取打开文件的文件名
            myf.Text = openFileDialog1.FileName;              //设置子窗体文件名
            myf.richTextBox1.Clear();                         //打开文件
            myf.richTextBox1.LoadFile(openFileDialog1.FileName,
            RichTextBoxStreamType.PlainText);
            myf.MdiParent = this;
            myf.Show();
            toolStripStatusLabel1.Text = toolStripStatusLabel1.Text + "打开文件";


        }
}

private void 保存ToolStripMenuItem_Click(object sender, EventArgs e)
{
    if (saveFileDialog1.ShowDialog() == DialogResult.OK)
    {
        myf.richTextBox1.SaveFile(saveFileDialog1.FileName,
        RichTextBoxStreamType.PlainText);
    }
}

private void 退出ToolStripMenuItem_Click(object sender, EventArgs e)
{
    this.Close();
    Application.Exit();
}

private void 剪切ToolStripMenuItem_Click(object sender, EventArgs e)
{
    int cutint = myf.richTextBox1.SelectionStart;
    Clipboard.SetDataObject(myf.richTextBox1.SelectedText);
    myf.richTextBox1.Text = myf.richTextBox1.Text.Substring(0, cutint) +
    myf.richTextBox1.Text.Substring(cutint,
    myf.richTextBox1.SelectedText.Length);
    myf.richTextBox1.SelectionStart = cutint;
}

private void 复制ToolStripMenuItem_Click(object sender, EventArgs e)
{
    Clipboard.SetDataObject(myf.richTextBox1.SelectedText);
}
```

```csharp
private void 粘贴ToolStripMenuItem_Click(object sender, EventArgs e)
{
    IDataObject idat = Clipboard.GetDataObject();
    if (idat.GetDataPresent(DataFormats.Text))
    {
        string pastestr = (string)idat.GetData(DataFormats.Text);
        int pasteid = myf.richTextBox1.SelectionStart;
        myf.richTextBox1.Text = myf.richTextBox1.Text.Substring(0, pasteid) +
            pastestr + myf.richTextBox1.Text.Substring(pasteid);
        myf.richTextBox1.SelectionStart = pasteid + pastestr.Length;
    }
}

private void 全选ToolStripMenuItem_Click(object sender, EventArgs e)
{
    myf.richTextBox1.SelectAll();
}

private void 字体ToolStripMenuItem_Click(object sender, EventArgs e)
{
    fontDialog1.ShowDialog();
    fontDialog1.AllowVerticalFonts = true;
    fontDialog1.FixedPitchOnly = true;
    fontDialog1.ShowApply = true;
    fontDialog1.ShowEffects = true;
    if (myf.richTextBox1.SelectedText == "")
    {
        myf.richTextBox1.Font = fontDialog1.Font;          //设置所有文本的字体
    }
    else
    {
        myf.richTextBox1.SelectionFont = fontDialog1.Font;
                                                           //设置选择文本的字体
    }
}
```

(14) 调试和保存文件。

小结

通过对本章的学习，深化对 C#相关知识点的理解(包括 C#的数据定义、数组、常用控件、多文档窗体等)，通过实际问题的求解，进一步提高程序设计能力，同时也可以在这些实例的基础上自行扩展相关内容，以达到更深入掌握 C#的目的。

习题 11

编程并上机调试如下各题：

（1）创建如图 11-37 所示的用户登录界面，基本功能要求是：禁止输入空信息，否则弹出对话框禁止；只有用户名和密码都是 admin 时，才弹出正确对话框，否则弹出对话框，显示错误信息。

图 11-37　程序运用界面

（2）编写相应代码，实现通过 Timer 控件控制一张图片，能够使图片自上而下的循环运动。

（3）编写程序，在一个 winform 窗体中建立一个菜单，命名为"文件"，其子菜单包括"新建文件"，"打开文件"，"剪切文件"和"粘贴文件"，通过单击相应的菜单项，实现相应的功能。

（4）制作一个简单计算器程序。程序运行时通过键盘输入数字，如图 11-38 所示，单击相应的计算按钮时将得到计算结果。

图 11-38　程序运行界面

参 考 文 献

1. 明日科技,王小科,吕双. C#程序设计标准教程(DVD)视频教学版. 北京:人民邮电出版社,2009.
2. 杜四春,银红霞,蔡立军. C#程序设计. 北京:中国水利水电出版社,2007.
3. 郑阿奇主编. C#实用教程. 北京:电子工业出版社,2010.
4. Microsoft Corp. C# Specification Version 3.0,2006.
5. M Michaelis. Essential C# 2.0. Person Education,2007.
6. Chris Sells,Michael Weinhardt. Windows Forms 2.0 Programming. Addison-Wesley Professional,2006.
7. 郑宇军. C# 面向对象程序设计. 北京:清华大学出版社,2009.
8. 龚沛曾,杨志强,陆慰民. Visual Basic .NET 程序设计教程. 第2版. 北京:高等教育出版社,2010.
9. 马骏. C#程序设计及应用教程. 北京:人民邮电出版社,2009.
10. 李春葆. C#程序设计教程. 北京:清华大学出版社,2010.
11. 钱哨. C# WinForm 实践开发教程. 北京:中国水利水电出版社,2010.
12. 童爱红. Visual C#.NET 应用教程. 北京:清华大学出版社,2004.
13. 张立. C# 2.0 宝典. 北京:电子工业出版社,2007.
14. 王真. Visual C# 2008 程序设计经典案例设计与实现. 北京:电子工业出版社,2009.